21世纪面向工程应用型计算机人才培养规划教材

计算机导论

冯裕忠　卫朝霞　周　舸　黄曼绮　编著

清华大学出版社
北　京

内容简介

本书是大学计算机专业和相关IT专业的基础课教材，涉及计算机学科的各个方面。本书主要介绍与计算机有关的课程情况和概念，使同学们了解在大学的四年中所要学习的课程，做到心中有数。

本书既可作为高等院校计算机专业及相关专业的基础教材，也可作为一般的计算机基础知识读物。

图书在版编目(CIP)数据

计算机导论/冯裕忠等编著. —北京：清华大学出版社，2011.2
(21世纪面向工程应用型计算机人才培养规划教材)
ISBN 978-7-302-23410-4

Ⅰ. ①计… Ⅱ. ①冯… Ⅲ. ①电子计算机－高等学校－教材 Ⅳ. ①TP3

中国版本图书馆CIP数据核字(2010)第153595号

责任编辑：魏江江
责任校对：李建庄
责任印制：王秀菊
出版发行：清华大学出版社　　**地　址**：北京清华大学学研大厦A座
http://www.tup.com.cn　　**邮　编**：100084
社　总　机：010-62770175　　**邮　购**：010-62786544
投稿与读者服务：010-62795954，jsjjc@tup.tsinghua.edu.cn
质　量　反　馈：010-62772015，zhiliang@tup.tsinghua.edu.cn
印 装 者：北京嘉实印刷有限公司
经　销：全国新华书店
开　本：185×260　**印　张**：14　**字　数**：345千字
版　次：2011年2月第1版　**印　次**：2011年2月第1次印刷
印　数：1～3000
定　价：25.00元

产品编号：035978-01

前 言

FOREWORD

在当今计算机应用非常普及、信息繁多的社会中，计算机系统已经成为人们不可缺少的工具，而学习计算机专业和拥有计算机技术是一个非常实用且时尚的立身之本。那么，要从哪几个方面去学习计算机知识呢？本书给予了很好的回答。

本书共分9章，其中第1～3章讲述了计算机的基本概念和组成；第4章着重介绍了计算机操作系统的相关理论知识，讲述了目前通用的Windows和UNIX操作系统的内容；第5～6章分别介绍了办公软件、计算机网络；第7～8章讲述了数据库系统、多媒体技术；第9章讲述计算机系统安全的相关知识。书的附录中为读者提供了计算机术语的解释。

本书课堂授课为64学时，实验8学时。教师可以根据授课对象来安排课时。

冯裕忠编写了本书的大纲并编写了第4章和第9章及附录；卫朝霞编写了第1～3章；周舸编写了第7章和第8章；黄曼绮编写了第5章和第6章。

本校计算机系的同事也给予了大量的支持并提出了很好的建议，在此一并表示感谢。

由于作者水平有限，书中难免出现错误和疏漏，敬请广大读者批评指正。

作　者

2010年12月

目 录

contents

第 1 章　计算机基础 …… 1

1.1　概述 …… 1

1.1.1　计算机的产生 …… 1

1.1.2　计算机的发展 …… 2

1.1.3　计算机的特点 …… 6

1.1.4　计算机的应用 …… 7

1.2　计算机中信息的表示 …… 11

1.2.1　数制 …… 11

1.2.2　不同数制的相互转换 …… 13

1.2.3　带符号数的表示 …… 16

1.2.4　数的定点和浮点表示 …… 18

1.2.5　编码 …… 19

本章小结 …… 26

习题 …… 27

第 2 章　计算机硬件系统 …… 28

2.1　计算机基本结构 …… 28

2.2　计算机硬件组成 …… 30

2.2.1　主板 …… 30

2.2.2　中央处理器 …… 32

2.2.3　存储器 …… 34

2.2.4　输入设备 …… 40

2.2.5　输出设备 …… 43

2.3　计算机总线 …… 46

2.4　计算机的主要性能指标 …… 49

2.5　计算机分类 …… 51

本章小结 …… 53

习题 …… 54

第 3 章 计算机软件系统 …… 55

3.1 软件概述 …… 55
3.2 系统软件 …… 56
3.2.1 操作系统 …… 56
3.2.2 语言处理程序 …… 63
3.2.3 数据库管理系统 …… 65
3.2.4 服务性程序 …… 67
3.3 应用软件 …… 67
3.3.1 文字处理软件 …… 68
3.3.2 表格处理软件 …… 69
3.3.3 演示文稿软件 …… 69
3.3.4 辅助设计软件 …… 71
3.3.5 实时控制软件 …… 71
3.4 系统组成的层次结构 …… 71
本章小结 …… 74
习题 …… 74

第 4 章 操作系统 …… 76

4.1 操作系统的定义 …… 77
4.2 操作系统的功能及服务对象 …… 78
4.2.1 操作系统的功能 …… 79
4.2.2 操作系统的服务对象 …… 80
4.3 操作系统的结构 …… 81
4.3.1 计算机系统的层次结构 …… 81
4.3.2 计算机系统中操作系统的模块结构 …… 82
4.4 常用的几种操作系统 …… 83
4.4.1 操作系统的发展过程 …… 83
4.4.2 操作系统的分类与基本特性 …… 85
4.4.3 DOS 操作系统 …… 98
4.4.4 Windows 操作系统 …… 100
4.4.5 UNIX 操作系统 …… 102
4.4.6 Linux 操作系统 …… 117

第 5 章 Office 2007 …… 118

5.1 文字处理系统 Word 2007 …… 118

5.1.1 Word 2007 的基本情况 …… 118
5.1.2 编辑 Word 2007 文档 …… 120
5.2 电子表格 Excel 2007 …… 121
5.2.1 Excel 2007 的基本情况 …… 122
5.2.2 Excel 2007 的基本操作 …… 123
5.3 PowerPoint 2007 …… 124

第 6 章 计算机网络 …… 127

6.1 计算机网络的基本情况 …… 127
6.1.1 计算机网络的发展 …… 127
6.1.2 计算机网络的分类 …… 128
6.1.3 计算机网络的拓扑结构 …… 130
6.1.4 计算机网络协议和体系结构 …… 132
6.2 网络互连设备 …… 138
6.3 局域网 …… 141
6.3.1 局域网的组成 …… 142
6.3.2 局域网的参考模型 …… 144
6.3.3 以太网和 IEEE 802.3 标准 …… 145
6.4 Internet …… 147
6.4.1 Internet 的基本情况 …… 147
6.4.2 Internet 提供的资源 …… 148
6.4.3 IP 地址 …… 149
6.4.4 域名服务系统 …… 152
6.4.5 E-Mail 地址 …… 153
6.4.6 URL 地址和 HTTP …… 154

第 7 章 数据库技术 …… 156

7.1 数据库技术概述 …… 156
7.1.1 数据库与文件的区别 …… 156
7.1.2 数据库的主要优点 …… 157
7.1.3 数据库系统的组成 …… 159
7.1.4 三种数据模型 …… 163
7.2 数据库系统的开发 …… 164
7.2.1 数据库系统开发的指导思想和工作原则 …… 165
7.2.2 数据库系统开发的步骤 …… 168
7.2.3 数据库系统开发中的常见问题 …… 171

7.3 数据库管理系统的开发工具 …… 172
7.3.1 SQL 语言 …… 172
7.3.2 Oracle 系统 …… 173
7.3.3 Visual FoxPro …… 174
7.3.4 Delphi 语言 …… 175

第 8 章 多媒体技术 …… 177

8.1 多媒体技术概述 …… 177
8.1.1 媒体的分类 …… 177
8.1.2 多媒体中的关键技术 …… 178
8.1.3 多媒体的应用领域 …… 180
8.2 媒体处理技术 …… 181
8.2.1 听觉媒体和视觉媒体的处理 …… 181
8.2.2 压缩与解压缩 …… 186
8.3 多媒体软件 …… 187
8.3.1 多媒体软件的划分 …… 187
8.3.2 图片的制作与处理软件 …… 188
8.3.3 动画的制作与处理软件 …… 189
8.3.4 多媒体集成软件 …… 190
8.4 多媒体数据库 …… 192

第 9 章 计算机系统的安全 …… 194

9.1 系统安全概念 …… 194
9.1.1 系统安全的内容和性质 …… 194
9.1.2 对系统安全的威胁类型 …… 195
9.1.3 对各类资源的威胁 …… 195
9.1.4 信息技术安全评价公共准则 …… 195
9.2 信息的加密技术 …… 197
9.3 使用计算机系统的职业道德 …… 200

附录 计算机术语的解释 …… 203

参考文献 …… 212

第1章 chapter 1

计算机基础

计算机是一种能迅速而高效地自动完成信息处理的电子设备，它按照程序对信息进行处理、存储。在当今高速发展的信息社会中，计算机已经广泛应用到各个领域之中，几乎成了无处不在，无所不能的“宝贝”，成为信息社会中必不可少的工具。

学习并牢固掌握计算机基础知识，是更好使用计算机的前提。本章从计算机的产生和发展出发，对计算机的特点和分类进行了阐述；重点介绍计算机中常用的数制及其转换、带符号数的表示、字符编码和汉字编码的基本知识。通过本章的学习，使读者初步了解计算机的发展历史、工作特点、分类、应用领域等相关知识；熟悉数制的基本概念、数制之间的相互转换，为后续内容的学习奠定良好的基础。

1.1 概述

1.1.1 计算机的产生

世界上第一台电子数字式计算机于 1946 年在美国宾夕法尼亚大学研制成功，这台机器被命名为“埃尼阿克”(Electronic Numerical Integrator And Calculator，ENIAC)，是电子数值积分式计算机，如图 1.1 所示。

组成 ENIAC 计算机的主要元件是电子管，整台机器共用了 17 468 个真空电子管，耗电功率 174 千瓦，占地面积达 170 平方米，重 30 吨，运算速度为每秒 5000 次加法运算。虽然它还比不上今天最普通的一台微型计算机，但在当时它已是运算速度的绝对冠军，并且其运算的精确度和准确度也是史无前例的。以圆周率(π)的计算为例，中国的古代科学家祖冲之利用算筹，耗费 15 年心血，才把圆周率精确到小数点后 7 位数。一千多年后，英国人香克斯以毕生精力致力于圆周率计算，精确到小数点后 707 位，其中第 528 位是错误的，而 ENIAC 仅用了 40 秒就可准确无误地精确到香克斯一生计算所达到的位数。

ENIAC 奠定了电子计算机的发展基础，在计算机发展史上具有跨时代的意义，它的问世标志着电子计算机时代的到来。

图 1.1 世界上第一台电子计算机 ENIAC

ENIAC 诞生后，数学家冯·诺依曼提出了重大的改进理论，他认为：

- 计算机应由五个部分组成：运算器、控制器、存储器、输入设备和输出设备。
- 采用存储程序的方式，指令和数据存放在同一个存储器中。
- 指令在存储器中按执行顺序存放，有指令计数器指明要执行的指令所在的单元地址，一般按顺序递增，但执行顺序可按运算结果或外界条件而改变。
- 以运算器为中心，输入输出设备与存储器间的数据传送都通过运算器。

冯·诺依曼理论的提出，解决了计算机的运算自动化的问题和速度配合问题，对以后计算机的发展起到决定性的作用。直至今天，绝大部分的计算机仍采用冯·诺依曼方式工作。

1.1.2 计算机的发展

ENIAC 诞生后短短的几十年间，计算机的发展突飞猛进，不断更新换代。特别是体积小、价格低、功能强的微型计算机的出现，使得计算机迅速普及，进入了办公室和家庭，在办公自动化和多媒体应用方面发挥了很大的作用。计算机的发展主要经历了以下几个阶段。

1. 第一代(1946—1958 年)：电子管计算机

其基本特征是采用电子管(如图 1.2 所示)作为计算机的逻辑元器件，每秒运算速度仅为几千次，内存容量仅数 KB。其数据表示主要是定点数，使用机器语言或汇编语言编写程序。第一代电子计算机体积庞大、运算速度低、造价昂贵、可靠性差、内存容量小，主要用于军事和科学计算工作。其代表机型有 IBM 650(小型机)、IBM 709(大型机,如图 1.3 所示)。

图 1.2 电子管

图 1.3 IBM 709(大型机)

2. 第二代(1959—1964 年):晶体管计算机

其基本特征是采用晶体管(如图 1.4 所示)作为计算机的逻辑元器件,由于电子技术的发展,运算速度达每秒几十万次,内存容量增至几十 KB。与此同时,计算机软件技术也有了较大发展,出现了 FORTRAN、COBOL、ALGOL 等高级语言。与第一代计算机相比,晶体管电子计算机体积小、成本低、功能强、可靠性大大提高。除了科学计算外,还用于数据处理和事务处理。其代表机型有 IBM 7094、CDC 7600(如图 1.5 所示)。

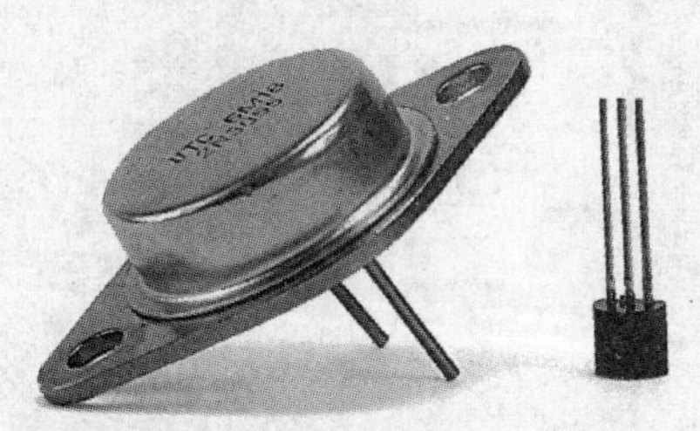

图 1.4 晶体管

3. 第三代(1965—1970 年):集成电路计算机

其基本特征是采用小规模集成电路(Small Scale Integration,SSI)(如图 1.6 所示)和

图 1.5 CDC 7600

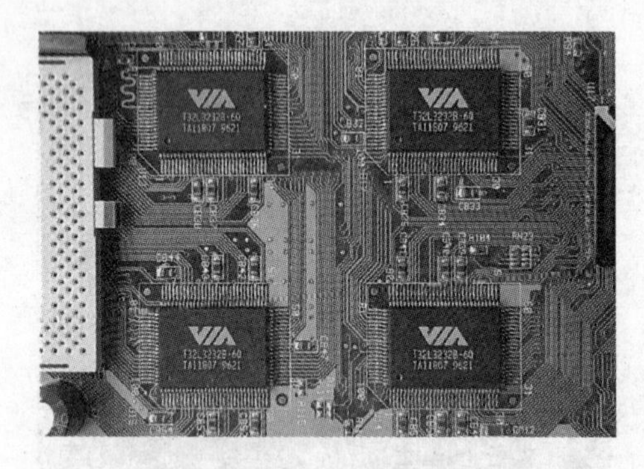

图 1.6 集成电路

中规模集成电路(Middle Scale Integration,MSI)作为计算机的逻辑元器件,随着固体物理技术的发展,集成电路工艺已经达到可以把十几个甚至上百个电子元器件组成的逻辑电路集成在几平方毫米的单晶硅片上。它的运算速度每秒可达几十万次到几百万次。随着存储器进一步发展,体积更小、价格低、软件逐步完善。这一时期,计算机同时向标准化、多样化、通用化、机种系列化发展。高级程序设计语言在这个时期有了很大发展,并出现了操作系统和会话式语言,计算机开始广泛应用于各个领域。其代表机型有 IBM 360(如图 1.7 所示)。

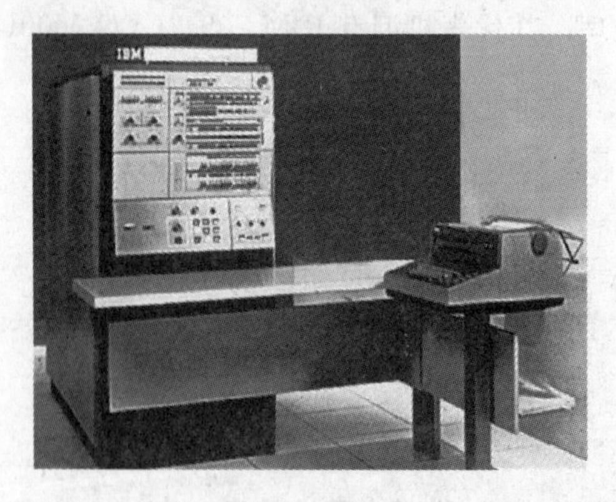

图 1.7 IBM 360

4. 第四代(1971 年至今):大规模集成电路计算机

进入 20 世纪 70 年代以来,计算机逻辑器采用大规模集成电路(Large Scale Integration,LSI)和超大规模集成电路(Very Large Scale Integration,VLSI)(如图 1.8 所示)技术,在硅半导体上集成了 1000～100 000 个以上电子元器件。集成度很高的半导体存储器代替了服役达 20 年之久的磁芯存储器。计算机的速度可以达到上万次至十万次。操作系统不断完善,应用软件已成为现代工业的一部分。计算机的发展进入了以计算机网络为特征的时代。其代表机型如 IBM ThinkPad R51e(如图 1.9 所示)。

图 1.8 超大规模集成电路

图 1.9 IBM ThinkPad R51e

5. 第五代:智能电子计算机

智能电子计算机是一种有知识、会学习、能推理的计算机,具有能理解自然语言、声音、文字和图像的能力,并且具有说话的能力,使人机能够用自然语言直接对话。它可以利用已有的和不断学到的知识,进行思维、联想、推理,并得出结论,能解决复杂问题,具有汇集、记忆、检索等相关能力。智能计算机突破了传统的冯·诺依曼式计算机的概念,舍弃了二进制结构,把许多处理机并联起来,并行处理信息,速度大大提高。它的智能化人机接口使人们不必编写程序,只需发出命令或提出要求,计算机就会完成推理和判断,并且进行解释。

6. 第六代:神经网络计算机

第六代电子计算机是模仿人类大脑的判断能力和适应能力,并具有可并行处理多种数据功能的神经网络计算机。与以逻辑处理为主的第五代计算机不同,它本身可以判断对象的性质与状态,并能采取相应的行动,而且它可以同时并行处理实时变化的大量数据,并引出结论。以往的信息处理系统只能处理条理清晰、经络分明的数据。而人类的大脑活动具有能处理零碎、含糊不清信息的灵活性,第六代电子计算机将类似人脑的智慧和灵活性。

人脑有 140 亿神经元与数千个神经元交叉相连,它的作用相当于一台微型计算机。人脑总体运行速度相当于每秒 1000 万亿次的计算机功能。用许多微处理机模仿人脑的神经元结构,采用大量的并行分布式网络就构成了神经计算机。神经计算机除有许多处理器外，还有许多类似神经的结点，每个结点与许多点相连。若把每一步运算分配给每台微处理器，它们同时运算，其信息处理速度和智能会大大提高。

神经电子计算机的信息不是存在于存储器，而是存储在神经元之间的联络网中。若有结点断裂，计算机仍有重建资料的能力，它还具有联想记忆、视觉和声音识别能力。日本科学家已开发出神经电子计算机用的大规模集成电路芯片，在1.5平方厘米的硅片上可设置400个神经元和40 000个神经键，这种芯片能实现每秒2亿次的运算速度。1990年，日本理光公司宣布研制出一种具有学习功能的大规模集成电路“神经 LSI”。这是依照人脑的神经细胞研制成功的一种芯片，它处理信息的速度为每秒90亿次。富士通研究所开发的神经电子计算机，每秒更新数据速度近千亿次。日本电气公司推出一种神经网络声音识别系统，能够识别出任何人的声音，正确率达99.8%。美国研究出由左脑和右脑两个神经块连接而成的神经电子计算机。右脑为经验功能部分，有1万多个神经元，用于图像识别；左脑为识别功能部分，含有100万个神经元，用于存储单词和语法规则。现在，纽约、迈阿密和伦敦的飞机场已经应用神经计算机来检查爆炸物，每小时可查600～700件行李，检出率为95%，误差率为2%。神经电子计算机将会广泛应用于各领域。它能识别文字、符号、图形、语言以及声呐和雷达收到的信号，判读支票，对市场进行估计，分析新产品，进行医学诊断，控制智能机器人，实现汽车和飞行器的自动驾驶，发现、识别军事目标，进行智能指挥等。

1.1.3 计算机的特点

计算机之所以能在现代社会各领域获得广泛的应用，是与其自身特点分不开的，计算机的特点可概括为以下几点。

1. 自动连续运行

通过将任务预先编写为程序，并存储在计算机中，可以使计算机在不需要人工干预的情况下，按照程序要求自动、协调地连续完成各种运算或操作。能自动连续地高速运算是计算机最突出的特点，这也是与其他计算工具的本质区别。

2. 运算速度快

计算机运算部件采用的是半导体电子元件，具有数学运算和逻辑运算能力，而且运算速度很快，某些机型已达到每秒上千万亿次浮点运算速度。随着科学技术的不断发展和人们对计算机要求的不断提高，其运算速度还将更快。这不仅极大地提高工作效率，还使许多复杂问题的运算处理有了实现的可能性。

3. 计算精度高

计算机采用二进制代码表示数据，代码的位数越多，数据的精度就越高。提高计算精度最直接方法是改进硬件设计(尤其是总线结构),增加计算机一次性传送的二进制代码的位数,例如计算机从 8 位开始,逐渐提高为 16 位、32 位、64 位和 128 位。当然,由于硬件成本的制约因素,实际上是不能无限地增加计算机传送数据的基本位数,不过可以通过软件来满足人们的需要实现更高精度的数据计算。

4. 存储能力强

计算机中拥有容量很大的存储装置,可以存储所需要的原始数据信息、处理的中间结果与最后结果,还可以存储指挥计算机工作的程序。计算机不仅能保存大量的文字、图像、声音等信息资料,还能对这些信息加以处理、分析和重新组合,以满足各种应用中对这些信息的需求。

5. 通用性好

目前,人类社会的各种信息都可以表示为二进制的数字信息,都能被计算机识别与处理,所以计算机得以广泛地应用。由于运算器的数据逻辑部件既能进行算术运算,又能进行逻辑运算,因而既能进行数值计算,又能对各种非数值信息进行处理,如信息检索、图像处理、语音处理、逻辑推理等。正因为计算机具有极强的通用性,使它能应用于各行各业,渗透到人们的工作、学习和生活等各个方面。随着计算机的不断发展,人工智能型的计算机将具有思维和学习能力。

1.1.4 计算机的应用

计算机是 20 世纪科学技术发展最卓越的成就之一。它问世以来,已经广泛应用于工业、农业、国防、科研、文教、交通运输、商业、通信以及日常生活等各个领域。计算机的应用主要表现在以下几个方面。

1. 科学计算

早期的计算机主要应用于科学计算。目前,科学计算仍然是计算机应用的一个重要领域。随着计算机技术的发展,其计算能力越来越强,计算速度越来越快,计算的精度也越来越高。利用计算机进行数值计算,可以节省大量的时间、人力和物力。图 1.10 所示的是用来进行科学计算的实验室专用计算机系统。

2. 信息管理

信息管理是目前计算机应用最广泛的一个领域,它是指利用计算机对数据进行及时的记录、整理、计算、加工成为人们所需要的形式,如企业管理、物资管理、报表统计、账目计算、信息情报检索等。图 1.11 所示为用来进行信息管理的股票分析系统。

图 1.10 实验室专用计算机系统

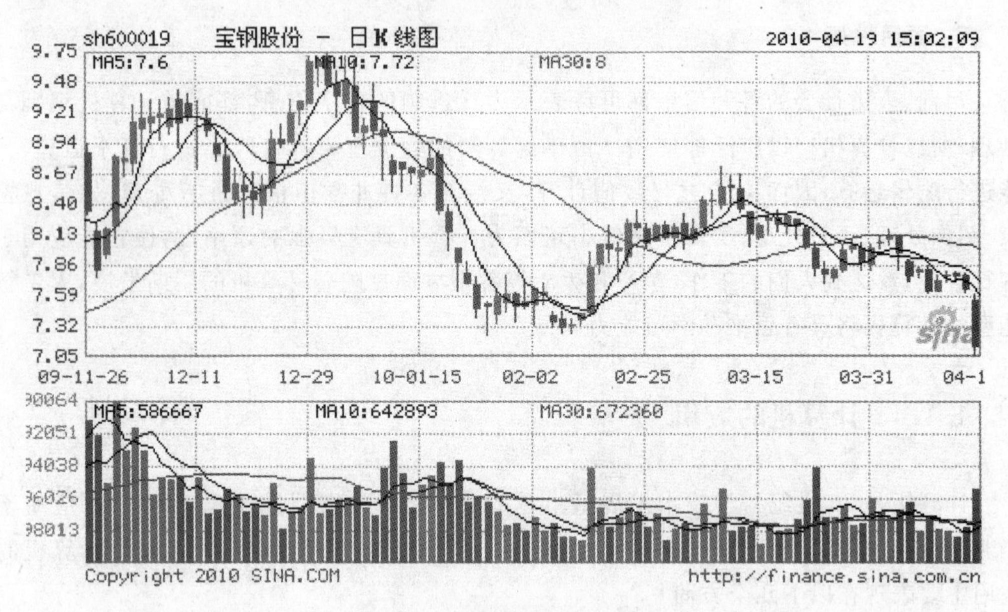

图 1.11 股票分析系统

3. 过程控制

过程控制又称实时控制，是指用计算机及时采集数据，将数据处理后，按最佳值迅速地对控制对象进行控制，现代工业由于生产规模不断扩大，技术、工艺日趋复杂，从而对实现生产过程自动化控制系统的要求也日益增高。利用计算机进行过程控制，不仅可以大大提高控制自动化的水平，而且可以提高控制的及时性和准确性，从而改善劳动条件、提高质量、节约能源、降低成本。计算机过程控制在冶金、石油、化工、纺织、水电、机械、航天等领域得到广泛的应用。图 1.12 所示为铝电解质工业过程控制系统。

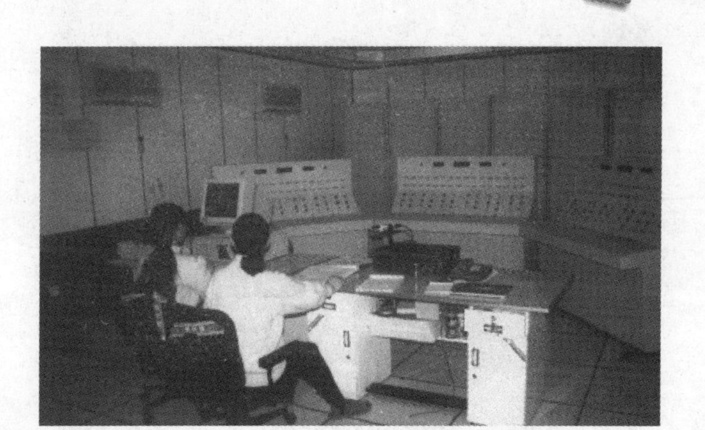

图 1.12 铝电解质工业过程控制系统

4. 辅助工程

计算机作为辅助工具，目前被广泛应用于各个领域。主要有计算机辅助设计(CAD)、计算机辅助制造(CAM)、计算机辅助测试(CAT)、计算机辅助教学(CAI)等。图 1.13 所示的是借助于计算机设计软件 Lightscape 制作的建筑效果图。

图 1.13 使用 Lightscape 制作的建筑效果图

5. 人工智能

人工智能(AI)是指计算机模拟人类某些智力行为的理论、技术和应用。

人工智能是计算机应用研究的前沿学科，这方面的研究和应用正处于发展阶段。机器人是计算机人工智能模拟的典型例子，如图 1.14 所示。

图 1.14 智能机器人

6. 多媒体技术

多媒体是计算机和信息界里一个新的应用领域。所谓“多媒体”(Multimedia),是一种以交互方式将文本、图形、图像、音频、视频等多种媒体信息,经过计算机设备的获取、操作、编辑、存储等综合处理后,以单独或合成的形态表现出来的技术和方法。多媒体技术的应用以极强的渗透力进入教育、娱乐、档案、图书、展览、房地产、建筑设计、家庭、现代商业、通信、艺术等人类工作和生活的各个领域,正改变着人类的生活和工作方式,成功地塑造了一个绚丽多彩的跨时代的多媒体世界。图 1.15 所示为多媒体在教学中的应用。

图 1.15 多媒体教学

7. 计算机网络

所谓计算机网络是计算机技术与通信技术的结合,它利用通信设备和线路将地理位置不同、功能独立的多台计算机互相连接,得以实现信息交换、资源共享和分布式处理。计算机网络是当前计算机应用的一个重要领域。图 1.16 所示为计算机网络应用中的一个网页。

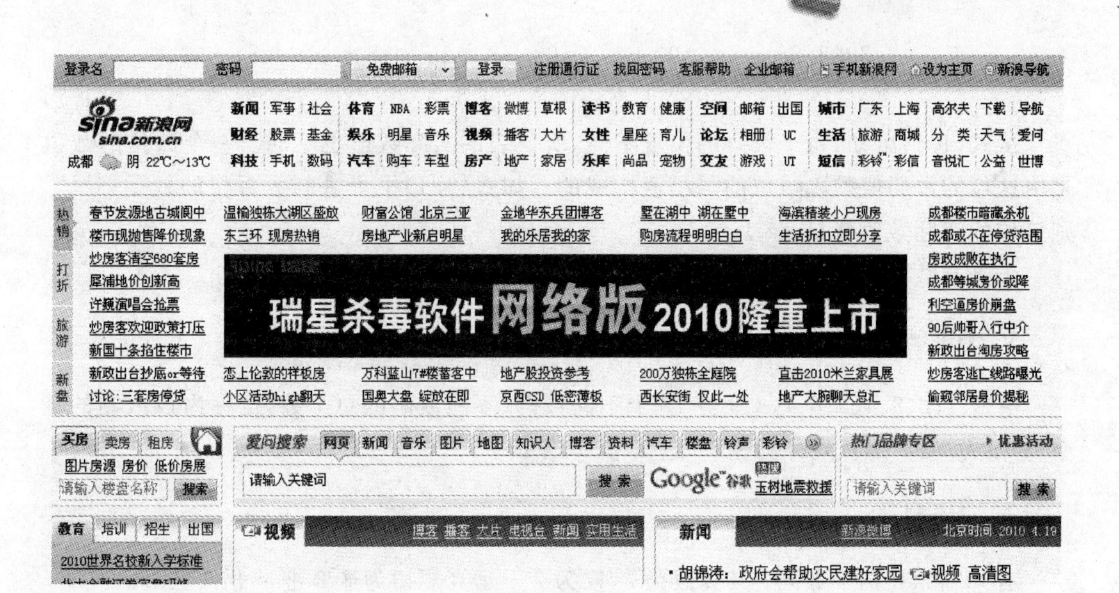

图 1.16　网页

1.2　计算机中信息的表示

计算机最主要的功能是处理信息，包括处理数值、文字、声音、图形和图像信息等。在计算机内部，各种信息都必须经过数字化编码后才能被传输、存储和处理。因此，掌握信息编码的概念与处理技术是至关重要的。

在计算机内部，一律采用二进制形式(只有“0”和“1”两种代码)表示信息，其主要原因有如下几点。

- 二进制码在物理上最容易实现。例如可以只用高、低两个电平表示“1”和“0”，也可以用脉冲的有、无或者脉冲的正、负极性表示它们。
- 二进制数编码、计数、加减运算规则简单。
- 二进制码的两个符号“1”和“0”，正好与逻辑命题的两个值“是”和“否”或称“真”和“假”相对应，为计算机实现逻辑运算和程序中的逻辑判断提供了便利的条件。

除二进制外，人们在编程中还经常使用十进制、八进制和十六进制。本节主要介绍计算机中各种数制及它们之间的相互转换，非数值信息的编码规则等内容。

1.2.1　数制

数制也称为计数体制，是指用一组固定的符号和统一的规则来表示数值的一种计数方法。人类最常使用的计数法是十进制计数法，先看一个十进制数的例子。

$$8888.88 = 8 \times 10^3 + 8 \times 10^2 + 8 \times 10^1 + 8 \times 10^0 + 8 \times 10^{-1} + 8 \times 10^{-2} \quad (1.1)$$

从式(1.1)可知,每个数码的位置不同,所代表的实际数值也不同。一个数位的数值是由这位的数码值乘以该位的“权”值构成的。如式(1.1)中十进制数百位的权是“10^2”,则该位的实际数值就是8×10^2。

十进制数、二进制数、八进制数和十六进制数的计数特点分别如下。

1. 十进制数

有0、1、2、3、4、5、6、7、8、9等10个不同数码(不同数码的总个数,也称为该数制的基数);权为10^n;运算规律为逢10进1,借1当10。

2. 二进制数

有“0”和“1”两个数码;其基数为2,权为2^n;运算规律为逢2进1,借1当2。

3. 八进制数

有8个不同的数码0、1、2、3、4、5、6、7;其基数为8,权为8^n;运算规律为逢8进1,借1当8。

4. 十六进制数

有0、1、2、3、4、5、6、7、8、9、A、B、C、D、E、F等16个不同数码;其基数为16,权为16^n;运算规律为逢16进1,借1当16。

通常我们用$()_R$来表示不同进制的数,十进制用$()_{10}$来表示,二进制用$()_2$来表示。也可以在数字后面用特定的字母表示该数的进制,B代表二进制,O代表八进制,D代表十进制(可省略),H代表十六进制。例如:10001010B、212O、138D、8AH。

十进制数、二进制数、八进制数和十六进制数的对应关系如表1.1所示。

表1.1 十进制数、二进制数、八进制数和十六进制数的对应关系表

二 进 制	十 进 制	八 进 制	十六进制
0	0	0	0
1	1	1	1
10	2	2	2
11	3	3	3
100	4	4	4
101	5	5	5
110	6	6	6
111	7	7	7
1000	8	10	8

续表

二　进　制	十　进　制	八　进　制	十六进制
1001	9	11	9
1010	10	12	A
1011	11	13	B
1100	12	14	C
1101	13	15	D
1110	14	16	E
1111	15	17	F
10000	16	20	10

1.2.2　不同数制的相互转换

同一个数值可以用不同的进位计数制来表示，这表明不同进位制只是表示数的不同手段，它们之间可以相互转换。以下通过例子说明计算机中常用的几种进位计数制之间的相互转换。

1. R 进制转换为十进制

通过按权展开法，可以将任意一个 R 进制数转换成十进制数。求出每一位数码与该位权的乘积之和，即可得到相应的十进制数。按权展开过程如式(1.2)所示。

$$(a_n \cdots a_1 a_0 a_{-1} \cdots a_{-m})_R = a \times R^n + \cdots + a \times R^1 + a \times R^0 + a \times R^{-1} + \cdots + a \times R^{-m} \tag{1.2}$$

【例 1.1】　分别把二进制数 11101.1 和八进制数 152.7 转换成十进制数。

解：$(11101.1)_B = 1\times2^4 + 1\times2^3 + 1\times2^2 + 0\times2^1 + 1\times2^0 + +1\times2^{-1} = (29.5)_D$

$(152.7)_O = 1\times8^2 + 5\times8^1 + 2\times8^0 + 7\times8^{-1} = (106.875)_D$

2. 十进制数转换成 R 进制数

整数部分和小数部分的转换方法是不同的，下面分别加以介绍。

(1) 整数部分的转换

采用“除基取余”法，即整数部分除以基数 R 取余数，直到商 0 为止，先得到的余数为低位，后得到的余数为高位。将得到的余数按高低位进行排列即可得到 R 进制整数部分各位的数码。

【例 1.2】　把十进制数 25 转换成二进制数。

解：转换过程为

除数	被除数/商	余数	
2	25		
2	12	1	← 最低位
2	6	0	
2	3	0	
2	1	1	
	0	1	← 最高位

所以，$(25)_D=(11001)_B$。

注意：第一位余数是最低位，最后一位余数是最高位。

(2) 小数部分的转换

采用"乘基取整"法，即小数部分乘以基数 R 取整数，直到小数部分为 0 或满足精度要求为止，先得到的整数为低位，后得到的整数为高位。将得到的整数按高低位进行排列即可得到 R 进制小数部分各位的数码。

【例 1.3】 把十进制数 0.3125 转换成二进制数。

解：转换过程为

运算	整数	
0.3125 × 2		
0.6250	0	← 最高位
× 2		
1.2500	1	
× 2		
0.5000	0	
× 2		
1.0000	1	← 最低位

所以，$(0.3125)_D=(0.0101)_B$。

注意：第一位整数是最高位，最后一位整数是最低位。

对于既有整数又有小数的十进制数，可以先将整数部分和小数部分分别进行转换后，再合并得到所要结果。

【例 1.4】 将十进制数 38.25 转换成二进制数。

解：其转换步骤为

除数	被除数/商	余数	
2	38		
2	19	0	← 最低位
2	9	1	
2	4	1	
2	2	0	
2	1	0	
	0	1	← 最高位

运算	整数	
0.25 × 2		
0.50	0	← 最高位
× 2		
1.00	1	← 最低位

所以，$(38.25)_D=(100110.01)_B$。

同理，采用“除8取余数，乘8取整数”的方法可以将十进制数转换为八进制数；用“除16取余数，乘16取整数”的方法可以将十进制数转换为十六进制数。

3. 二进制数与八进制数的转换

由于八进制数的基数为8，二进制数的基数为2，两者满足 $8=2^3$，故每位八进制数可转换为等值的3位二进制数，反之亦然。

【例1.5】 将八进制数24.76转换成二进制数。

解：转换过程为

$$(2\quad 4\ .\ 7\quad 6)_8$$

$$\downarrow$$

$$(010\ 100\ .\ 111\ 110)_2$$

二进制数转换为八进制数时，以小数点为界，整数部分从右向左3位一组，小数部分从左向右3位一组，最后一组不足3位时用0补足，再将每组的3位二进制数写成1位八进制数即可。

【例1.6】 将二进制数10111011.10111转换成八进制数。

解：转换过程为

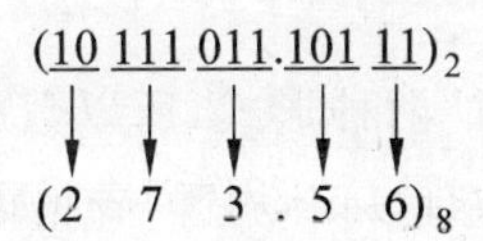

4. 二进制数与十六进制数的转换

由于十六进制数的基数为16，二进制数的基数为2，两者满足 $16=2^4$，故每位十六进制数可转换为等值的4位二进制数，反之亦然。

【例1.7】 将十六进制数A7.C3转换成二进制数。

解：转换过程为

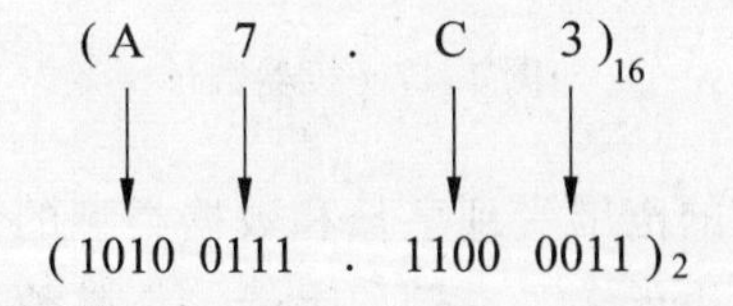

二进制数转换为十六进制数时，以小数点为界，整数部分从右向左4位一组，小数部分从左向右4位一组，最后一组不足4位时用0补足，再将每组的4位二进制数写成1位十六进制数即可。

【例1.8】 将二进制数1011001101.10101转换成十六进制数。

解：转换过程为

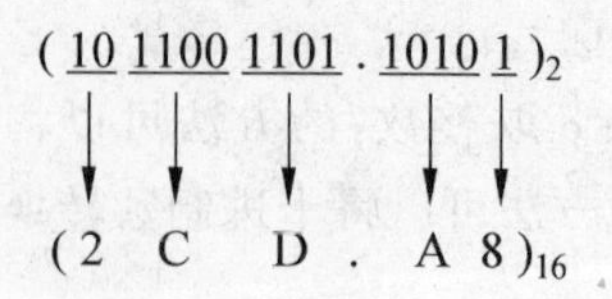

5. **八进制数与十六进制数的转换**

八进制数与十六进制数之间的转换，一般通过二进制数作为桥梁，即先将八进制或十六进制数转换为二进制数，再将二进制数转换成十六进制数或八进制数。

【例 1.9】 将八进制数 35.74 转换成十六进制数。

解：转换过程为

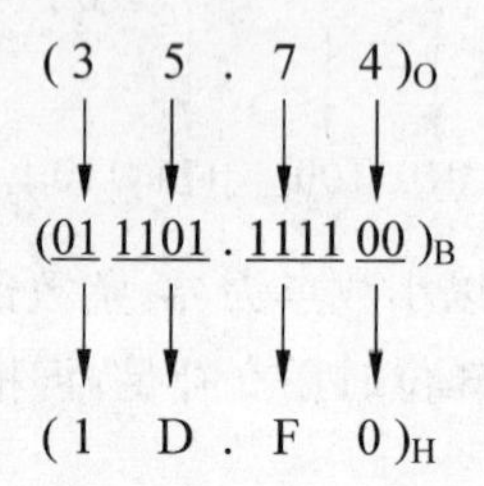

1.2.3 带符号数的表示

在计算机中，因为只有“0”和“1”两种形式，所以数的正、负号，也必须以“0”和“1”表示。通常把一个数的最高位定义为符号位，用“0”表示正数，“1”表示负数；其余位仍表示数值。把机器外部＋、－号表示的数称为真值数，把在机器内存放的＋、－号数码化的数称为机器数。例如：真值为$(-00101100)_B$的机器数为10101100，存放在机器中，如图1.17所示。

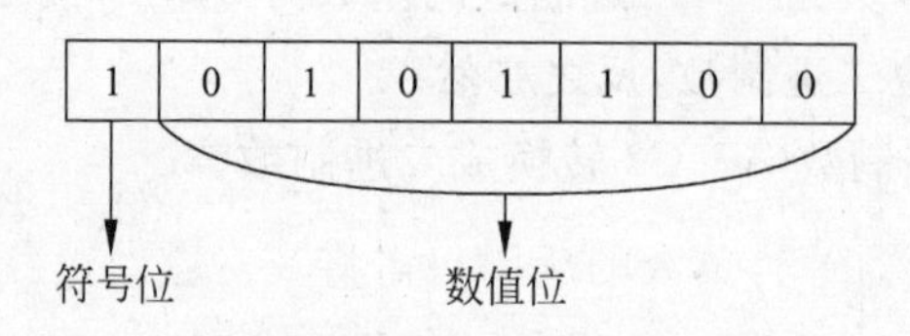

图 1.17 机器数

要注意的是，机器数表示的范围受到字长和数据类型的限制。字长和数据类型确定后，机器数能表示的数值范围也就定了。例如表示一个整数，字长为8位，则最大的正数01111111，最高位为符号位，即最大值为127。若数值超出127，就要“溢出”。

在计算机中，带符号数可以用不同方法表示，常用的有原码、反码和补码。

1. **原码**

原码表示法中，数值位用绝对值表示；符号位用“0”表示正号，用“1”表示负号。如数

X 的原码记为$[X]_{原}$,如果机器字长 n,则原码的定义如下:

$$[X]_{原}=\begin{cases}X, & 0\leqslant X\leqslant 2^{n-1}-1\\ 2^{n-1}+|X|, & -(-2^{n-1}-1)\leqslant X\leqslant 0\end{cases}$$

例如,当机器字长 $n=8$ 时:

$$[+1]_{原}=00000001,\quad [-1]_{原}=10000001$$
$$[+127]_{原}=01111111,\quad [-127]_{原}=11111111$$

由此可以看出,在原码表示法中:

- 最高位为符号位,正数为“0”,负数为“1”,其余 $n-1$ 位表示数的绝对值。
- 在原码表示中,零有两种表示形式,即:$[+0]=00000000$,$[-0]=10000000$。
- 原码容易理解,与代数中正负数的表示接近,乘除运算比较方便,但是加减运算规则复杂。

用原码进行加法运算时:首先判断被加数和加数的符号是同号还是异号;若为同号,将两数相加,结果的符号与被加数的符号一致;若为异号,先比较两数绝对值(数值)的大小,然后用大数值减去小数值,结果的符号与大数值的符号一致。

2. 反码

反码表示法中,符号位用“0”表示正号,用“1”表示负号;正数反码的数值位和真值的数值位相同,而负数反码的数值位是真值的按位取反。数 X 的反码记作$[X]_{反}$,如机器字长为 n,反码定义如下:

$$[X]_{反}=\begin{cases}X, & 0\leqslant X\leqslant 2^{n-1}-1\\ 2^{n-1}+|X|, & -(-2^{n-1}-1)\leqslant X\leqslant 0\end{cases}$$

例如,当机器字长 $n=8$ 时:

$$[+1]_{反}=00000001,\quad [-1]_{反}=11111110$$
$$[+127]_{反}=01111111,\quad [-127]_{反}=10000000$$

由此可见,在反码表示中:

- 正数的反码与原码相同,负数的反码只需将其对应的正数按位求反即可得到。
- 机器数最高位符号位,“0”代表正号,“1”代表负号。

采用反码进行加、减运算的时候,均可转换为加法实现。与原码不同,反码运算时,符号和数值位一起参加运算,当符号位产生进位时,将进位循环加到结果的最低一位,才能得到正确的运算结果。反码运算规则为:

$$[X_1+X_2]_{反}=[X_1]_{反}+[X_2]_{反},\quad [X_1-X_2]_{反}=[X_1]_{反}+[-X_2]_{反}$$

在反码中,将$[X]_{反}$变为$[-X]_{反}$的方法是:符号位连同数值位一起变反。

3. 补码

补码表示法中,符号位用“0”表示正号,用“1”表示负号;正数补码的数值位与真值相同，负数补码的数值位是真值按位取反再加 1 得到。数 X 的补码记作$[X]_{补}$，当机器字长为 n 时，补码的定义如下：

$$[X]_{补}=\begin{cases}X, & 0\leqslant X\leqslant 2^{n-1}-1\\ 2^n-|X|, & -2^{n-1}\leqslant X\leqslant 0\end{cases}$$

例如，当机器字长 $n=8$ 时：

$$[+1]_{补}=00000001,\quad [-1]_{补}=11111111$$

$$[+127]_{补}=01111111,\quad [-127]_{补}=10000001$$

由此可见，在补码表示中：

- 正数的补码与原码、反码相同，负数的补码等于它的反码加 1。
- 机器数最高位是符号位，“0”代表正号，“1”代表负号。
- 在补码表示中，0 有唯一的编码：$[+0]_{补}=[-0]_{补}=00000000$。

补码的运算方便，二进制的减法可用补码的加法实现，使用较广泛。

补码运算时符号和数值位一起参加运算，且在进行加、减运算的时候，均可转换为加法实现。不同的是，当符号位产生进位时，要将进位丢掉，才能得到正确的运算结果。补码运算规则如下：

$$[X_1+X_2]_{补}=[X_1]_{补}+[X_2]_{补},\quad [X_1-X_2]_{补}=[X_1]_{补}+[-X_2]_{补}$$

在补码中，将$[X]_{补}$变为$[-X]_{补}$的方法是：符号位连同数值位一起变反，末位加 1。

1.2.4 数的定点和浮点表示

计算机内表示的数主要分成定点小数、定点整数与浮点数三种类型。

1. 定点小数

定点小数是指小数点准确固定在数据某一个位置上的小数。一般把小数点固定在最高数据位的左边，小数点前边再设一位符号位。按此规则，任何一个小数都可以写成：

$$N=N_sN_{-1}N_{-2}N_{-3}\cdots N_{-m},\quad N_s\text{ 是符号位}$$

即在计算机中用 $m+1$ 个二进制位表示一个小数，最高(最左)一个二进制位表示符号(如用“0”表示正号，“1”则表示负号)，后面的 m 个二进制位表示该小数的数值。小数点不用明确表示出来，因为它总是定位在符号位与最高数值位之间。对用 $m+1$ 个二进制位表示的小数来说，其值的范围为$|N|\leqslant 1-2^m$。定点小数表示法主要用在早期的计算机中。

2. 整数的表示法

整数所表示的数据的最小单位为 1，可以认为它是小数点定在数值最低位右面的一种表示法。整数分为带符号和不带符号两类。对带符号的整数，符号位放在最高位。可以写成：

$$N = N_s N_n N_{n-1} N_{n-2} \cdots N_2 N_1 N_0 \quad N_s \text{ 是符号位}$$

对于用 $n+1$ 位二进制位表示的带符号整数，其值的范围为 $|N| \leqslant 2^n - 1$。

对于不带符号的整数，所有的 $n+1$ 个二进制位均看成数值，此时数值表示范围为 $0 \leqslant N \leqslant 2^{n+1} - 1$。在计算机中，一般用 8 位、16 位和 32 位等表示数据。一般定点数表示的范围和精度都较小，在数值计算时，大多数采用浮点数。

3. 浮点数的表示方法

浮点表示法对应于科学(指数)计数法，如数 110.011 可表示为：

$$N = 110.011 = 1.10011 \times 2^{10} = 11001.1 \times 2^{-10} = 0.110011 \times 2^{11}$$

在计算机中一个浮点数由两部分构成：阶码和尾数，阶码是指数，尾数是纯小数。其存储格式如图 1.18 所示。

阶符	阶码	数符	尾数

图 1.18 浮点数存储格式

阶码只能是一个带符号的整数，它用来指示尾数中的小数点应当向左或向右移动的位数，阶码本身的小数点约定在阶码最右面。尾数表示数值的有效数字，其本身的小数点约定在数符和尾数之间。在浮点数表示中，数符和阶符都各占一位，阶码的位数随数值表示的范围而定。例如：设尾数为 4 位，阶码为 2 位，则二进制数 $N = 2^{11} \times 1011$ 的浮点数表示形式如图 1.19 所示。

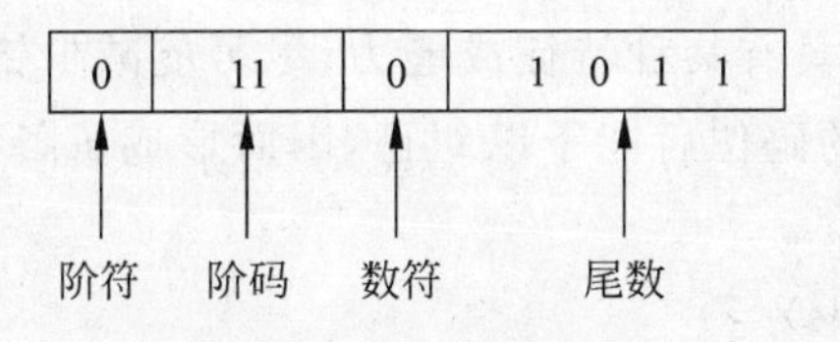

图 1.19 浮点数表示形式

注意：浮点数的正、负是由尾数的数符确定，而阶码的正、负只决定小数点的位置，即决定浮点数的绝对值大小。

1.2.5 编码

所谓编码，就是用若干位按一定规则组合而成的二进制码来表示数或字符(字母、符号和汉字)。计算机中常用的编码有二—十进制编码、可靠性编码、字符编码及汉字编码等。不同的编码，其编码规则不同，具有不同的特性及应用场合。下面将对上述编码进行简单介绍。

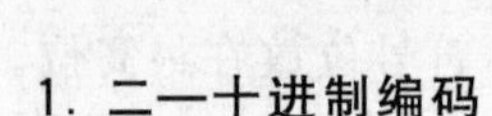

1. 二—十进制编码

为了便于二进制与十进制的转换和识别，在计算机中通常采用二—十进制编码，简称 BCD 码。就是用 4 位二进制数来表示 1 位十进制数中的 0～9 这 10 个数码。

根据不同需求，BCD 码大致可以分成有权码和无权码两种。有权码，如 8421、2421、5421 等；无权码，如余 3 码、格雷码等。

8421 码是最常用的一种 BCD 码，它用 4 位权值为 8、4、2、1 的二进制数来表示等值的 1 位十进制数，其编码对照规则如表 1.2 所示。

表 1.2　十进制与 8421BCD 编码对照表

十进制	0	1	2	3	4	5	6	7	8	9
BCD 码	0000	0001	0010	0011	0100	0101	0110	0111	1000	1001

【例 1.10】 将十进制数 5971 转换成 8421BCD 码，并将 8421BCD 码 101001.01011 转换成十进制数。

解： $(5971)_{10}=(0101\ 1001\ 0111\ 0001)_{8421}$

$(101001.01011)_{8421}=(0010\ 1001.0101\ 1000)_{8421}=(2\ 9.5\ 8)_{10}$

在使用 8421BCD 码时，一定要注意其有效编码仅有 10 个，即 0000～1001。4 位二进制数的其余 6 个编码 1010、1011、1100、1101、1110、1111 都是无效码。

2. 可靠性编码

可靠性编码的作用是为了提高系统的可靠性。代码在形成和传送过程中都可能发生错误。为了使代码本身具有某种特征或能力，尽可能减少错误的发生，或者出错后容易被发现，甚至查出错误的码位后能予以纠正，因而形成了各种编码方法。以下介绍两种常用的可靠性编码。

(1) 格雷码(Gray code)

① 特点

任意两个相邻的整数，其格雷码仅有一位不同。表 1.3 给出了与 4 位二进制码对应的典型格雷码。

表 1.3　4 位二进制码对应的格雷码

十进制数	4 位二进制码	格雷码
0	0000	0000
1	0001	0001
2	0010	0011
3	0011	0010
4	0100	0110
5	0101	0111

续表

十进制数	4位二进制码	格雷码
6	0110	0101
7	0111	0100
8	1000	1100
9	1001	1101
10	1010	1111
11	1011	1110
12	1100	1010
13	1101	1011
14	1110	1001
15	1111	1000

② 作用

避免代码形成或者变换过程中产生错误。

例如，在数字系统中实现0～15升序变化时，如果采用普通4位二进制码表示，则每次增加1可能引起若干位发生变化，例如由7变为8，要求4位二进制码从0111变为1000，4位都发生变化。当表示各位代码的电子器件变化速度不一致时，便会产生错误代码，如产生1111（假定最高位变化比低三位快）、1001（假定最低位变化比高三位慢）等错误代码。尽管这种错误代码时间是短暂的，但有时是不允许的，因为它将形成干扰，影响数字系统的正常工作。而格雷码从编码上杜绝了这种错误的发生。

③ 典型格雷码与普通二进制码之间的转换

将二进制码转换为格雷码的方法是：保持最高位不变，其他位与前面一位异或。假设二进制码为$B=B_{n-1}B_{n-2}\cdots B_{i+1}B_i\cdots B_1B_0$，格雷码为$G=G_{n-1}G_{n-2}\cdots G_{i+1}G_i\cdots G_1G_0$，其转换公式为：

$$\begin{cases} G_{n-1} = B_{n-1} \\ G_i = B_{i+1} \oplus B_i, \quad i = n-2,\cdots,0 \end{cases}$$

其中，$\oplus$称为“异或”运算，运算规则：$0\oplus0=0$；$0\oplus1=1$；$1\oplus0=1$；$1\oplus1=0$。

【例1.11】 求二进制数10110100对应的格雷码。

解：

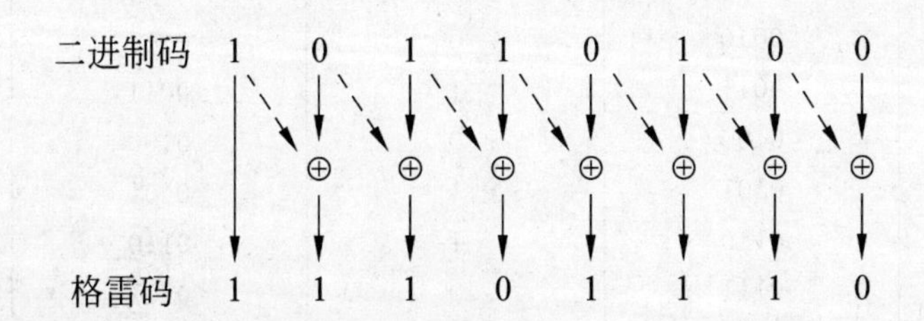

所以，$(10110100)_{二进制码}=(11101110)_{格雷码}$。

将格雷码转换为二进制码的方法是：保持最高位不变，其他位与前面一位二进制码相异或。其转换公式为：

$$\begin{cases} B_{n-1} = G_{n-1} \\ B_i = B_{i+1} \oplus G_i, \quad i = n-2, \cdots, 0 \end{cases}$$

【例 1.12】 求格雷码 11101110 对应的二进制码。

解：

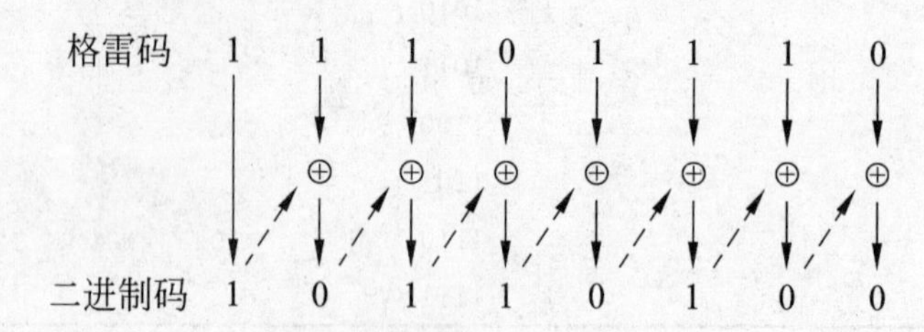

所以，$(11101110)_{格雷码} = (10110100)_{二进制码}$。

(2) 奇偶检验码(odd-even check code)

奇偶检验码是一种用来检验代码在传输过程中是否产生错误的代码。

奇偶检验码由信息位和奇偶检验位两部分组成，信息位是指需要传递的信息本身，它可以是位数不限的一组二进制代码；奇偶检验位用来指定编码方式，它仅有一位。

奇偶检验码的编码方式有两种，一种是使信息位和检验位中“1”的个数共计为奇数，称为奇检验；另一种是使信息位和检验位中“1”的个数共计为偶数，称为偶检验。如表 1.4 所示。

表 1.4 奇偶检验表

信息位(7 位)	采用奇检验的检验位(1 位)	采用偶检验的检验位(1 位)
1 0 0 1 1 0 0	0	1

表 1.5 列出了 8421 码的奇偶检验码。

表 1.5 8421 码的奇偶检验码

十进制数码	采用奇检验的 8421 码		采用偶检验的 8421 码	
	信息位	检验位	信息位	检验位
0	0000	1	0000	0
1	0001	0	0001	1
2	0010	0	0010	1
3	0011	1	0011	0
4	0100	0	0100	1
5	0101	1	0101	0
6	0110	1	0110	0
7	0111	0	0111	1
8	1000	0	1000	1
9	1001	1	1001	0

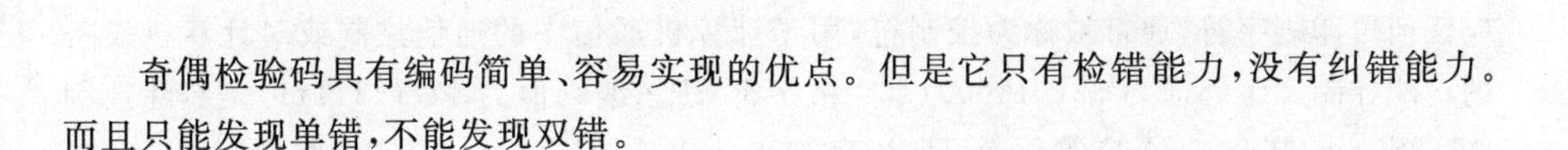

奇偶检验码具有编码简单、容易实现的优点。但是它只有检错能力，没有纠错能力。而且只能发现单错，不能发现双错。

3. 字符编码

字符是计算机中使用最多的信息形式之一，是人与计算机进行通信、交互的重要媒介。在计算机中，要为每个字符指定一个确定的编码，作为识别与使用这些字符的依据。而这些编码的值，又是用一个定位数的二进制码进行再编码给出的。

(1) ASCII 码

ASCII(American Standard Code for Information Interchange)码，即美国信息交换标准代码，是使用最多、最普遍的一种字符编码，如表 1.6 所示。

表 1.6　7 位 ASCII 码字符表

低 4 位	高 3 位 $a_6a_5a_4$							
$a_3a_2a_1a_0$	000	001	010	011	100	101	110	111
0000	NUL	DLE	SP	0	@	P	、	p
0001	SOH	DC1	!	1	A	Q	a	q
0010	STX	DC2	“	2	B	R	b	r
0011	ETX	DC3	#	3	C	S	c	s
0100	EOT	DC4	$	4	D	T	d	t
0101	ENQ	NAK	%	5	E	U	e	u
0110	ACK	SYN	&	6	F	V	f	v
0111	BEL	ETB	‘	7	G	W	g	w
1000	BS	CAN	(	8	H	S	h	x
1001	HT	EM	)	9	I	Y	i	y
1010	LF	SUB	*	：	J	Z	g	z
1011	VT	E\C	＋	；	K	[	k	{
1100	FF	FS	，	＜	L	\	l	|
1101	CR	GS	—	＝	M	]	m	}
1110	SO	RS	.	＞	N	^	n	～
1111	SI	US	/	?	O	_	o	DEL

ASCII 码的每个字符用 7 位二进制表示，其排列次序为 $d_6d_5d_4d_3d_2d_1d_0$，d_6 为高位，d_0 为低位。而一个字符在计算机内实际是用 8 位表示。正常情况下，最高一位 d_7 为“0”。在需要奇偶检验时，这一位可用于存放奇偶检验的值，此时称这一位为检验位。要确定某个字符的 ASCII 码，在表中可先查到它的位置，然后确定它所在位置相应的列和行，最后根据列确定高位码($d_6d_5d_4$)，根据行确定低位码($d_3d_2d_1d_0$)，把高位码与低位码合在一起就是该字符的 ASCII 码。例如，字母 L 的 ASCII 码 1001100；字符％的 ASCII 码是 0100101 等。

ASCII 码是 128 个字符组成的字符集。其中编码值 0～31(0000000～0011111)不对应任何可印刷字符，通常被称为控制符，用于计算机通信中的通信控制或对计算机设备的功能控制。编码值为32(010000)是空格字符SP。编码值为127(111111)是删除控制DEL码……其余94个字符称为可印刷字符。

字符0～9这10个数字字符的高3位编码($d_6d_5d_4$)为011，低4位为0000～1001。当去掉高3位的值时，低4位正好是二进制形式的0～9。这既满足正常的排序关系，又有利于完成ASCII码与二进制码之间的转换。

英文字母的编码值满足正常的字母排序，且大、小写英文字母编码的对应关系相当简便，差别仅表现在d_5位的值为"0"或"1"，有利于大、小写字母之间的编码转换。

除了7位ASCII码外，还有一种叫做ASCII-8的8位扩展ASCII编码。它是在7位ASCII码的基础上，在d_5和d_4位之间插入一位，且使它的值与每个符号的d_6位值相同。如数值0的7位ASCII码的编码是0110000，而8位ASCII码的编码是01010000。

(2) EBCDIC码

EBCDIC编码(Extended Binary-Coded Decimal Interchange Code)，即扩展的二—十进制交换码。这种字符编码主要用在IBM公司的计算机中。EBCDIC码采用8位二进制表示，有256个编码状态，但只选用其中一部分。

4. 汉字编码

使用计算机处理汉字时，必须先将汉字代码化，即对汉字进行编码。无论是西方的拼音文字还是汉字这种象形文字，它们的"意"都寓于它们的"形"和"音"上。西文是拼音文字，基本符号比较少，编码较容易，而且在一个计算机系统中，输入、内部处理、存储和输出都可以使用一个码。但汉字种类繁多，编码比拼音文字困难，而且在一个汉字处理系统中，输入、内部处理、存储和输出对汉字代码的要求不尽相同。汉字信息处理系统在处理汉字和词语时，要进行一系列的汉字代码转换。下面介绍主要的汉字代码。

(1) 输入码

中文的字数繁多，字形复杂，字音多变，常用汉字就有7000个左右。在计算机系统中使用汉字，首先遇到的问题就是如何把汉字输入到计算机内。为了能直接使用西文标准键盘进行输入，必须为汉字设计相应的编码方法。汉字编码方法主要分为三类：数字编码、拼音码和字形码。

① 数字编码

数字编码就是用数字串代表一个汉字的输入，常用的是国标区位码。国标区位码将国家标准局公布的6763个两级汉字分成94个区，每个区分94位，实际上是把汉字表示成二维数组，区码和位码各两个十进制数字，因此输入一个汉字需要按键四次。例如，"中"字位于第54区48位，区位码为5448。

汉字在区位码表的排列是有规律的。在94个分区中，1～15区用来表示字母、数字和符号，16～87区为一级和二级汉字。一级汉字以汉语拼音为序排列，二级汉字以偏旁部首进行排列。使用区位码方法输入汉字时，必须先在表中查找汉字并找出对应的代码，才能输入。数字编码输入的优点是无重码，而且输入码和内部码的转换比较方便，但是每个编码都是等长的数字串，较难记忆。

② 拼音码

拼音码是以汉语读音为基础的输入方法。由于汉字同音字太多，输入重码率很高，因此拼音输入后还必须进行同音字选择，影响输入速度。

③ 字形编码

字形编码是以汉字的形状确定的编码。汉字总数虽多，但都是由一笔一画组成，全部汉字的部件和笔画是有限的。因此，把汉字的笔画部件用字母或数字进行编码，按笔画书写的顺序依次输入，就能表示一个汉字，五笔字型、表形码等便是这种编码法。五笔字型编码是最有影响的编码方法。

(2) 内部码

汉字内部码是汉字在设备或信息处理系统内部最基本的表达形式，是在设备和信息处理系统内部存储、处理、传输汉字用的代码。在西文计算机中，没有交换码和内部码之分。目前，世界各大计算机公司一般均以ASCII码为内部码来设计计算机系统。汉字数量多，用一个字节无法区分，一般用两个字节来存放汉字的内码。两个字节共有16位，可以表示(p13 表示式)个可区别的码，如果两个字节各用7位，则可表示(p13 表示式)个可区别的码。一般说来，这已经够用了。现在我国的汉字信息系统一般都采用这种与ASCII码相容的8位码方案，用两个8位码字符构成一个汉字内部码。另外，汉字字符必须和英文字符能相互区别开，以免造成混淆。英文字符的机内代码是7位ASCII码，最高位为“0”(即 $d_7=0$)，汉字机内代码中两个最高位均为“1”。即将国家标准局GB 2312—80中规定的汉字国标码的每个字节的最高位均为“1”，作为汉字机内码。以汉字“大”为例，国标码为3473H，机内码为B4F3H。

为了统一表示世界各国的文字，1993年国际标准化组织公布了“通用多八位编码字符集”的国际标准ISO/IEC 10646，简称UCS(Universal Code Set)。UCS包含了中、日、韩等国的文字，这一标准为包括汉字在内的各种正在使用的文字规定了统一的编码方案。该标准是用4个8位码(4个字节)来表示每一个字符，并相应地指定组、平面、行和字位。即用一个8位二进制来编码组(最高位不用，剩下7位)，能表示128个组。用一个8位二进制来编码平面，能表示256个平面，即每一组包含256个平面。用一个8位二进制来编码行，能表示256字位，即每一行包含256个字位。一个字符就被安排在这个编码空间的一个字位上。4个8位码32位足以包容世界所有的字符，同时也符合现代处理系统的体系结构。

第一个平面(00组中的00平面)称为基本多文种平面。它包含字母文字、音节文字及表意文字等。它分成四个区。

A区：代码位置0000H～4DFFH(19903个字位)用于字母文字、音节文字及各种符号。

I区：代码位置4E00H～9FFFH(20992个字位)用于中、日、韩(CJK)统一的表意文字。

O 区：代码位置 A000H～DFFFH(16384 个字位)留用于未来标准化。

R 区：代码位置 E000H～FFFDH(8190 个字位)作为基本多文种平面的限制使用区，它包括专用字符、兼容字符等。例如，ASCII 字符"A"，它的 ASCII 码为 41H。它在 UCS 中的编码为 00000041H，即在 00 组，00 面，00 行，第 41H 字位上；汉字"大"，它在 GB 2312 中的编码为 3473H，它在 UCS 中的编码为 00005927H，即在 00 组，00 面，59H 行，第 27H 字位上。

(3) 字形码

汉字字形码是表示汉字字形的字模数据，通常用点阵、矢量函数等方法表示，用点阵表示字形时，汉字字形码指的就是这个汉字字形点阵的代码。字形码也称字模码，是用点阵表示的汉字字形代码，它是汉字的输出形式，根据输出汉字的要求不同，点阵的多少也不同。简易型汉字为 16×16 点阵，提高型汉字为 24×24 点阵、32×32 点阵、48×48 点阵等。

字模点阵的信息量很大，所占存储空间也很大，以 16×16 点阵为例，每个汉字不能用于机内存储。字库中存储了每个汉字的点阵代码，当显示输出时才检索字库，输出字模点阵得到字形。

(4) 各种代码之间的关系

从汉字代码转换的角度，一般可以把汉字信息处理系统抽象为一个结构模型，如图 1.20 所示。

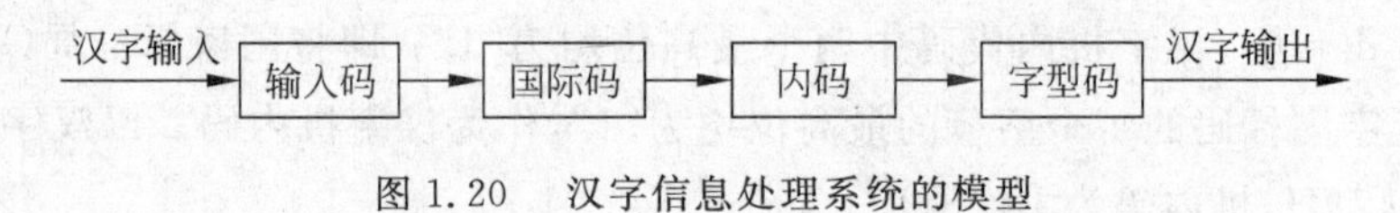

图 1.20　汉字信息处理系统的模型

本章小结

世界上第一台电子计算机 ENIAC 的诞生，标志着电子计算机时代的到来。在短短的几十年内，电子计算机经历了电子管、晶体管、集成电路和超大规模集成电路四个阶段的发展，使计算机的体积越来越小，功能越来越强，价格越来越低，应用越来越广泛，目前正朝着智能化计算机(第五代)和神经网络计算机(第六代)方向发展。

电子计算机具有自动连续运算、运算速度快、运算精度高、具有记忆能力和逻辑判断能力、通用性强等特点。被广泛应用于工业、农业、国防、科研、文教、交通运输、商业、通信以及日常生活等各个领域。

在计算机内部，一律采用二进制形式表示信息，除了二进制外，人们在编程中还经常使用十进制、八进制和十六进制。带符号数可以用原码、反码和补码等不同方法表示。

计算机中，除了数值信息外，还有非数值信息，如图形、图像、符号、字母、汉字等，这些信息需要通过编码，用若干位按一定规则组合而成的二进制码来表示。计算机中常用的编码有二—十进制编码、可靠性编码、字符编码及汉字编码等。

习题

1. 简述计算机的发展历史。
2. 计算机的应用领域有哪些？
3. 冯·诺依曼对计算机结构提出的重大改进理论是什么？
4. 什么是机器数？对有符号数的表示方式有哪些？
5. 以R进制为例，说明进位计数制的特点。
6. 将十进制数256转换为二进制、八进制及十六进制数。
7. 将十六进制数A16.4D转换为二进制及八进制。
8. 分别用二进制反码和补码运算求－52－20。
9. 求下列真值的原码、反码和补码。

＋1010　－1010　＋1111　－1111　－0000　－1000　＋1011　－1011

10. 将十进制数516.74转换成8421BCD码。
11. 将二进制码11101011转换成格雷码。
12. 将格雷码10101001转换成二进制码。
13. 常用的编码方式有哪些？如何判断一个码是奇检验码还是偶检验码。
14. 试将下列十进制数转换为二进制数（小数点后保留三位）、八进制数及十六进制数。

(1) $(28)_{10}$　(2) $(34.75)_{10}$　(3) $(8.256)_{10}$　(4) $(75.6)_{10}$

15. 若 $X_1=+1101$，$X_2=-0011$，用补码运算求 X_1+X_2 和 X_1-X_2。
16. 若 $X_1=+1010$，$X_2=-1000$，用原码运算求 X_1+X_2。
17. 若 $X_1=+0101$，$X_2=-1010$，用反码运算求 X_1+X_2 和 X_1-X_2。
18. 若 $X_1=-14$，$X_2=+20$，试分别用反码和补码运算求 X_1+X_2 和 X_1-X_2。
19. 若 $X_1=+80$，$X_2=-56$，试分别用反码和补码运算求 X_1+X_2 和 X_1-X_2。
20. 汉字编码有几种？

计算机硬件系统

计算机系统包括硬件系统和软件系统两大部分。计算机依靠硬件和软件的协同工作来完成指定的任务。“硬件”是指组成计算机的所有实体部件，例如键盘、显示器、主机、电源等。“软件”是指建立在硬件基础之上的所有程序和文档的集合。

硬件系统是计算机进行工作的物质基础，任何软件都是建立在硬件基础之上的。离开了硬件，软件将一事无成。如果把硬件系统比作计算机的躯体，那么软件系统就是计算机的头脑和灵魂。两者是互相依存、密不可分的。

本章主要介绍计算机硬件系统。首先介绍计算机的基本结构，重点讲解计算机的主要组成部件，如主板、CPU、存储器和常用的输入输出设备，使读者初步了解计算机硬件系统的基本组成。然后进一步介绍计算机系统中的总线、主要性能指标、计算机的工作特点和分类等内容。

2.1 计算机基本结构

自1946年世界上出现第一台电子数字计算机以来，计算机的性能指标、运算速度、工作方式、应用领域和价格等都发生了惊人的变化。但就其基本结构而言，仍未摆脱冯·诺依曼型计算机的设计思想，即计算机由五大基本部分组成：运算器、控制器、存储器、输入设备和输出设备，如图2.1所示。

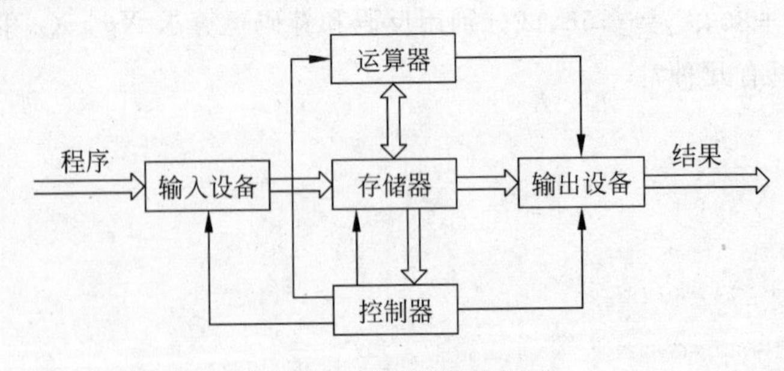

图2.1 计算机结构框图

1. 运算器

运算器,也称为算术逻辑单元(Arithmetic Logic Unit,ALU),其功能是实现算术和逻辑等运算。算术运算是指加、减、乘、除(有些 ALU 无乘、除功能)等运算,而逻辑运算是指"与"、"或"、"非"、"比较"、"移位"等操作。在控制器的控制下,ALU 对来自存储器的数据进行算术或逻辑运算。

2. 控制器

控制器一般由指令寄存器、指令译码器、时序电路和控制电路组成。控制器实现计算机对整个运算过程有规律的控制,它的基本功能是控制从内存取出指令和执行指令。

计算机执行程序时,控制器首先按程序计数器所给出的指令地址从内存中取出一条指令,并对指令进行分析,然后根据指令的功能向有关部件发出控制命令,控制它们执行这条指令所规定的功能。这样逐一执行一系列指令,计算机就能够按照程序的要求自动完成各项任务。

由于超大规模集成电路(VLSI)的发展,现在基本上是把控制器和运算器集成在一块芯片上,该芯片被称为中央处理器(Central Processing Unit,CPU)。它是计算机的核心。

3. 存储器

存储器用来存放计算机运行中要执行的程序和参与运算的各种数据。存储器分为内存储器和外存储器两种,外存储器也可以作为输入输出设备。

存储器容量的大小通常以字节为单位来衡量。在计算机的内存容量单位里,1 个二进制位是 1bit,8 个二进制位称为 1 个字节 B(Byte)。容量单位还有 KB、MB、GB、TB、PB、EB、ZB 和 YB 等,它们的转换关系为:1000KB=1MB,1000MB=1GB,1000GB=1TB,以此类推。

4. 输入设备

输入设备用来将用户输入的原始数据和程序,包括数据、文字、声音、图像和程序,转换为计算机能识别的形式(二进制数)存放到内存中。常用的输入设备有键盘、鼠标、扫描仪、光笔等。

5. 输出设备

输出设备用于将存储在内存中由计算机处理的结果转换为人们所能识别的形式。常用的输出设备有显示器、打印机、绘图仪等。

输入输出设备是人机交互的设备,统称为外围设备,简称外设。

计算机的五大组成部分相互配合,协同工作。计算机的基本工作原理就是程序存储及程序控制的原理。首先由输入设备接收外界信息(程序和数据),控制器发出指令将数据送入存储器,然后向存储器发出取指令命令。在取指令命令下,程序指令被逐条送入控制器。控制器对指令进行译码,并根据指令的操作要求,向存储器和运算器发出存数、取数命令和运算命令,经过运算器计算后,将计算结果存于存储器内。最后在控制器发出的取数和输出命令的作用下,通过输出设备输出计算结果。

2.2 计算机硬件组成

计算机的五大基本组成:运算器、控制器、存储器、输入设备和输出设备,构成了计算机的实体,统称为计算机硬件(Hardware)。即计算机硬件是指组成计算机的各种物理设备,是看得见,摸得着的。下面以微型计算机(简称微机)为例,对计算机的硬件组成部分进行介绍。

微机通常由主机和外设两部分组成,如图 2.2 所示。

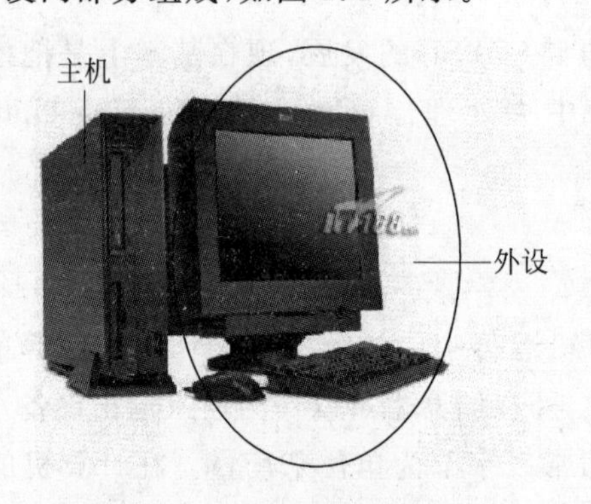

图 2.2 微型计算机

主机是微机的核心部件,主要包括主板、微处理器、内存条、I/O 扩展槽和各种接口等;外设包括输入设备(如键盘、鼠标等)和输出设备(如显示器、打印机等)。打开主机机箱后,可以看到主板、中央处理器、内存、电源、硬盘、光驱、显卡、网卡等一系列硬件设备。以下分别介绍主机和外设的各个硬件及其功能。

2.2.1 主板

主板(如图 2.3 所示),又称为主机板(mainboard)、系统板(systemboard)或母板(motherboard),是位于主机箱内的一块大型多层印刷电路板。如果把 CPU 比作微机的心脏,那么主板就是血管神经等循环系统。

主板一般为矩形电路板,上面安装了组成计算机的主要电路系统,一般有中央处理器(CPU)、随机存储器(RAM)、只读存储器(ROM)、I/O 控制芯片、键盘和面板控制开关接口、指示灯插接件、扩充插槽、主板及插卡的直流电源供电接插件等元件。

图 2.3 计算机主板

主板采用开放式结构，主板上一般有 6～8 个扩展插槽(用于插接显示卡、声卡等)，供微机外围设备的控制卡(适配器)插接。通过更换这些插卡，可以对微机的相应子系统进行局部升级，使用户在配置机型方面有更大的灵活性。总之，主板在整个微机系统中扮演着举足轻重的角色。可以说，主板的类型和档次决定整个微机系统的类型和档次，主板的性能影响整个微机系统的性能。

微机的主板类型有很多，下面对主板进行介绍。

1. 按主板上使用的 CPU 分类

可分为 386 主板、486 主板、奔腾(Pentium)主板、高能奔腾(Pentium Pro)主板等。同一级的 CPU 往往还有进一步的划分，如奔腾主板，就有是否支持多能奔腾(P55C，MMX 要求主板内建双电压)，是否支持 Cyrix 6x86、AMD 5k86(都是奔腾级的 CPU，要求主板有更好的散热性)等区别。

2. 按组合主板的厂商进行分类

可分为联想、技嘉、华硕、磐正、磐鹰、微星、精英、方正、科脑、顶星、众成、金鹰、七彩虹等不同厂家的主板。

3. 按主板的南北桥芯片的厂商进行分类

南北桥芯片也称为主控芯片。区分南北桥芯片的方法是：主板背向我们，靠北的为北桥芯片，靠南的为南桥芯片；北桥芯片位于 CPU 附近，南桥芯片位于扩展槽附近；北桥芯片一般都附有散热装置。

生产南北桥芯片的厂商有英特尔 Intel、威盛 VIA、矽硫 SIS。产品类型有以下几种。

Intel：Bx、Lx、Tx、810、815、845、895、900 等。

VIA：694、693 等。

SIS：530、630、5595、900 等。

4. 按主板结构分类

可分为 AT 标准尺寸的主板、Baby AT 袖珍尺寸的主板、ATX &127 改进型的 AT 主板、一体化主板、NLX Intel 主板等。

一体化主板，集成了声音、显示等多种电路，一般不需要再插卡就可以工作，具有高集成度和节省空间的优点，但也有维修不便和升级困难的缺点。在原装品牌机中采用较多。

NLX Intel 主板的最大特点是 CPU 升级灵活方便，不再需要每推出一种 CPU 就必须更新主板设计。

此外还有一些上述主板的变形结构，如华硕主板就大量采用了 3/4 Baby AT 尺寸的主板结构。

5. 按功能分类

可分为 PnP 主板、节能(绿色)型主板和无跳线主板等。

PnP 主板，可以帮助用户自动配置主机外设，做到"即插即用"。

节能型主板，一般在开机时有能源之星(Energy Star)标志，能在用户不使用主机时自动进入等待和休眠状态，在此状态下降低 CPU 及各部件的功耗。

无跳线主板，是一种新型的主板，是对 PnP 主板的进一步改进。在这种主板上，连 CPU 的类型、工作电压等都无须用跳线开关，均自动识别，只需用软件做些调整即可。486 以前的主板一般没有上述功能，586 以上的主板均配有 PnP 和节能功能，部分原装品牌机中还可通过主板控制主机电源的通断，进一步做到智能开/关机，这在兼容机主板上还很少见，但肯定是将来的一个发展方向。无跳线主板将是主板发展的另一个方向。

6. 其他的主板分类方法

按主板的结构特点可分为基于 CPU 的主板、基于适配电路的主板、一体化主板等类型。基于 CPU 的一体化的主板是目前较佳的选择。

按印制电路板的工艺又可分为双层结构板、四层结构板、六层结构板等。目前以四层结构板的产品为主。

按元件安装及焊接工艺又可分为表面安装焊接工艺板和 DIP 传统工艺板。

2.2.2 中央处理器

在主板上，有个重要的半导体芯片，称为中央处理器(Central Processing Unit,

CPU),又称为微处理器,是整个微机系统的核心。

CPU 通常由运算器、控制器和寄存器组等部件组成。这些部件通过 CPU 内部总线相互交换信息。CPU 的职能是执行算术和逻辑运算,并控制整个计算机自动、协调地完成各种操作。

现在流行的 CPU 主要有 Intel、AMD、Cyrix 等公司的产品。图 2.4 给出了一些 CPU 的外观图。

(a) 80386 CPU　(b) 80486 CPU　(c) Pentium 4

(d) Pentium Pro　(e) Core™ 2 Duo(酷睿)　(f) Pentium Dual Core(奔腾双核)

图 2.4　CPU 外观图

1. CPU 的主要功能

CPU 的主要功能包括两个方面,一是完成算术运算(包括定点数运算、浮点数运算)和逻辑运算;二是读取并执行指令。CPU 的运算部件负责算术和逻辑运算。控制器负责指令的读取和执行,并在执行指令的过程中向系统中的各个部件发出各种控制信息,或者收集各部件的状态信息。寄存器组用来保存从存储单元中读取的指令或数据,也保存来自其他各部件的状态信息。

2. CPU 的性能指标

CPU 品质的高低直接决定计算机系统的档次。反映 CPU 品质的最重要指标有主频、字长、外频、倍频系数和前端总线频率等。

(1) 主频

主频是指 CPU 的时钟频率(或 CPU 内部总线频率),是 CPU 内核(整数和浮点运算器)电路的实际运行频率。以数字表示,如 Pentium 4 1.7G 表示主频为 1.7 GHz。CPU 的主频越高运算速度就越快。

(2) 字长

字长表示微处理器在单位时间(同一时间)能一次处理的二进制数据的位数,由 CPU 内部数据总线的宽度(或位数)决定。它是CPU数据处理能力的重要指标。如Pentium 4的字长为32位,PowerPC 620的字长为64位。在相同的运算速度下,字长直接影响计算精度。

(3) 外频

外频是CPU的基准频率,是指CPU从主板上获得的工作频率,也就是主板的工作频率,单位是MHz。CPU的外频决定着整块主板的运行速度。

(4) 倍频系数

倍频系数是指CPU主频与外频之间的相对比例关系。其关系为:

CPU主频=CPU外频×倍频系数

(5) 前端总线频率

前端总线频率是主板芯片组中的北桥芯片与CPU之间传输数据的频率,也可以称为CPU的外部总线频率。

此外,存储容量是用来衡量计算机存储能力的。内存储容量是由CPU的寻址能力(地址线宽度)决定的,常以MB为单位,如有29根地址线的CPU,能够寻址的实际内存容量为512MB。

2.2.3 存储器

在计算机的组成结构中,有一个很重要的部分,就是存储器。存储器是用来存储程序和数据的部件,对于计算机来说,有了存储器,才有记忆功能,才能保证正常工作。目前,在微机系统中通常采用三级层次结构来构成存储器系统,主要由高速缓冲存储器(Cache)、主存储器和辅助存储器组成,如图2.5所示。

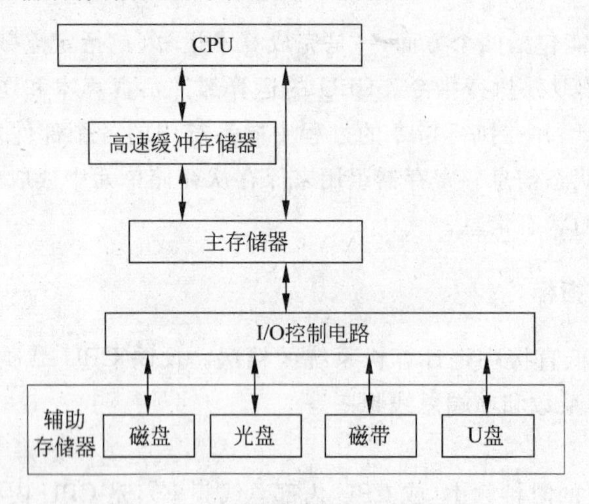

图2.5 存储器系统的多层次结构图

主存储器又称内存储器(简称内存),辅助存储器又称外存储器(简称外存),高速缓冲存储器又称为Cache。

微机系统中,内存储器一般都采用半导体存储器;而外存储器主要采用软盘、硬盘、光盘、磁带和U盘等。通常把要永久保存的、大量的数据存储在外存储器上，而把一些临时或少量的数据和程序保存在内存储器上。比如日常使用的程序，像Windows操作系统、打字软件、游戏软件等，一般安装在硬盘等外存储器上的，需要时再将其调入内存储器中运行；Cache位于CPU与内存之间，是一个读写速度比内存更快的存储器。主要用于存放当前内存中使用最多的程序块和数据块，并以接近CPU工作速度的方式向CPU提供数据，以提高整个系统的性能。

1. 主存储器

主存储器，是微机中的主要部件，也是CPU能够直接寻址的存储空间。当然主存储器的好与坏直接影响微机的运行速度。衡量主存储器的性能指标包括存储容量、存储速度和价格。

主存储器具有存取速度快、耗电少、体积小、操作方便、易维护等优点。按照功能不同，主存储器通常可分为只读存储器(ROM)和随机存储器(RAM)。RAM是其中最重要的存储器。

(1) ROM

只读存储器(Read Only Memory，ROM)因工作时其内容只能读取而得名。厂家在制造ROM过程中，信息(数据或程序)就被存入并永久保存。这些信息只能读出，一般不能写入，即使机器停电，数据也不会丢失。

ROM常用于存储系统中不需要改写的数据，像计算机操作系统程序及其他一些基本程序和数据等。在微机主板上，有一个专门用来存储基本I/O系统的ROM芯片，称为BIOS ROM(如图2.6所示)。

图2.6 BIOS ROM芯片

BIOS ROM里面固化了一个基本输入/输出系统，称为BIOS。BIOS的主要作用是完成对系统的加电自检、系统中各功能模块的初始化、系统的基本输入输出的驱动程序及引导操作系统等。BIOS提供了许多低层次的服务，如软硬盘驱动程序、显示器驱动程序、键盘驱动程序、打印机驱动程序以及串行通信接口驱动程序等，使用户不必过多地关心这些具体的物理特性和逻辑结构细节(如端口地址、命令及状态格式等)，从而更方便地控制各种输入输出操作。

ROM按照工作原理的不同又分为：可编程程序只读内存(PROM)、可擦除可编程只读内存(EPROM)、电子式可擦除可编程只读内存(EEPROM)、快闪存储器(Flash Memory)等。现在，BIOS所用的ROM一般是Flash ROM，它可以看成EEPROM的一种，两者的界限并不明显。

① 可编程程序只读内存(PROM)

PROM是一次性编程的只读存储器，在出厂时，内部所有信息均为"0"(或"1")，用户可以根据自己设计的需要对PROM编程写入信息。由于物理结构和制造工艺的限制，编程后不能修改。比如像熔丝式PROM，出厂时熔丝都是通的，即存储的内容都是"1"。编程时，若将某存储单元中的熔丝通以足够大的电流，使熔丝烧断，则该存储单元的内容就被改写为"0"。由于熔丝烧断后不能恢复，所以PROM只能写一次。

② 可擦除可编程只读内存(EPROM)

用户可通过编程器将数据或程序写入EPROM，如需重新写入的话，可通过紫外线照射EPROM，将原来的信息抹除后再重新写入。

③ 电子式可擦除可编程只读内存(EEPROM)

EEPROM的擦除不像EPROM用紫外线照射，而是直接利用电信号进行抹除。它的操作相对简单，擦除后可重新写入数据。

④ 快闪存储器(Flash Memory)

快闪存储器就是快擦型存储器，具有EEPROM的特点，可在计算机内进行抹除和编程。由于它具有非易失性、电抹除性以及成本低等特点，对于需要实施代码或数据更新的嵌入式应用是一种理想的存储器，而且它在固有性能和成本方面有较明显的优势。

在只读存储器中，虽然有些是可编程写入，但由于写入的速度较慢，通常只用于读取。因此被归类为只读存储器范围。

(2) RAM

随机存储器(Random Access Memory，RAM)又称为读/写存储器或内存，表示既可以读取数据，也可以写入数据。当机器电源关闭时，存于其中的数据就会丢失。我们购买或升级的内存条(用作计算机的主存储器)，就是将RAM集成块集中在一起的一小块电路板，以减少RAM集成块占用的空间。通常所说的微机内存容量就是指内存RAM的容量。用于存储待执行的程序或待处理的数据。目前市场上常见的内存条有128MB/条、256MB/条、512MB/条、1GB/条、2GB/条、4GB/条等。

除了主板上的RAM内存条外，许多板卡(显示卡、网卡)上也使用RAM芯片，如显示内存可以作为CPU与显示器之间数据传输的中转站，从而加快显示信息的速度。

RAM因可随机读取又可随机写入数据，通常用来存放系统程序、用户程序以及相关数据。RAM根据工作方式的不同可分为动态随机存储器(DRAM)和静态随机存储器(SRAM)两类。

① DRAM

目前,微机上配置的主存储器均采用 DRAM。

DRAM 是用半导体器件中分布电容上电荷的有、无来表示所存储的信息“0”和“1”。由于保存在分布电容上的电荷会随着电容器的漏电而逐渐消失,因此需要周期性地充电(简称刷新或再生)。DRAM 存储器的功耗低、集成度高、成本低,但由于需要周期性刷新,因此存取的速度较慢。

目前使用的 168 线 64bit 带宽内存,基本上都采用同步动态随机存储器(Synchronous DRAM,SDRAM)芯片。SDRAM 将 CPU 与 RAM 通过一个相同的时钟锁在一起,使 CPU 和 RAM 能够共享一个时钟周期,以相同的速度同步工作,每一个时钟脉冲的上升沿便开始传递数据。DDR(Double Data Rate)RAM 是 SDRAM 的更新换代产品,它允许在时钟脉冲的上升沿和下降沿传输数据,这样不需要提高时钟的频率就能加倍提高 SDRAM 的速度。

继 DDR 后,随着 CPU 性能的不断提高,又出现了 DDR2、DDR3。DDR3 在频率和速度上拥有更多的优势,最高能够达到 2000MHz 的速度,工作电压为 1.5V,其性能更好更为省电。

② SRAM

静态存储器(SRAM)常用作系统的高速缓冲存储器 Cache。

SRAM 是通过双稳态电路来保持存储器中的信息。只要存储体的电源不断,存放在存储器的信息就不会丢失。SRAM 的主要优点在于接口电路简单,使用方便。由于 SRAM 不像 DRAM 那样需要周期性刷新,因此,SRAM 比 DRAM 速度更快,运行也更稳定,缺点在于功耗较大、集成度低、成本高。

2. 辅助存储器

在一个计算机系统中,除了有主存储器外,一般还有辅助存储器,用于存储暂时不用的程序和数据。它与主存储器的区别在于,存放在辅助存储器中的数据必须调入主存储器后才能被 CPU 所使用。

辅助存储器在结构上大多由存储介质和驱动器两部分组成,其中存储介质是一种可以表示两种不同状态并以此来存储数据的材料,而驱动器则主要负责向存储介质中写入或读取数据。目前,在微机中常用的辅助存储器有磁盘、磁带、光盘和 U 盘等。

(1) 磁盘存储器

磁盘是计算机系统中最常用的辅助存储器。在计算机中磁盘信息的读写是通过磁盘驱动器来完成的。当磁盘工作时,磁盘驱动器带动磁盘片高速转动,磁头掠过盘片的轨迹形成一个个同心圆。这些同心圆称为磁道。为了便于管理和使用,每个磁道又分为若干个扇区,信息就存放在这些扇区中,计算机按磁道和扇区号读写信息。磁盘包括软盘和硬盘两大类。

① 软盘

软盘是用柔软的聚酯材料制成圆形底片,在两个表面涂有磁性材料。信息在磁盘上是按磁道和扇区来存放的。磁道即盘上一组同心圆环形的信息记录区，它们由外向内编号。每道被划成相等的区域，称为扇区。目前常用的 3.5 英寸的软盘容量是 1.44MB，如图 2.7 所示。

图 2.7 软盘

软盘的存储容量可由以下公式计算：

软盘总容量＝磁道数×扇区数×磁盘面数(2)×扇区字节数(512B)

例如，3.5 英寸软盘有 80 磁道，每道 18 扇区，每扇区 512B，共有两面，则软盘总容量为 80×18×2×512B＝1 474 560B＝1.44MB。

软盘具有使用携带方便等特点，但其存储容量小，读写速度慢，对大量数据的存储显得力不从心，而硬盘便具有解决以上问题的全部特点。硬盘作为微机系统的外存储器，它有着软盘所不可比拟的优势，因此成为微机的主要配置之一。

② 硬盘

硬盘与软盘的工作原理相同。硬盘一般由多个盘片固定在一个公共的转轴上，构成盘片组。微机所用的硬盘采用了温彻斯特技术，它把硬盘、驱动电机、读写磁头等组装并封装在一起，成为温彻斯特驱动器。硬盘工作时，固定同一个转轴上的多张盘片以每分钟数千转甚至更高的速度旋转，磁头在驱动马达的带动下在磁介质盘做径向移动，寻找定位，完成写入或读取数据工作。硬盘经过低级格式化、分区及高级格式化后即可使用，如图 2.8 所示。

图 2.8 硬盘

硬盘每个存储表面被划分成若干个磁道(不同的硬盘磁道数不同)，每道划分成若干个扇区(不同的硬盘扇区数不同)。每个存储表面的同一道，形成一个圆柱面，称为柱面。柱面是硬盘的一个常用指标。硬盘的存储容量可由以下公式计算：

硬盘的容量＝磁头数×柱面数×扇区数×每扇区字节数

例如，某硬盘有磁头 15 个，磁道数(柱面数)8894 个，每道 63 个扇区，每扇区 512B，其存储容量为 15×8894×63×512B=4.3GB。

硬盘的分类：从外形磁盘直径尺寸分类，有 5.25 英寸、3.5 英寸、2.5 英寸和 1.8 英寸等；从存储容量分类，有 8.4GB、10GB、20GB、30GB 等；从接口分类，有 IDE、EIDE、ATA2、SCSI 接口。其中 SCSI 接口硬盘主要应用于服务器。EIDE、ATA2 是在 IDE 基础上做了改进的接口，其传输速度有了大幅度的提高。

(2) 磁带存储器

磁带存储器是顺序存取设备，即磁带上的文件依次存放。假如某文件存放在磁带的尾部而磁头的位置在磁带的前部，则必须空转磁带到尾部才能读取文件。因此，磁带的存取时间比磁盘长。磁带存储器由磁带机和磁带两部分组成。磁带分为开盘式磁带和盒式磁带两种。在微机中大多数采用的是盒式磁带。在微机上的磁带机基本上作为一个后备存储装置，用于资料保存、文件复制、备份等，以便在硬盘发生故障时恢复系统或数据。

(3) 光盘存储器

光盘是利用光学方式进行信息读/写的一种大容量、可移动存储器。光盘的外形呈圆形，与磁盘利用表面磁化来表示信息不同，光盘利用介质表面有无凹痕来存储信息。根据光盘的使用特性不同可分为只读光盘、一次性写入光盘、可重写光盘三大类，如图2.9 所示。

图 2.9 光盘

目前广泛使用的 CD-ROM 光盘属于只读光盘。数据信息由生产厂家在制造时写入到光盘中，该光盘可反复进行读操作，但不能进行写操作，即光盘中的数据不能更改或删除，而是永久保存；一次性写入光盘，可以由用户写入信息，但只能写入一次，不能擦除和改写。该光盘可反复进行读操作；可重写型光盘，用户可自己写入信息，也可对已有的信息进行擦除和改写，就像使用磁盘一样反复使用。可重写型光盘需要插入特殊的光盘驱动器进行读写操作，它的存储容量一般在几百 MB 至几个 GB。

(4) U 盘存储器

U 盘的全称为 USB 闪存存储器，因使用 USB 接口与主机通信而得名。U 盘是一种新型存储产品，具有轻巧便携、即插即用、支持系统引导、可重复擦写，而且存储容量较大等优点。

3. 高速缓冲存储器(Cache)

Cache 位于内存和 CPU 之间，可以看成是内存中面向 CPU 的一组高速暂存寄存器，它保存有一份内存的内容副本，该内容是最近曾被 CPU 使用过的数据或程序。由于在多数情况下，一段时间内程序的执行总是集中于程序代码的某一较小范围，因此，如果将这段代码一次性调入高速缓存，则可以在一段时间内满足 CPU 的需要，从而将 CPU 对内存的访问变为对高速缓存的访问，以提高 CPU 的访问速度和整个系统的性能。

Cache 是由双极型 SRAM 构成。它的访问速度是 DRAM 的 10 倍左右，容量相对内存要小得多，一般为 128KB、256KB 或 512KB，专家建议：Cache 的容量最好不大于 2MB。Cache 可分为一级缓存(L1 Cache)、二级缓存(L2 Cache)和三级缓存(L3 Cache)，一级缓存又可分为数据 Cache 和指令 Cache。

L1 Cache 和 L2 Cache 中的内容都是内存中访问频率高的数据的复制品(映射)。L2 Cache 是 CPU 性能表现的关键之一，在 CPU 核心不变化的情况下，增加 L2 Cache 容量能使性能大幅度提高。而同一核心的 CPU 高低端之分，往往也是在 L2 Cache 上存在差异。

CPU 在缓存中找到有用的数据被称为“命中”，当缓存中没有 CPU 所需的数据时(这时称为“未命中”)，CPU 才访问内存。从理论上讲，在一个拥有两级缓存的 CPU 中，读取 L1 Cache 的命中率为 80%左右。也就是说 CPU 在 L1 Cache 中找到的有用数据占数据总量的 80%，剩下的 20%从 L2 Cache 中读取。由于不能准确预测将要执行的数据，读取 L2 Cache 的命中率也在 80%左右(从 L2 Cache 读到有用的数据占总数据的 16%)。那么余下的数据就不得不从内存调用，但这剩下的不到 10%部分已经是一个相当小的比例了。

在较高端 CPU 中，还会带有 L3 Cache，它是为读取 L2 Cache 后未命中的数据设计的一种缓存，在拥有 L3 Cache 的 CPU 中，只有约不到 5%的数据需要从内存中调用，这进一步提高了 CPU 的效率，从某种意义上说，预取效率的提高，大大降低了生产成本，提供了非常接近理想状态的性能。

2.2.4 输入设备

1. 键盘

键盘是微机必备的输入设备。用来向微机输入命令、程序和数据，如图 2.10 所示。

图 2.10 键盘

键盘由一组按阵列方式装配在一起的按键开关组成，不同开关键上标有不同的字符，每按下一个按键就相当于接通了相应的开关电路，随即把该键对应字符代码通过接口电路送入微机。键盘是通过一根电缆线与主机相连接。这条电缆中包括了四条线：+5V电源，地线和两条双向信号线。

键盘上键位的排列是有一定的规律。键位的排列与键位的用途有关，按用途可分为：主键盘区、功能键盘区、全屏幕编辑键盘区和小键盘区。

主键盘区又称为标准英文打字机键盘区，它的英文字母排列与英文打字机一致。各种字母、数字、运算符号、标点符号以及汉字等信息都是通过在这一区域的操作输入计算机的。

功能键盘区包括12个功能键F1～F12。功能键在不同的软件系统下，其功能是不同的，具体功能由操作系统或应用软件来定义。

编辑键盘区在主键盘和数字小键盘的中间。该键包括4个光标移动键和6个编辑键。

小键盘区包含数字小键盘和编辑键。数字小键盘位于键盘的右部。该区的键起着数字键和光标键的双重功能。小键盘上标有Num Lock字样的按键是一个数字/编辑转换键。当按下该键时，该键上方标有Num Lock字样的指示灯发亮，表明小键盘处于数字输入状态，此时使用小键盘可以输入数字；若再按下Num Lock键，该指示灯熄灭，表明小键盘处于编辑状态，小键盘上的按键转换为光标控制/编辑键。

2. 鼠标

鼠标是微机必备的输入设备。鼠标的主要功能是对光标进行快速移动，选中图像或文字的对象，执行命令等，如图2.11所示。

图2.11　鼠标

鼠标按其结构可分为七类：机械式、光电式、半光电式、轨迹球、无线遥控式、PDA上的光笔、NetMouse等。由于光电式鼠标工艺简单，使用方便，价格低，所以被广泛应用。

(1) 机械鼠标的工作原理

打开鼠标底部的圆盖，可看到整个印制电路板和一个实心的橡胶球，还有两个互相垂直的呈圆柱状的塑料传动轴靠在橡胶球上，在两条传动轴的顶端各有一个边缘有一圈缺口的光栅轮，光栅轮的两侧各有一个发光二极管和光敏三极管，它们共同构成鼠标的光电检测电路。当鼠标在平面上移动时，橡胶球带动横向和纵向的传动轴，与传动轴连接的光栅轮也同时旋转。发光二极管发出的光透过光栅轮的缺口被光敏三极管接收,没有缺口的地方不透光,随着移动方向和速度的不断变化,时断时续的光信号产生了两个在高低电平之间不断变化的脉冲信号,它们通过鼠标的控制芯片转换处理后被CPU接收并对其记数。互相垂直的传动轴分别对应着屏幕上的横轴和纵轴,脉冲信号的数量和频率决定了鼠标在屏幕上移动的距离和速度。

(2) 光电鼠标的工作原理

光电式鼠标的定位精度比机械式鼠标的定位精度高,是用户的首选输入设备。光电式鼠标的内部结构比较简单,其中没有橡胶球、传动轴和光栅轮。要让光电式鼠标发挥出强大的功能,一定要配备一块专用的感光板。发光二极管发出的一部分光照射到下面的感光板上反射回来被光敏三极管吸收,另一部分光被感光板吸收而无反射,从而形成了高低电平交错的脉冲信号。

鼠标最常用的接口有三种:串行口、专用鼠标器端口(PS/2)、USB接口。对鼠标的操作可分为左击、右击、双击及拖动,这四种不同的操作可以实现不同的功能。

3. 扫描仪

扫描仪是计算机用于输入图形和图像的专用设备。利用它可以迅速地将图形、图像、照片、文本输入到计算机中,如图2.12所示。

图2.12 扫描仪

扫描仪内部有一套光电转换系统,可以把各种图片信息转换成计算机图像数据,并传送给计算机,再由计算机进行图像处理、编辑、存储、打印输出或传送给其他设备。

按色彩分类,扫描仪分为单色和彩色两种;按操作方式分类,分为手持式扫描仪和台式扫描仪。

目前使用最普遍的是由线性CCD(电荷耦合器件)阵列组成的电子式扫描仪。其扫描原理为:当它扫描图像时(一次只能扫描一行),光线从物体上反射回来,通过透镜射进CCD(电荷耦合器件),CCD将光线转换成模拟电压信号,并且标出每个像素的灰度级,再由ADC(模数转换器)将模拟电压信号转换为数字信号,每种颜色使用8、10或12位来表示,扫描后,通过Twain(扫描图像专用格式)格式保存。

扫描仪的主要技术指标有分辨率、灰度层次、扫描速度等。

2.2.5 输出设备

1. 显示器

微机的显示系统由显示器、显示卡和相应的驱动软件组成。

显示器是微机必不可少的输出设备，其作用是将主机输出的电信号通过一系列处理后转换成光信号，并最终将文字、图形显示出来。用户通过它可以查看微机的各种程序、数据、图形等信息和经过计算机处理后的中间结果、最后结果。图 2.13 是常用的阴极射线管(Cathode Ray Tube,CRT)显示器和液晶显示器(Liquid Crystal Display,LCD)。

(a) CRT显示器

(b) LCD显示器

图 2.13 显示器

(1) 显示器的工作原理

一个典型的光栅扫描式 CRT 主要由电子枪、偏转线圈、荫罩、荧光粉层和玻璃外壳部分组成。当显示器加电后，在电子枪和荧光粉层之间形成一个电势差为 10 000～30 000V 的直流加速电场，当电子枪射出的电子束经过聚焦和加速后，在偏转线圈产生的磁场作用下，按用户所需要的方向偏转，然后通过荫罩上的小孔射在荧光粉层上，经过高压加速后电子束所携带的动能的一部分便转化成光能，形成可见光。电子束先从左到右、再从上到下，反复进行快速的水平扫描和垂直扫描(每秒超过几十遍)，由于荧光粉的余晖和人眼的视觉暂留效应，用户就感觉到在屏幕上形成了一幅幅的图像。

为了形成五彩缤纷的图像，屏幕上的荧光粉并不是杂乱无章地刷上去的，而是由红、绿、蓝三种颜色的荧光点有机排列的，每一个荧光点就是一个像素。我们知道，红、绿、蓝三种颜色按不同比例，可以合成自然界中的所有颜色。如果要显示某种颜色，首先要将这种颜色分解为红、绿、蓝三种颜色强度的信号，将信号输入电子枪，三支电子枪射出的强弱不同的电子束分别射在对应的荧光点上(红枪射红点，绿枪射绿点，蓝枪射蓝点)，使荧光材料发出不同亮度或不同颜色的光而达到显示字符和图形的目的。

(2) 显示器的主要技术指标

① 像素

显示器所显示的图形和文字是由许许多多的“点”组成的，我们称这些点为像素，点距就是屏幕上相邻两个像素点之间的距离，是决定图像清晰度的重要因素。点距越小，图像越清晰，细节越清楚。

② 点距

微机常见的点距有0.21毫米、0.28毫米、0.31毫米和0.39毫米几种。0.21毫米点距通常用于高档的显示器。目前市场上最常用的是0.28毫米点距的显示器，这对于用户平常的工作和娱乐来说，已完全足够了。

③ 分辨率

分辨率是指显示器屏幕上每行和每列所能显示的“点”数(像素数)，分辨率越高，屏幕可以显示的内容越丰富图像越清晰。最高分辨率是显示器的一个性能指标，它取决于显示器在水平和垂直方向上最多可以显示的点数。目前的显示器一般都能支持1280×1024，1024×768，800×600像素等规格的高分辨率。

④ 扫描方式

扫描方式有隔行扫描和逐行扫描。现在，隔行扫描的显示器已经被淘汰，取而代之的是采用逐行扫描的显示器。逐行扫描的优点是可以降低图像在高分辨率下的闪烁，提高显示质量。

(3) CRT和LCD的特点

CRT纯平显示器具有可视角度大、无坏点、色彩还原度高、色度均匀、可调节的多分辨率模式、响应时间极短等优点。

LCD显示器与CRT相比较，其特点是外尺寸相同时可视面积更大，机身薄，体积小，外形美观，图形清晰，不存在刷新频率和画面闪烁的问题。

(4) 显示卡

① 显示卡的基本结构

显示卡是显示器与主机通信的控制电路和接口。显示卡的核心是图形处理芯片，它是显示卡上的CPU，在它周围是显示内存和BIOS芯片等。当CPU有运算结果或图形要显示的时候，它首先传送给显示卡，由显示卡的图形处理芯片把它们翻译成显示器能识别的数据格式，并通过显示卡后面的一个15芯VGA接口和显示电缆传给显示器。不同的显示器需要不同的显示卡。常见的显示标准有MDA、CGA、EGA、HGA、MCGA、VGA、SVGA、TVGA、AGP等。

② 显示卡的工作原理

目前，显示卡一般是按所使用的外部总线接口来进行分类，如PCI、AGP显示卡等。AGP总线目前实际应用时的数据最高传输速率为266～532Mbps，是PCI总线的最高传输速率133Mbps的2～4倍。这么高速的数据通道对于显示卡中的图形控制芯片和CPU、系统内存之间的数据交流已经没有任何阻碍了。PCI显示卡使用32位或64位的数据传送方式，一般具有图形图像加速、硬解压、视频输出等功能；即将替代PCI的AGP图形加速卡使用128位双总线结构，性能已超过了普通128位总线，是目前市场的主流品种。这里所说的位数并非指图形加速卡所用的外部I/O总线位数，而是指显示卡上图形加速芯片和显示内存之间的数据总线位数，也就是显示卡内部总线的宽度。一般情况下，该总线越宽，图形加速卡的性能也就越好，当然也要考虑显示内存的因素。

③ 显示的颜色

显示的颜色选项：16 色、256 色、增强色(16 位)和真彩色(24 位)，目前一般微机出厂时都预置为 16 位色，即同时能显示 65 536 种颜色，而真彩 24 位模式则可同时显示 1670 万种颜色，这基本涵盖了人眼所能识别的所有颜色，用户可根据自身需要进行相应调整。

2. 打印机

打印机是计算机系统的标准输出设备之一，由一根打印电缆与计算机上的并行口相连接。用来打印程序结果、图形和文字资料等。

打印机的种类很多，按打印方式可分为击打式和非击打式两类。击打式打印机利用机械冲击力，通过打击色带在纸上印上字符或图形。非击打式打印机则用电、磁、光、喷墨等物理、化学方法来印刷字符和图形。非击打式打印机的打印质量较高；按打印机工作原理则可分为针式打印机、喷墨打印机和激光打印机。图 2.14 为常用的打印机类型。

(a) 针式打印机

(b) 喷墨式打印机

(c) 激光打印机

图 2.14　打印机

(1) 针式打印机

顾名思义，针式打印机是通过打印针进行工作，它由走纸装置、控制和存储电路、打印头、色带等组成。打印头由若干根钢针组成，由钢针打印点，通过点拼成字符。打印时 CPU 通过并行端口送出信号，驱动一部分打印针打击色带，使色带接触打印纸进行着色，而另一部分打印针不动，便打印出字符。

针式打印机的优点是结构简单、耗材省、维护费用低、可打印多层介质(如银行等需打印多联单据)；缺点是噪声大、分辨率低、体积较大、打印速度慢、打印针易折断以及需经常更换色带。针式打印机按针数可分为 9 针和 24 针两种。打印速度一般为 50～200 个汉字/秒，该类打印机按宽度可分为窄行(80 列)和宽行(132 列)两种，目前在我国使用最广泛的是带汉字字库的 24 针打印机。

(2) 喷墨打印机

喷墨打印机不用色带，而是把墨水储存于可更换的盒子中，通过毛细管将墨水直接喷到纸上。喷墨打印机的打印质量较高、噪音小、速度快、彩色效果好，常用于家用。

喷墨打印机按喷墨形式可分为液态喷墨和固态喷墨两种。液态喷墨打印机是使墨水通过细喷嘴，在强电场作用下以高速墨水束喷出在纸上形成文字和图像；固态喷墨使用的墨在常温下是固态，打印时墨被加热液化，之后喷射到纸上，并渗透其中，附着性相当好，色彩极为鲜亮，但价格昂贵。

(3) 激光打印机

激光打印机是利用电子成像技术进行打印。它由激光发生器和机芯组成核心部件。激光头能产生极细的光束，经由计算机处理及字符发生器送出的字形信息，通过一套光学系统形成两束光，在机芯的感光鼓上形成静电潜像，鼓面上的磁刷根据鼓上的静电分布情况将墨粉粘附在表面并逐渐显影，然后转印到纸上。激光打印机打印质量高、速度快、噪音低。

除以上三种打印机之外还有热蜡式、热升华式、染料扩散式打印机。这些打印机输出质量好，但成本高、速度慢，主要用于出版、制作精美画册、广告和美工等有高档彩色输出用途。

衡量打印机的主要性能指标有分辨率、打印速度和噪声等。

2.3 计算机总线

任何一个微处理器都要与一定数量的部件和外围设备连接，如果将各部件和每一种外围设备都分别用一组线路与 CPU 直接连接，那么连线将会错综复杂，甚至难以实现。为了简化硬件电路设计、简化系统结构，常用一组线路配置以适当的接口电路，与各部件和外围设备连接，这组共用的连接线路被称为“总线”。

微机中总线一般有内部总线、系统总线和外部总线，如图 2.15 所示。内部总线是微机内部各外围芯片与处理器之间的总线，用于芯片一级的互连；而系统总线是微机中各插件板与系统板之间的总线，用于插件板一级的互连；外部总线则是微机和外部设备之间的总线，微机作为一种设备，通过该总线和其他设备进行信息与数据交换，它用于设备一级的互连。

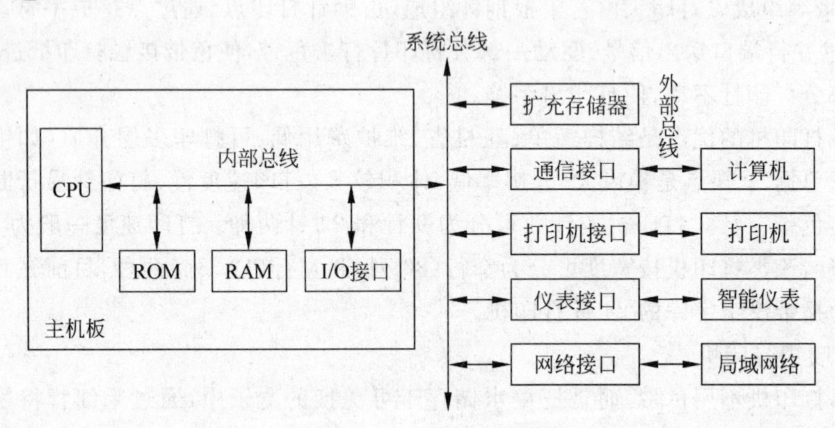

图 2.15 微机总线的结构图

另外,从广义上说,计算机通信方式可以分为并行通信和串行通信,相应的通信总线被称为并行总线和串行总线。并行通信速度快、实时性好,但由于占用的总线多,不适于小型化产品;而串行通信速率虽低,但在数据通信吞吐量不是很大的微处理电路中则显得更加简易、方便、灵活。串行通信一般可分为异步模式和同步模式。

随着微电子技术和计算机技术的发展,总线技术也在不断地发展和完善,使计算机总线技术种类繁多,各具特色。以下仅对微机中较常用的总线技术分别加以介绍。

1. 内部总线

(1) I2C 总线

I2C(Inter-Integrated Circuit)总线是由 PHILIPS 公司推出,近年来在微电子通信控制领域广泛采用的一种新型总线标准。它是同步通信的一种特殊形式,具有接口线少,控制方式简化,器件封装形式小,通信速率较高等优点。在主从通信中,可以有多个 I2C 总线器件同时接到 I2C 总线上,通过地址来识别通信对象。

(2) SPI 总线

串行外围设备接口(Serial Peripheral Interface,SPI)总线技术是 Motorola 公司推出的一种同步串行接口。Motorola 公司生产的绝大多数 MCU(微控制器)都配有 SPI 硬件接口,如 68 系列 MCU。SPI 总线是一种三线同步总线,因其硬件功能很强,所以与 SPI 有关的软件相对简单,使 CPU 有更多的时间处理其他事务。

(3) SCI 总线

串行通信接口(Serial Communication Interface,SCI)也是由 Motorola 公司推出的。它是一种通用异步通信接口,与 MCS-51 的异步通信功能基本相同。

2. 系统总线

(1) ISA 总线

ISA(Industrial Standard Architecture)总线标准是 IBM 公司 1984 年为推出 PC/AT 机而建立的系统总线标准,也称 AT 总线。它是对 XT 总线的扩展,以适应 8/16 位数据总线要求。它在 80286 至 80486 时代应用非常广泛,以至于现在奔腾机中还保留有 ISA 总线插槽。ISA 总线有 98 只引脚。

(2) EISA 总线

EISA(Extended Industry Standard Architecture)总线是 1988 年由 Compaq 等 9 家公司联合推出的总线标准。它是在 ISA 总线的基础上使用双层插座,在原来 ISA 总线的 98 条信号线上又增加了 98 条信号线,也就是在两条 ISA 信号线之间添加一条 EISA 信号线。在实用中,EISA 总线完全兼容 ISA 总线信号。

(3) VESA 总线

VESA(Video Electronics Standard Association)总线是 1992 年由 60 家附件卡制造商联合推出的一种局部总线,简称为 VL(VESA Local Bus)总线。它的推出为微机系统

总线体系结构的革新奠定了基础。该总线系统考虑到 CPU 与主存和 Cache 的直接相连，通常把这部分总线称为 CPU 总线或主总线，其他设备通过 VL 总线与 CPU 总线相连，所以 VL 总线被称为局部总线。它定义了 32 位数据线，且可通过扩展槽扩展到 64 位，使用 33MHz 时钟频率，最大传输率达 132Mbps，可与 CPU 同步工作。是一种高速、高效的局部总线，可支持 386SX、386DX、486SX、486DX 及奔腾微处理器。

(4) PCI 总线

PCI(Peripheral Component Interconnect)总线是常用总线之一，它是由 Intel 公司推出的一种局部总线。它定义了 32 位数据总线，且可扩展为 64 位。PCI 总线主板插槽的体积比原 ISA 总线插槽还小，其功能比 VESA、ISA 有极大的改善，支持突发读写操作，最大传输速率可达 132Mbps，同时支持多组外围设备。PCI 局部总线不能兼容现有的 ISA、EISA、MCA(Micro Channel Architecture)总线，但它不受制于处理器，是基于奔腾等新一代微处理器而发展的总线。

(5) Compact PCI

以上所列举的几种系统总线一般都用于商用 PC 中，在计算机系统总线中，还有另一大类为适应工业现场环境而设计的系统总线，比如 STD 总线、VME 总线、PC/104 总线等。这里仅介绍当前工业计算机的热门总线之一——Compact PCI。

Compact PCI 的意思是"坚实的 PCI"，是当今第一个采用无源总线底板结构的 PCI 系统，是 PCI 总线的电气和软件标准加欧式卡的工业组装标准，是当今最新的一种工业计算机标准。Compact PCI 是在原 PCI 总线基础上改造而来，它利用 PCI 的优点，提供满足工业环境应用要求的高性能核心系统，同时还考虑充分利用传统的总线产品，如 ISA、STD、VME 或 PC/104 来扩充系统的 I/O 和其他功能。

3. 外部总线

(1) RS-232-C 总线

RS-232-C 是美国电子工业协会(Electronic Industry Association，EIA)制定的一种串行物理接口标准。RS 是英文"推荐标准"的缩写，232 为标识号，C 表示修改次数。RS-232-C总线标准设有 25 条信号线，包括一个主通道和一个辅助通道，在多数情况下主要使用主通道，对于一般双工通信，仅需几条信号线就可实现，如一条发送线、一条接收线及一条地线。RS-232-C 标准规定的数据传输速率为每秒 50、75、100、150、300、600、1200、2400、4800、9600、19 200 波特。RS-232-C 标准规定，驱动器允许有 2500pF 的电容负载，通信距离将受此电容限制，例如采用 150pF/m 的通信电缆时，最大通信距离为 15m；若每米电缆的电容量减小，通信距离可以增加。传输距离短的另一原因是 RS-232 属于单端信号传送，存在共地噪声和不能抑制共模干扰等问题，因此一般用于 20m 以内的通信。

(2) RS-485 总线

在要求通信距离为几十米到上千米时，广泛采用 RS-485 串行总线标准。RS-485 采用平衡发送和差分接收，因此具有抑制共模干扰的能力。加上总线收发器具有高灵敏度,能检测低至 200mV 的电压,故传输信号能在千米以外得到恢复。RS-485 采用半双工工作方式,任何时候只能有一点处于发送状态,因此,发送电路须由使能信号加以控制。RS-485 用于多点互连时非常方便,可以节省许多信号线。应用 RS-485 可以联网构成分布式系统,最多允许并联 32 台驱动器和 32 台接收器。

(3) IEEE 488 总线

上述两种外部总线是串行总线,而 IEEE 488 总线是并行总线接口标准。IEEE 488 总线用于连接系统,如微计算机、数字电压表、数码显示器等设备及其他仪器仪表均可用 IEEE 488 总线装配。它按照位并行、字节串行双向异步方式传输信号,连接方式为总线方式,仪器设备直接并联于总线上而不需中介单元,但总线上最多可连接 15 台设备。最大传输距离为 20m,信号传输速度一般为 500Kbps,最大传输速度为 1Mbps。

(4) USB 总线

通用串行总线(Universal Serial Bus, USB)是由 Intel、Compaq、Digital、IBM、Microsoft、NEC、Northern Telecom 等 7 家世界著名的计算机和通信公司共同推出的一种新型接口标准。它基于通用连接技术,实现外设的简单快速连接,达到方便用户、降低成本、扩展 PC 连接外设范围的目的。它可以为外设提供电源,而不像普通使用串口、并口的设备需要单独的供电系统。另外,快速是 USB 技术的突出特点之一,USB 的最高传输率可达 12Mbps,比串口快 100 倍,比并口快近 10 倍,而且 USB 还能支持多媒体。

2.4 计算机的主要性能指标

全面衡量计算机的性能,必须从系统的观点综合考虑。衡量计算机性能的指标主要有以下几种。

1. 基本字长

基本字长是指 CPU 在单位时间(同一时间)能一次传输或处理的二进制代码的位数。在一次运算中,操作数和运算结果通过数据总线,在寄存器和运算部件之间传送。基本字长反映了寄存器、运算部件和数据总线的位数。基本字长越大,要求寄存器的位数就越大,那么操作数的位数就越多,因此,基本字长决定了算术运算的计算精度。

基本字长还决定计算机的运算速度。例如,对一个基本字长为 8 位的计算机来说,原则上操作数只能为 8 位。如果操作数超过 8 位,则必须分次计算,因此理论上 8 位机的运算速度没有更高位机(如 16 位、32 位或 64 位)的运算速度快。

基本字长还决定硬件成本。基本字长越大,相应的部件和总线的位数据也会增多,相应的硬件设计和制造成本就会呈现几何级数量增加。因此,必须较好地协调计算精度与硬件成本的制约关系,针对不同的需求开发不同的计算机。

基本字长甚至决定指令系统的功能。一条机器指令既包含了由硬件必须完成的操作任务，也包含操作数的值或存储位置以及操作结果的存储位置。机器指令需要在各部件间进行传递。因此，基本字长直接决定了硬件能够直接识别指令的总数，进而决定了指令系统的功能。

2. 运算速度

运算速度是指计算机进行数值运算的快慢程度。决定计算机运算速度的主要因素是CPU的主频。主频是CPU内部的石英振荡器输出的脉冲序列的频率。它是计算机中一切操作所依据的时间基准信号。主频脉冲经分频后所形成的时钟脉冲序列的频率称为CPU的时间频率。两个相邻时钟频率之间的间隔时间为一个时间周期。它是CPU完成一步操作所需的时间。因此时钟频率也反映CPU的运算速度，而如何提高时钟频率成为CPU研发时所要解决的主要问题。例如，Intel 8088的时钟频率为4.77MHz，80386的时钟频率提高到33MHz，80486的时钟频率提高到100MHz，如今的Pentium 4的时钟频率已经达到3200MHz。在已知时钟频率的情况下，若想了解某种运算所需的具体时间，则可根据该运算所占用的时钟周期数，即可算出所需时间。

运算速度通常有两种表示方法，一种是把计算机在1秒内完成定点加法的次数记为该机的运算速度，称为“定点加法速度”，单位为“次/秒”；另一种是把计算机在1秒内平均执行的指令条数记为该机的运算速度，称为“每秒平均执行的指令条数”，单位为IPS或MIPS，其中MIPS为百万条指令/秒。在RISC微处理器中，几乎所有的机器指令都是简单指令，因此更适合使用IPS来衡量其运算速度。例如，Intel 80486的运算速度达到20MIPS以上。

3. 数据通路宽度与数据传输率

数据通路宽度和数据传输率主要用来衡量计算机总线的数据传送能力。

(1) 数据通路宽度

数据通路宽度是指数据总线一次能并行传送的数据位数，它影响计算机的有效处理速度。数据通路宽度分为CPU内部和CPU外部两种情况。CPU内部的数据通路宽度一般与CPU基本字长相同，等于内部数据总线的位数。而外部的数据通路宽度是指系统数据总线的位数。某些计算机CPU内外部数据通路宽度是相同的，而某些计算机则不同。例如，Intel 80386 CPU的内、外总线都是32位，而8088的内部总线和外部总线分别为16位和8位。

(2) 数据传输率

数据传输率是指数据总线每秒传送的数据量，也称为数据总线的带宽。它与总线数据通路宽度和总线时钟频率有关，即

数据传输率＝总线数据通路宽度×总线时钟频率/8(B/s)

例如，PCI总线宽度为32位，总线频率为33MHz，则总线带宽为132MB/s。

4. 存储容量

存储容量用来衡量计算机的存储能力。由于计算机的存储器分为内存储器和外存储器,因此存储容量相应地分为内存容量和外存容量。

(1) 内存容量

内存容量就是内存所能存储的信息量,通常表示为内存单元×每个单元的位数。

因为微机的内存按字节编址,每个编址单元为 8 位,因此在微机中通常使用字节数来表示内存容量。例如,某台 Pentium 4 计算机的内存容量为 2GB(B 为 Byte 的缩写,1G=1K×1M,1M=1K×1K,1K=1024)或者 2G×8 位。

由于有些计算机的内存是按字编址的,每个编址单元存放一个字,字长等于 CPU 的基本字长,因此内存容量也可以使用字数×位数来表示。例如,某台计算机的内存有 64×1024 个字单元,每个单元 16 位,则该机内存容量可表示为 64K×16 位。

内存容量的大小是由系统地址总线的位数决定的。例如,假设地址总线有 32 位,内存就有 2^{32} 个存储单元,理论上内存容量可达 4GB。注意,基于成本或价格的考虑,计算机实际内存容量可能要比理论上的内存容量小。

(2) 外存容量

外存容量主要是指硬盘的容量。通常计算机软件和数据需要以文件的形式先安装或存放到硬盘上,需要运行时再调用内存运行。因此,外存容量决定了计算机存储信息的能力。

5. 软硬件配置

一台计算机系统配置多少外设?配置哪些外观?这些问题都要影响整个系统的性能和功能。在配置硬件时,必须考虑用户的实际需要和支持能力,寻求更高的性价比。

根据计算机的通用性,一台计算机可以配置任何软件,如操作系统、高级语言及应用软件等。在配置软件时,必须考虑各软件之间的兼容性以及具体硬件设备情况,以保证系统能更稳定、更高效地运行。

6. 可靠性

计算机的可靠性是指计算机连续无故障运行的最长时间,以“小时”为单位。可靠性越高,则表示计算机无故障运行的时间越长。

上述几个方面是全面衡量一台计算机系统性能的基本技术指标,但对于不同用途的计算机,在性能指标上的侧重点有所不同。

2.5 计算机分类

随着计算机的快速发展和应用领域的不断扩大,为了适应不同领域,其规模和功能也渐渐朝着五大方面发展,到目前为止可以将计算机分为以下五类。

1．微型计算机

微型计算机简称微机，又称个人计算机(PC)，体形较小，是使用最为广泛的机型，通常所说的486、586、Pentium Ⅱ、Pentium Ⅲ、Pentium 4等机型都属于微型计算机。微型计算机虽然体积较小，但功能非常强大，它的运算速度可达每秒百万次以上，如图2.16所示。

图 2.16　微型计算机

2．工作站

工作站的体积与微型计算机相似，它的运算速度更快，并配有大屏幕显示器和大容量存储器，有较强的网络通信功能。

3．小型机

运算速度可达到每秒几百万次，常用于科研机构、设计院和普通高校。

4．大中型机

大中型机的运算速度在每秒几千万次左右，常用于国家级的科研机构以及重点理、工科院校，如图2.17所示。

图 2.17　大型计算机

5. 巨型机

巨型机是运算速度超过每秒亿次的高性能计算机。它主要应用于航空航天、地震预测、军事、宇宙探索等尖端领域。如中国国防科技大学研制的“银河 1 号”、“银河 2 号”(如图 2.18 所示)和“银河 3 号”；国家职能计算机中心推出的“曙光 1000”、“曙光 2001”和“曙光 3000”等都是典型的巨型机。

图 2.18 银河 2 号

本章小结

计算机系统包括硬件系统和软件系统两大部分。硬件是组成微型机的所有实体部件,是计算机进行工作的物质基础。例如键盘、显示器、主机、电源等；软件是建立在硬件基础之上的所有程序和文档的集合。

计算机由五大基本部分组成：运算器、控制器、存储器、输入设备和输出设备。运算器用来实现算术、逻辑等运算；存储器用来存放程序及参与运算的各种数据；控制器实现对整个运算过程的有规律的控制；输入设备用来输入程序和原始数据；输出设备用来输出运算的结果。

从外观看微机主要由以下几部分组成：主机、显示器、键盘、鼠标。

主机是微机的核心部件,主要包括主板、中央处理器、内存条、I/O 扩展槽和各种接口等。

主板上有中央处理器 CPU、随机存储器 RAM、只读存储器 ROM、扩展槽、内存扩充插槽、内存条等。它们之间通过总线交换数据。

CPU 由运算器和控制器组成。它是微机系统重要的部件。其主要功能有两个：一是完成算术运算(包括定点数运算、浮点数运算)和逻辑运算；二是读取并执行指令。CPU 的主要性能指标有主频、字长、外频等。

微机中的存储器主要有高速缓存 Cache、主存和外存。主存用来存放临时的少量的数据和程序；外存用来存放要永久保存的、大量的数据和程序；Cache 主要用于存放当前内存中使用最多的程序块和数据块。存储器按照读写方式不同可分为只读存储器 ROM 和随机存储器 RAM。

ROM 的特点：只能读取不能写入，断电后程序和数据不会丢失，通常用来存放固定不变的程序和数据。ROM 按照工作原理不同可分为 PROM、EPROM、EEPROM、Flash Memory 等。RAM 的特点：断电后程序和数据会全部丢失，常用于存放系统程序、用户程序以及相关数据。根据工作方式的不同 RAM 可分为动态 DRAM 和静态 SRAM。

显示器是微机常用的输出设备，键盘和鼠标是微机中常用的输入设备。

微机中各个部件及外围设备之间都是通过总线进行信息交流的。微机中总线一般有内部总线、系统总线和外部总线。内部总线是微机内部各外围芯片与处理器之间的总线，用于芯片一级的互连；系统总线是微机中各插件板与系统板之间的总线，用于插件板一级的互连；外部总线则是微机和外部设备之间的总线，用于设备一级的互连。

全面衡量一台计算机性能的主要指标有基本字长、运算速度、数据通路宽度与数据传输率、存储容量、软硬件配置、可靠性等。

习题

1. 计算机的基本组成结构包括几个部分？请画出示意图，简述各个部分的功能。
2. 构成一台计算机的主要硬件有哪些？
3. 简述存储器的功能和分类。
4. 列举常见的输入设备和输出设备。
5. 内存和外存的区别是什么？
6. 指出下列与计算机有关的英文术语的含义：

CPU、RAM、ROM、PROM、EPROM、EEPROM、DRAM、SRAM、BIOS、Cache、ALU、SDRAM

7. 常用的外存有哪些？
8. 什么是 Cache？目前，微机中的 Cache 分几个等级？
9. 简述内存和 Cache 的区别。
10. 什么是主板？主板的作用是什么？
11. CPU 的功能是什么？衡量其性能的主要指标有哪些？
12. CPU 有几种分类标准？分别是什么？列举几种常见的 CPU 型号。
13. 简述计算机的工作特点。
14. 简述计算机的分类。

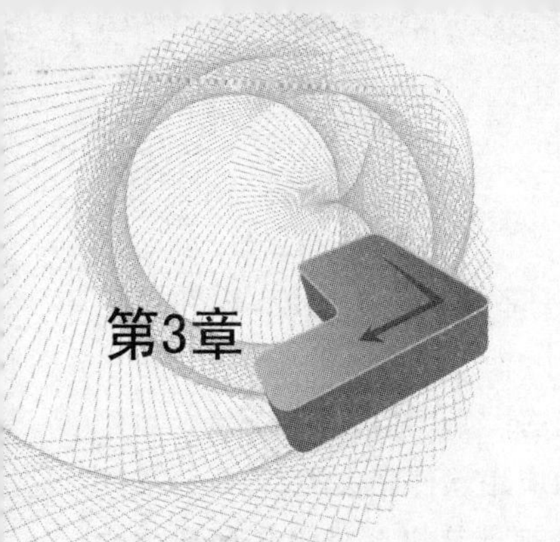

计算机软件系统

计算机是由硬件系统和软件系统两部分组成的，如图 3.1 所示。硬件系统是指构成计算机系统各功能部件的集合。那什么是计算机软件(Computer Software)呢？广义地讲，软件是指计算机系统中的程序以及开发、使用和维护程序所需要文档的集合。

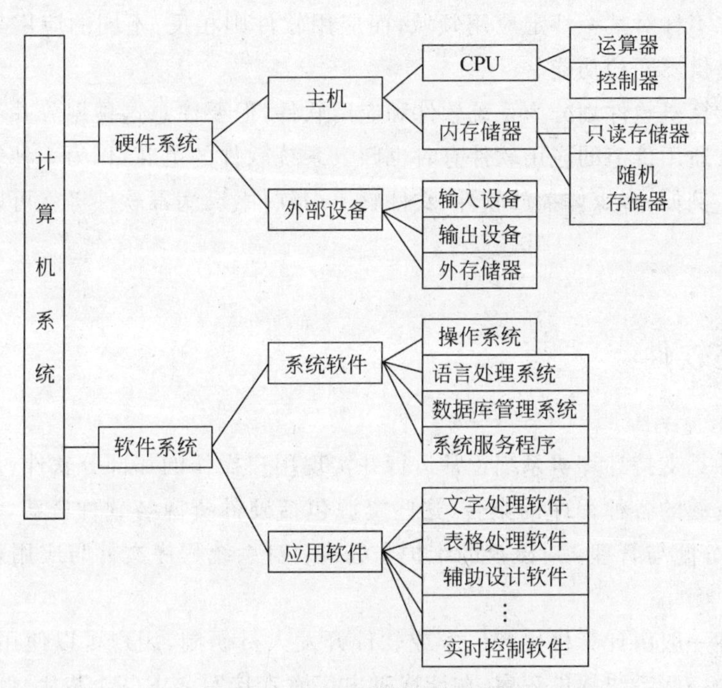

图 3.1　计算机系统结构示意图

本章主要介绍计算机软件系统。通过对系统软件和应用软件的功能分析，可以对计算机软件有一个感性的认识。

3.1　软件概述

软件系统是指在硬件系统上运行的各种程序及相关资料。它是为了充分发挥硬件结构中各部件的功能和方便用户使用计算机而编译的各种程序，不仅包括可以在计算机上运行的程序,与程序相关的文档一般也被认为是软件的一部分。简单地说,软件就是程序加文档的集合体。

软件是用户与硬件之间的接口界面。用户主要是通过软件与计算机进行交流。

计算机系统的软件极为丰富,总体上可分为系统软件和应用软件两大类。

系统软件为使用计算机提供最基本的功能,主要负责管理计算机系统中各种独立的硬件,使得它们可以协调工作。系统软件包括操作系统、语言处理程序、数据库管理系统和作为软件研究开发工具的编译程序、调试程序、装配程序和连接程序、测试程序等。其中操作系统是最基本的软件。计算机中必须装入操作系统才能工作。所有的软件(系统软件和应用软件)都必须在操作系统的支持下才能安装和运行。

应用软件是指用户自己开发或外购的能满足各种特定用途的应用软件包,如图形软件、Word 文字处理软件、财会软件、计划报表软件和辅助设计软件 AutoCAD 和模拟仿真软件等。

系统软件不针对某一特定应用领域,而应用软件则相反,不同的应用软件根据用户和应用领域提供不同的功能。

尽管将计算机软件划分为系统软件和应用软件,但要注意这种划分并不是一成不变的。一些具有通用价值的应用软件有时也归入系统软件的范畴,作为一种软件资源提供给用户使用。例如,多媒体播放软件、文件解压缩软件、反病毒软件等就可以归入系统软件之列。

3.2 系统软件

系统软件是支持计算机系统正常运行并实现用户操作的那部分软件,是控制和维护计算机系统资源的各种程序的集合,这些资源包括硬件资源与软件资源,如对 CPU、内存、打印机的分配与管理;对磁盘的维护与管理;对系统程序文件与应用程序文件的组织和管理等。

系统软件一般由计算机生产厂家或软件开发人员研制,用户可以使用,但一般不随意修改。其中一些系统软件程序,在计算机出厂时直接写入 ROM 芯片,例如,系统引导程序、基本输入输出系统(BIOS)、诊断程序等。某些直接安装在计算机的硬盘中,如操作系统。也有一些保存在活动介质上供用户购买,如语言处理程序。

系统软件主要包括操作系统、语言处理程序、数据库管理系统和各种服务性程序等,其核心是操作系统。

3.2.1 操作系统

为了使计算机系统的所有资源(包括 CPU、存储器、各种外部设备及各种软件)协调

一致，有条不紊地工作，就必须有一个软件来进行统一管理和统一调度，这种软件称为操作系统。

操作系统的功能是管理计算机系统的全部硬件资源、软件资源及数据资源，使计算机系统所有资源最大限度地发挥作用，为用户提供方便的、有效的、友好的服务界面。

1. 操作系统的组成

操作系统是直接运行在裸机上的最基本的系统软件，是系统软件的核心，任何其他软件必须在操作系统的支持下运行。

典型的操作系统大致由五个功能模块组成。

(1) 处理机管理

处理机管理包括进程控制和处理机调度。该模块能够对处理机的分配和运行进行有效的管理。

(2) 存储管理

存储管理的任务是对内存资源进行合理分配。该模块能够对内存进行有效的分配与回收管理，提供内存保护机制，避免用户程序间相互干扰。

(3) 设备管理

设备管理的任务是解决设备的无关性、设备使用方便灵活、设备分配、设备的传输控制及改善设备性能、提高设备利用率。

(4) 文件管理

文件管理的任务是完成对文件存储空间的管理、目录管理、文件的读写管理、文件的共享与保护。

(5) 作业管理

作业管理的任务是为用户提供一个使用系统的良好环境，使用户能有效地组织自己的工作流程，并使整个系统能高效地运行。

实际的操作系统是多种多样的，根据侧重面不同和设计思想不同，操作系统的结构和内容存在很大差别。对于功能比较完善的操作系统，应具备上述五个功能模块。

2. 操作系统的分类

目前操作系统种类繁多，很难用单一标准统一分类，根据操作系统所提供的功能不同，可以分为以下六类。

(1) 批处理操作系统

早期的一种大型机用操作系统。可对用户作业成批处理，期间无须用户干预，分为单道批处理系统和多道批处理系统。

(2) 分时操作系统

利用分时技术的一种联机的多用户交互式操作系统，每个用户可以通过自己的终端向系统提出各种操作控制命令，完成作业的运行。分时是指把处理机的运行时间分成很短的时间片，按时间片轮流把处理机分配给各联机作业使用。

(3) 实时操作系统

能够在指定或者确定的时间内，完成系统功能以及对外部或内部事件在同步或异步时间内做出响应的系统。

(4) 通用操作系统

同时兼有多道批处理、分时、实时处理的功能，或者其中两种以上功能的操作系统。

(5) 网络操作系统

基于操作系统功能的基础上，提供网络通信和网络服务功能的操作系统。

(6) 分布式操作系统

以计算机网络为基础的，将物理上分布的具有自治功能的数据处理系统或计算机系统连接在一起的操作系统。

3. 微机中常用的操作系统

微机上常见的操作系统有 DOS、Mac OS、Windows、Linux、Free BSD、UNIX/Xenix、OS/2 等，以下介绍几种常见的微机操作系统。

(1) DOS 操作系统

DOS 是 16 位的单用户、单任务、字符界面的操作系统。DOS 操作系统的主要功能是设备管理和文件管理。设备管理指由输入输出系统实现对显示器、键盘、磁盘、打印机、鼠标及异步通信器等外部设备的驱动和管理；文件管理指由文件系统实现各类文件的建立、显示、比较、复制、修改、检索和删除等操作。

DOS 操作系统对硬件平台的要求较低，适用性较广。常用的 DOS 有三种不同的品牌：Microsoft 公司的 MS-DOS、IBM 公司的 PC-DOS 以及 Novell 公司的 DR-DOS。三种 DOS 中使用最广泛的是 MS-DOS，MS-DOS 也是 Intel x86 系列 PC 上最早的操作系统，其操作界面如图 3.2 所示。

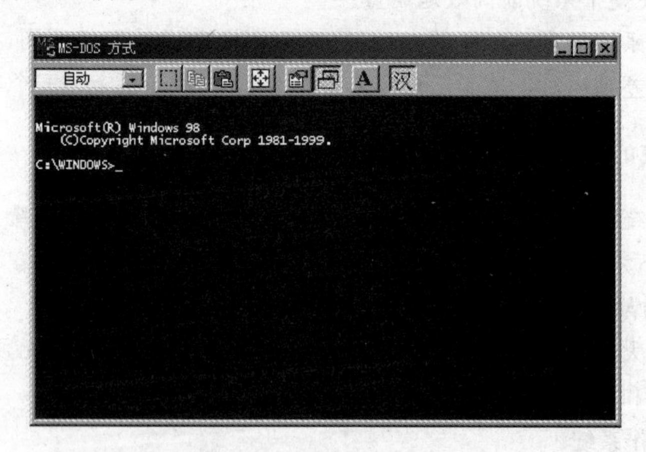

图 3.2 MS-DOS 操作系统界面

DOS 系统由四部分组成：DOS 引导记录、基本输入输出系统 IO. SYS、DOS 内核 MSDOS. SYS、命令处理程序 COMMAND. COM。

DOS 系统有众多的通用软件支持，如各种语言处理程序、数据库管理系统、文字处理软件、电子表格。而且围绕 DOS 开发了很多应用软件系统，如财务、人事、统计、交通、医院等各种管理系统。鉴于这个原因，尽管 DOS 已经不能适应 32 位机的硬件系统，但是仍广泛流行。

(2) Mac OS 操作系统

Mac OS 操作系统是美国苹果公司开发的操作系统。在当时的 PC 还只是 DOS 枯燥的字符界面的时候，Mac 率先采用了一些我们至今仍为人称道的技术，比如 GUI 图形用户界面、多媒体应用、鼠标等。Mac OS 操作系统界面如图 3.3 所示。

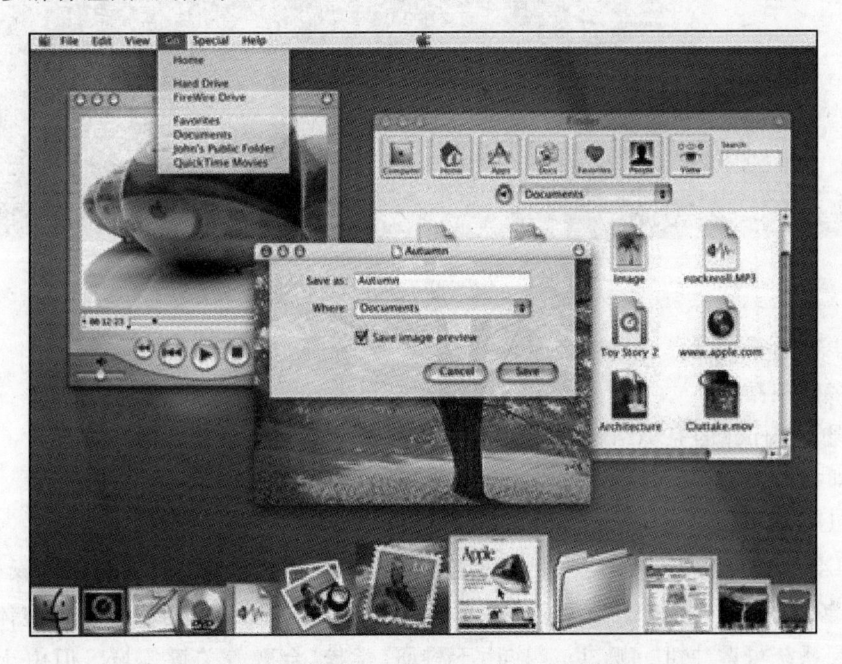

图 3.3　Mac OS X10.2 中的 Aqua 界面

Mac OS 系统界面友好，性能优异。但由于是苹果机专用系统而发展有限。

(3) Windows 系统

Windows 是微软公司推出、运行在微型机上的图形窗口操作系统。也是目前个人计算机中装机量最大的操作系统。

Windows 的开发是微型机操作系统发展史上的一个里程碑。1990 年 5 月，首次推出成熟版 Windows 3.0，后来又陆续推出了 Windows 3.x、Windows 95、Windows 98、Windows ME、Windows NT、Windows 2000、Windows XP、Windows Server 2003、Windows Vista、Windows 7 等。Windows 操作系统界面如图 3.4 所示。

Windows 具有以下主要特点：

- 图形化的人机交互界面。

图 3.4　Windows 操作系统界面

- 丰富的管理工具和应用程序。
- 多任务操作。
- 与 Internet 的完美结合。
- 即插即用硬件管理。

（4）UNIX 系统

UNIX 系统于 1969 年诞生在贝尔实验室，是一个真正稳健、实用、强大的操作系统。但是由于众多厂商在其基础上开发了有自己特色的 UNIX 版本，所以影响了整体。在国外，UNIX 系统可谓独树一帜，广泛应用于科研、学校、金融等关键领域。但由于中国的计算机发展比较晚，UNIX 系统的应用水平与国外相比有一定的滞后。

UNIX 为用户提供了一个分时的系统以控制计算机的活动和资源，并且提供一个交互灵活的操作界面。UNIX 能够同时运行多进程，支持用户之间数据共享。UNIX 种类繁多，许多公司都有自己的版本，如 AT&T、SUN、HP 等。UNIX Ware 7.11 操作系统界面，如图 3.5 所示。

UNIX 具有以下主要特点：

- UNIX 具有良好的层次结构。
- UNIX 是一种多用户、多任务操作系统。
- UNIX 具有很好的可移植性。
- 可直接支持网络功能。
- 树型文件系统。

图 3.5 UNIX Ware 7.11 操作系统界面

(5) Linux 系统

Linux 是当今计算机界一个耀眼的名字，它是目前全球最大的一个自由免费软件，其本身是一个功能可与 UNIX 和 Windows 相媲美的操作系统，具有完备的网络功能，它的用法与 UNIX 非常相似，因此许多用户不再购买昂贵的 UNIX，转而投入 Linux 等免费系统的怀抱。

Linux 最初由芬兰人 Linus Torvalds 开发，其源程序在 Internet 网上公开发布，由此引发了全球计算机爱好者的开发热情，许多用户下载该源程序并按自己的意愿完善某一方面的功能，再上传网络共享，Linux 也因此被雕琢成为一个全球最稳定的、最有发展前景的操作系统。

目前主要的 Linux 版本有 Red Hat、Slackware、Debian、SUSE、OpenLinux、TurboLinux、Red Flag、Mandarke、BluePoint 等。Red Hat Linux 9.0 的图形化操作界面，如图 3.6 所示。

除了 Linux 之外还有一种免费的 UNIX 变种操作系统 FreeBSD 可供使用，一般对于工作站而言，Linux 支持的硬件种类和数量要远远地超过 FreeBSD，而当网络的负载非常高时，FreeBSD 的性能比 Linux 要好一些。

(6) OS/2 系统

OS/2 是由微软公司和 IBM 共同创造，后来由 IBM 单独开发的一套操作系统。OS/2 是“Operating System/2”的缩写，因为该系统作为 IBM 第二代个人计算机 PS/2 系统产品线的理想操作系统引入的。

图 3.6　Red Hat Linux 9.0 的图形化操作界面

OS/2 系统克服了 DOS 系统 64KB 主存的限制,具有多任务功能。它本身是一个 32 位系统,不仅可以处理 32 位 OS/2 系统的应用软件,也可以运行 16 位 DOS 和 Windows 软件。由于 OS/2 仅限于 PS/2 机型,兼容性较差。

从 OS/2 Presentation Manager 到 Warp,每一款产品都受到了微软公司的挤压,在与 Windows 的竞争中,OS/2 最终失败了。2005 年 12 月 23 日,IBM 宣布不再销售和支持 OS/2 系统。OS/2 系统的操作界面如图 3.7 所示。

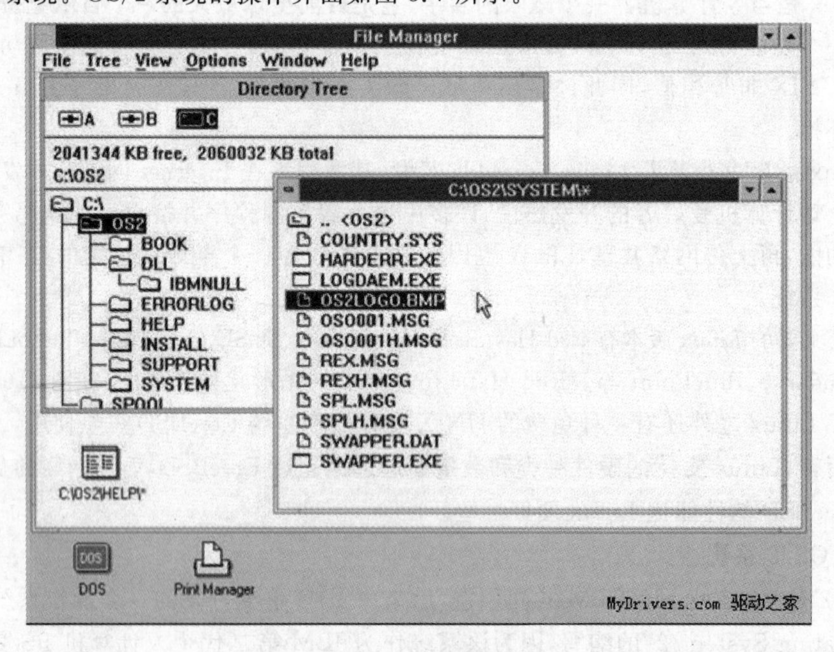

图 3.7　OS/2 系统的操作界面

3.2.2 语言处理程序

因为有了程序，计算机系统才能自动连续地运行，而程序是由程序设计语言编写的。程序设计语言是人与计算机之间进行对话的一种媒介。人通过程序设计语言，使计算机能够“懂得”人们的需求，从而达到为人们服务的目的。

程序设计语言通常分为机器语言、汇编语言和高级语言。

1. 机器语言(Machine Language)

在计算机中，指挥计算机完成某个基本操作的命令称为指令。机器语言是直接用二进制代码表达机器指令的计算机语言。它是计算机唯一可以识别和直接执行的语言。

一条指令由操作码和操作数组成。每条指令都有一个唯一的二进制代码与之对应。指令的二进制代码通常随CPU型号的不同而不同(同系列CPU一般向下兼容)。

机器语言特点：机器语言是一种面向机器的语言，占用内存小、执行速度快。但是用机器语言编写程序是一项十分繁琐的工作，每条指令都是“0”或“1”的代码串，难记忆，难阅读，检查和调试都比较困难。因此通常不用机器语言直接编写程序。

2. 汇编语言(Assemble Language)

汇编语言是面向机器的程序设计语言，它是为特定的计算机或计算机系列设计的。汇编语言使用助记符来表示机器指令，即将机器语言符号化，所以也称汇编语言为符号语言。

汇编语言的指令与机器语言指令基本上是一一对应的，只不过机器语言指令直接用二进制代码，而汇编语言指令是用助记符。这些助记符(如加法指令ADD)一般是人们容易记忆和理解的英文缩写。

汇编语言的指令可分为硬指令、伪指令和宏指令三类。硬指令是和机器指令一一对应的汇编指令。伪指令是由汇编语言需要而设立的，它不像硬指令对应机器指令。它的作用是指示汇编程序完成某些特殊的功能。宏指令是用硬指令和伪指令定义的可在程序中使用的指令。一条宏指令相当于若干条机器指令，使用宏指令可以使程序简单明了。

用汇编语言编写的程序称为汇编语言源程序，机器无法执行。必须用计算机配置好的汇编程序，把它翻译成机器语言目标程序，机器才能执行。汇编语言的汇编过程如图3.8所示。

汇编语言的特点：与机器语言相比，汇编语言在编写、阅读、记忆、调试等方面有很大的进步，但由于汇编语言与机器指令具有一一对应的关系，实际上是机器语言的一种符号化表示，因此不同的CPU类型的计算机的汇编语言也是互不通用的。而且由于汇编语言与CPU内部结构关系紧密，要求程序设计人员掌握CPU内部结构寄存器和内存储

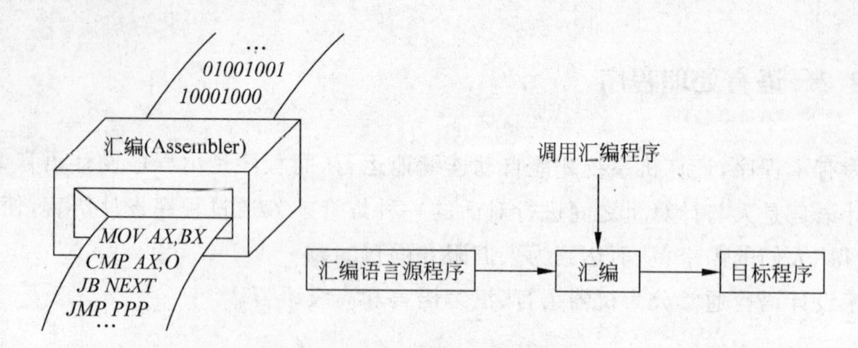

图 3.8 汇编过程示意图

器组织结构,所以对一般人来说,汇编语言仍然难学难记。

在计算机程序设计语言体系中,由于汇编语言与机器指令的一致性和与计算机硬件系统的接近性,通常将机器语言和汇编语言统称为低级语言。

3. 高级语言

高级语言是用数学语言和接近于自然语言的语句来编写程序,更易于为人们掌握和编写,而且高级语言不是面向机器的语言,因此具有良好的可移植性和通用性。

用高级语言编写的程序不能直接被计算机识别,需要通过一些编译程序或解释程序将其翻译成机器语言的目标程序才能被执行。这种翻译过程称为编译,如图 3.9 所示。

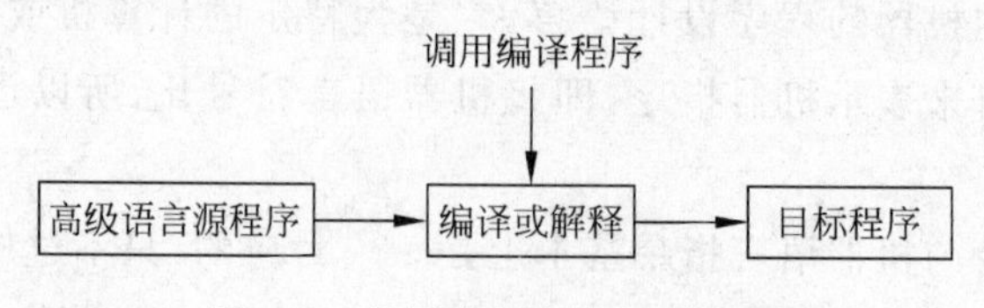

图 3.9 编译或解释过程示意图

计算机将源程序翻译成机器指令时,通常分为两种翻译方式:一种为“编译”方式,另一种为“解释”方式。所谓编译方式是首先把源程序翻译成等价的目标程序,之后再执行此目标程序。而解释方式是把源程序逐句翻译,翻译一句执行一句,边翻译边执行。解释程序不产生将被执行的目标程序,而是借助于解释程序直接执行源程序本身。一般将高级语言程序翻译成汇编语言或机器语言的程序称为编译程序。

高级语言的特点:高级语言是一种面向问题的计算机语言。在编写程序时,用户不必了解计算机的内部逻辑,而是主要考虑解题算法和步骤,并把解题的算法和步骤通过语言输入计算机,计算机就可以按要求完成相应的工作。高级语言具有标准化程度高、便于程序交换、较易优化、通用性强等优点。

随着计算机的发展,高级语言的种类也越来越多,目前已达数百种,常用的高级语言如 BASIC 语言、FORTRAN 语言、PASCAL 语言、C 语言、C++语言、Java 语言和 C#语言等。

3.2.3 数据库管理系统

随着计算机技术在信息管理领域的广泛应用，用于数据管理的数据库管理系统应运而生。

数据库系统是一个复杂的系统，通常所说的数据库系统并不单指数据库和数据库管理系统本身，而是将它们与计算机系统作为一个总体而构成的系统看做数据库系统。数据库系统通常由计算机硬件、操作系统、数据库管理系统(DataBase Management System，DBMS)、数据库及应用程序组成。

数据库是按一定方式组织起来的数据的集合，它具有数据量大、数据冗余度小、可共享等特点。数据库管理系统的作用是管理数据库。一般具有建立、编辑、修改、增删数据库内容等对数据的维护功能；对数据的检索、排序、统计等使用数据库的功能；友好的交互式输入/输出能力；使用方便、高效的数据库编程语言；允许多用户同时访问数据库；提供数据独立性、完整性、安全性的保障。

不同的数据库管理系统是以不同方式将数据组织到数据库中，组织数据的方式称为数据模型。数据模型一般有三种形式：层次型——采用树型结构组织数据；网络型——采用网状结构组织数据；关系型——以表格形式组织数据。

目前，常用的数据库管理系统有 Microsoft Office Access、Visual FoxPro、SQL Server、Oracle、SyBase 和 MySQL 等。

1. Microsoft Office Access

Microsoft Office Access 是由微软公司发布的关联式数据库管理系统。它结合了 Microsoft Jet Database Engine 和图形用户界面两项特点，是 Microsoft Office 的成员之一。

Access 在很多领域得到广泛使用，例如小型企业、大公司的部门和喜爱编程的开发人员，专门利用 Access 制作处理数据的桌面系统。它也常被用来开发简单的 Web 应用程序。这些应用程序都利用 ASP 技术在 Internet Information Services 运行。比较复杂的 Web 应用程序则使用 PHP/MySQL 或者 ASP/Microsoft SQL Server。

Access 的优点：存储方式单一、面向对象、界面友好、易操作、处理多种数据信息、支持 ODBC(Open Data Base Connectivity)。

Access 的缺点：Access 是小型数据库，当数据库过大、网站访问频繁或记录数过多时，数据库性能就会有所下降。

2. Visual FoxPro

Visual FoxPro(VFP)是微软公司推出的数据库开发软件，用它来开发桌面型数据库，处理速度极快，操作简单方便。

VFP 源于美国 Fox Software 公司推出的数据库产品 FoxBase，FoxPro 是 FoxBase 的加强版，最高版本为 2.6。之后 Fox Software 被微软公司收购，加以发展，使其可以在 Windows 上运行，并且更名为 Visual FoxPro。

目前最新版为 Visual FoxPro 9.0 SP2，而在学校教学和教育部门考证中还依然沿用经典版的 Visual FoxPro 6.0。

3. SQL Server

SQL(Structured Query Language，结构化查询语言)的主要功能是同各种数据库建立联系，进行沟通。按照 ANSI(美国国家标准协会)的规定，SQL 被作为关系型数据库管理系统的标准语言。SQL 语句可以用来执行各种各样的操作，例如更新数据库中的数据，从数据库中提取数据等。绝大多数流行的关系型数据库管理系统都采用了 SQL 语言标准。

SQL Server 是一个关系数据库管理系统。最初是由 Microsoft、Sybase 和 Ashton-Tate 三家公司共同开发而成，于 1988 年推出了第一个 OS/2 版本。在 Windows NT 推出后，Microsoft 与 Sybase 在 SQL Server 的开发上就分道扬镳了，Microsoft 将 SQL Server 移植到 Windows NT 系统上，专注于开发推广 SQL Server 的 Windows NT 版本。Sybase 则较专注于 SQL Server 在 UNIX 操作系统上的应用。

4. Oracle

Oracle Database 又名 Oracle RDBMS，简称 Oracle。是甲骨文公司的一款关系数据库管理系统，也是世界第一个支持 SQL 语言的数据库。Oracle 数据库包括 Oracle 数据库服务器和客户端。

Oracle Server 是一个对象-关系数据库管理系统。它提供开放的、全面的和集成的信息管理方法。每个 Server 由一个 Oracle DB 和一个 Oracle Server 实例组成。它具有场地自治性(Site Autonomy)和提供数据存储透明机制，以此可实现数据存储透明性。

客户端为数据库用户操作端，由应用、工具、SQL * NET 组成，用户操作数据库时，必须连接到服务器，该数据库称为本地数据库(Local DB)。在网络环境下其他服务器上的 DB 称为远程数据库(Remote DB)。用户要存取远程 DB 上的数据时，必须建立数据库链。

Oracle 数据库的体系结构包括物理存储结构和逻辑存储结构。由于它们是相分离的，所以在管理数据的物理存储结构时并不会影响对逻辑存储结构的存取。

Oracle 数据库的优点是可用性强、可扩展性强、数据安全性强、稳定性强。

5. Sybase

Sybase 数据库是由美国 Sybase 公司推出的一种高性能的、真正开放的、基于客户机/服务器体系结构的数据库产品。Sybase 主要有三种版本，一是 UNIX 操作系统下运行的版本，二是 Novell Netware 环境下运行的版本，三是 Windows NT 环境下运行的版本。对 UNIX 操作系统目前广泛应用的为 Sybase 10 及 Sybase 11 for Sco UNIX。

6. MySQL

MySQL 是一种开放源代码的关系型数据库管理系统，使用最广泛的数据库管理语言——结构化查询语言(SQL)进行数据库管理。

MySQL 数据库于 1998 年 1 月发行第一个版本。它使用系统核心提供的多线程机制提供完全的多线程运行模式，提供了面向 C、C++、Eiffel、Java、Perl、PHP、Python 以及 Tcl 等编程语言的编程接口(APIs)，支持多种字段类型并且提供了完整的操作符支持查询中的 SELECT 和 WHERE 操作。

由于 MySQL 是开放源代码的，因此任何人都可以在 General Public License 的许可下下载并根据个性化的需要对其进行修改。MySQL 因为其速度、可靠性和适应性而备受关注。大多数人都认为在不需要事务化处理的情况下，MySQL 是管理数据最好的选择。

目前，很多大型的网站也用到 MySQL 数据库。MySQL 的发展前景是非常光明的。

3.2.4　服务性程序

服务性程序是一类辅助性的程序，是为了帮助用户使用和维护计算机，向用户提供服务性手段而编写的程序，通常包括编辑程序、调试程序、诊断程序、硬件维护和网络管理程序等。

其中，编辑程序、调试程序、诊断程序用来辅助用户编写程序。为了更有效、更方便地编写程序，将编辑程序、调试程序、诊断程序以及编译或解释程序集成为一个综合的软件系统，为用户提供完善的集成开发环境，称为软件开发平台 IDE(Integrated Develop Environment)。例如，Visual Studio. NET、JBuilder、Delphi 等都是常用的 IDE 软件。

网络管理程序的主要功能是支持终端与计算机、计算机与计算机以及计算机与网络之间的通信，提供各种网络管理服务，实现资源共享和分布式处理，并保障计算机网络的畅通无阻和安全使用。

3.3　应用软件

计算机软件系统中，除了系统软件以外的所有软件都统称为应用软件。应用软件是由计算机生产厂家或软件公司为支持某一应用领域、解决某个实际问题而专门研制的应用程序，包括科学计算类软件、工程设计类软件、数据处理类软件、信息管理类软件、自动控制类软件、情报检索类软件等。例如，文字处理软件 Office、WPS；信息管理软件 Access 数据库、MySQL 数据库；辅助设计软件 AutoCAD、CAXA；媒体播放软件 Windows Media Player、RealPlayer；图形图像软件 CorelDRAW、3ds max、Maya、Photoshop；数学软件 MATLAB；杀毒软件诺顿、卡巴斯基、江民、瑞星等。

3.3.1 文字处理软件

文字处理软件是办公软件的一种，主要用于文档的编辑、修改、保存、打印等。用户通过文字处理软件，可以将文字输入到计算机，存储在外存中，需要时可以对输入的文字进行修改、编辑、并能将输入的文字以多种字体、多种字形及各种格式打印。

文字处理软件的发展和文字处理的电子化是信息社会发展的标志之一。现有的中文文字处理软件主要有微软公司的 Word 和金山公司的 WPS。Word 依靠 Windows 的绑定而世界化流行。

Word 是微软公司推出的文字处理软件。它继承了 Windows 友好的图形界面，可方便地进行文字、图形、图像和数据的处理，制作具有专业水准的文档。Word 的窗口如图 3.10 所示。

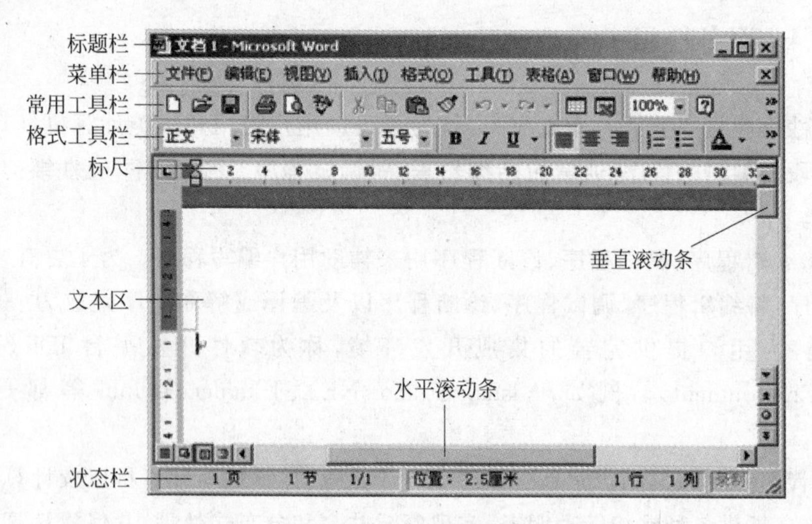

图 3.10 Word 的窗口

有关 Word 的操作将在后面章节中进行具体介绍。

WPS(Word Processing System，文字处理系统)是金山软件公司开发的一种办公软件。最初出现于 1989 年。它集编辑与打印为一体，具有丰富的全屏幕编辑功能，而且还提供了各种控制输出格式及打印功能，使打印出的文稿既美观又规范，基本上能满足各界文字工作者编辑、打印各种文件的需要和要求。WPS 易用，适合中国人习惯。

3.3.2 表格处理软件

表格处理软件主要处理各式各样的表格。它可以根据用户的要求自动生成各种表格，表格中的数据可以输入也可以从数据库中取出。可根据用户给出的计算公式，完成繁琐的表格计算，计算结果自动填入对应栏目里。如果修改了相关的原始数据，计算结果栏目中的结果数据也会自动更新，不需用户重新计算。一张表格制作完后，可存入外存，方便以后重复使用，也可以通过打印机输出。目前最常用的表格处理软件是微软公司的 Excel。

Excel 不仅具有强大的数据组织、计算、分析和统计功能，还可以通过图表、图形等多种形式对处理结果加以形象地显示，更方便地与 Microsoft Office 软件中其他组件相互调用数据，实现资源共享。Excel 的窗口如图 3.11 所示。

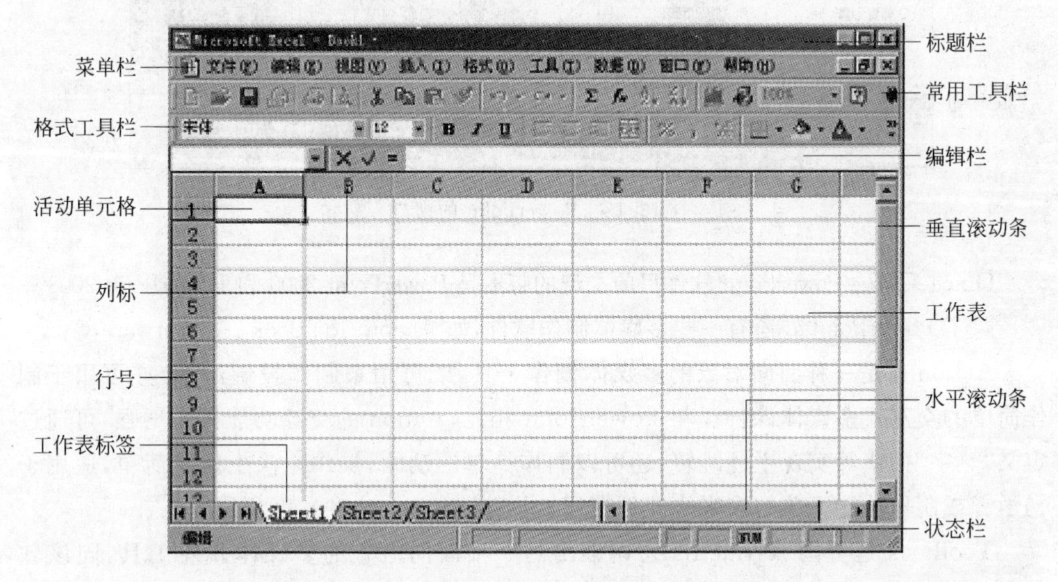

图 3.11 Excel 的窗口

3.3.3 演示文稿软件

PowerPoint 是目前最常用的一种演示文稿软件，应用于制作和演示多媒体投影片。演示文稿中的每一页称为幻灯片，每张幻灯片都是演示文稿中既相互独立、又相互联系的内容。将制作好的幻灯片集合起来，就形成一个完整的演示文稿。利用 PowerPoint，可以非常方便地制作各种文字，绘制图形，加入图像、声音、动画、视频影像等各种媒体信息，并根据需要设计各种演示效果。上课时，教师只需轻点鼠标，就可播放制作好的一幅幅精美的文字和画面（也可按事先安排好的时间自动连续播放）。用户不仅可以在投影仪或者计算机上进行演示，也可以将演示文稿打印出来，制作成胶片，以便应用到更广泛

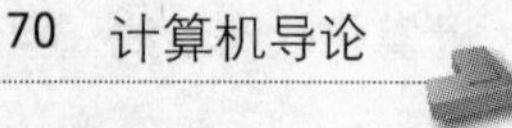

的领域中。PowerPoint的窗口如图3.12所示。

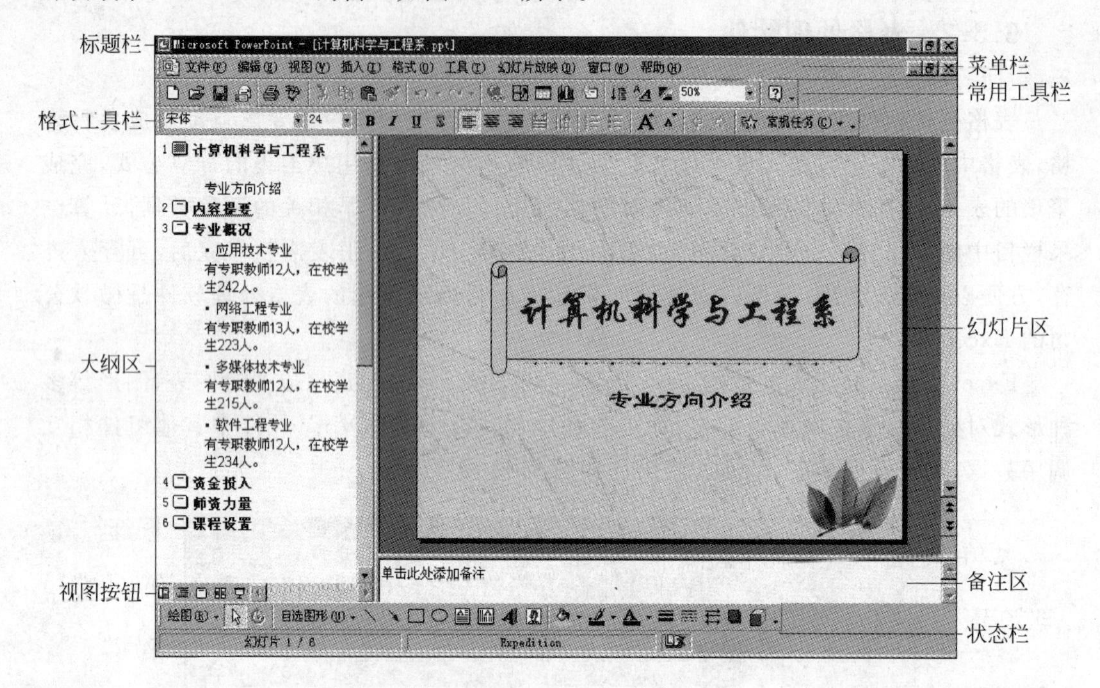

图3.12 PowerPoint的窗口

Office系列的PowerPoint软件目前主流的版本是PowerPoint 2000和PowerPoint 2003。

除了PowerPoint外还有一些多媒体制作软件，如Action、ToolBook、Authorware等。

Action也是一种面向对象的多媒体创作工具，既可用来制作投影演示，亦可用于制作简单的交互式多媒体课件。与PowerPoint相比，Action的交互功能大大增强，可通过定义“热字”按钮等实现主题跳转，还可以制作简单的动画，操作方法也比较简单，适用于初学者或制作功能简单的多媒体课件使用。

ToolBook是美国Asymetrix公司推出的一种面向对象的多媒体开发工具，同该软件名称一样，用ToolBook制作多媒体课件的过程就像写一本书。这种“电子书”尽管制作稍显复杂，但表现力强、交互性好，制作的节目具有很大的弹性和灵活性，适用于创作功能丰富的多媒体课件和多媒体读物。特别是ToolBook 4.0版，在原有基础上又增加了强大的课件开发工具集和课程管理系统，为制作者提供了更大的方便。另外，该公司还特别推出了ToolBookⅡ，提供了在Internet网络环境下进行分布式教学的解决方案。

Authorware是一种基于流程图的可视化多媒体开发工具，它和ToolBook一起，成为多媒体创作工具事实上的国际标准。Authorware中整个制作过程以流程图为基本依据，非常直观，且具有较强的整体感，制作者通过流程图可以直接掌握和控制系统的整体结构。Authorware共提供了10种系统图标和10种不同的交互方式，被认为是目前交互功能最强的多媒体创作工具之一。该工具软件与Action同是美国Macromedia公司产品。

除了上述介绍的几种软件外，常用的多媒体创作工具还有国外的 Director、国内的摩天、银河等种类，它们都有各自不同的特点，用户可以根据课件的开发要求、个人喜好以及现有条件等加以选择。

3.3.4 辅助设计软件

计算机辅助设计(CAD)技术是近二十年来最具有成效的工程技术之一。由于计算机有快速的数值计数、较强的数据处理以及模拟的能力，因此目前在汽车、飞机、船舶、超大规模集成电路 VLSI 等设计、制造过程中，CAD 占据着越来越重要的地位。计算机辅助设计软件能高效率地绘制、修改、输出工程图纸。设计中的常规计算帮助设计人员寻找较好的方案。使设计周期大幅度缩短，而设计质量却大为提高。应用该技术能使各行各业的设计人员从繁琐的绘图设计中解脱出来，使设计工作计算机化。目前常用的计算机辅助设计软件有 AutoCAD、CAXA、Photoshop 等。

3.3.5 实时控制软件

在现代化工厂里，计算机普遍用于生产过程的自动控制，例如在化工厂中，用计算机控制配料、温度、阀门的开关；在炼钢车间中，用计算机控制加料、炉温、冶炼时间等；在发电厂中，用计算机控制发电机组等。

用于生产过程自动控制的计算机一般都是实时控制，对计算机的速度要求不高，但可靠性要求很高，否则会生产出不合格产品，或造成重大事故。

用于控制的计算机，其输入信息往往是电压、温度、压力、流量等模拟量，要先将模拟量转换成数字量，之后计算机才能进行处理或计算。处理或计算后，以此为依据根据预定的控制方案对生产过程进行控制。这类软件一般统称为监察控制和数据采集(Supervisory Control And Data Acquisition，SCADA)软件。目前，比较流行的 PC 上的 SCADA 软件有 FIX、InTouch、Lookout 等。

3.4 系统组成的层次结构

计算机系统包括硬件和软件两个部分，由于硬件的能力非常有限，只是速度极高而已，没有软件的硬件几乎什么任务都完成不了。因此，计算机系统以硬件为基础，通过软件来扩充系统功能，形成一个有机组合的整体。硬件、软件、用户三者之间的关系如图 3.13 所示。

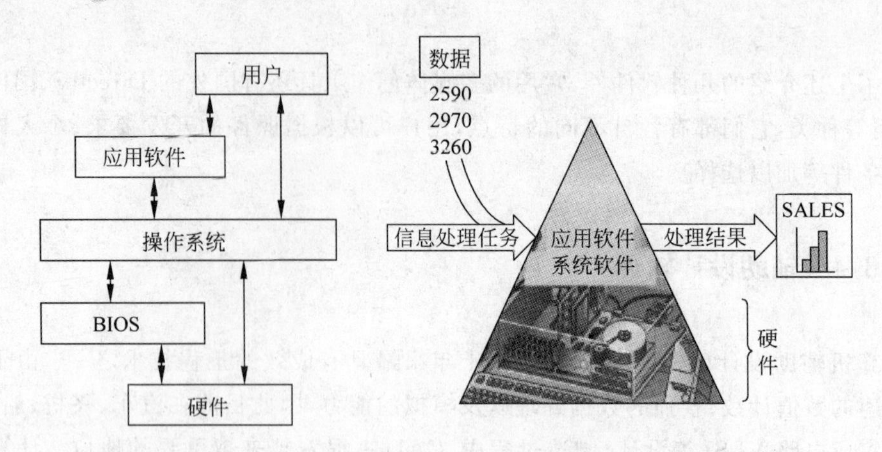

图 3.13　硬件、软件、用户三者之间的关系图

为了对计算机系统的有机组成建立整机概念，便于对系统进行分析、设计和开发，可以从硬、软件组成的角度将系统划分为若干层次。这样在分析计算机的工作原理时，可以根据特定需要，从某一层去观察、分析计算机的组成、性能和工作机制。除此之外，按分层结构化设计策略实现的计算机系统，不仅易于制造和维护，也易于扩充。

计算机系统的层次结构模型分为 8 层，如图 3.14 所示。其中，微程序级和逻辑部件属于硬件部分，传统机器级可以看做硬、软件之间的界面，其他都属于软件部分。从下层向上层发展，反映了计算机系统逐级生成的过程，而从上层往下层观察，则有助于了解应用计算机求解问题的过程。

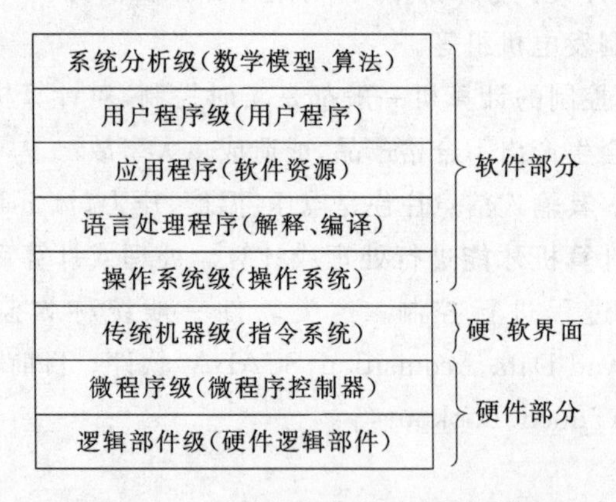

图 3.14　计算机系统的层次结构模型

1. 自下而上生成计算机系统

(1) 拟定指令系统

首先规定指令系统所包含的各种基本功能，这些功能由硬件来实现。而各种软件最终也将转换为指令序列，才能被硬件识别和执行。所以，传统机器级的指令系统是连接硬件和软件的界面。指令系统一般使用汇编语言来描述，便于人们分析和设计，但硬件

最终执行仍然是用机器语言表示的二进制代码序列。

(2) 创建硬件系统

硬件的核心是CPU和主存,各种硬件通过系统总线和接口连接起来,构成整机系统。根据指令系统来设计和实现硬件系统,可以得到不同的计算机系统。事实上,不同的指令系统最终形成不同的计算机系统,例如微机、小型机、大型机等计算机系统。

目前,计算机系统常采用微程序控制方式,通过微程序控制器来解释和执行指令。因此在具体实现时硬件可分为两级,最下面一级是用连线连接的各种逻辑部件,包括寄存器和门电路等,而上面一级是微程序控制器,负责执行微程序发出各种命令控制逻辑部件的工作。

(3) 配置操作系统

系统软件的核心和基础是操作系统。在创建硬件系统之后,首先需要配置操作系统,再根据硬件系统的特点进行改进,扩展操作系统,不断地优化操作系统。例如,在微机上最初配置的是单用户操作系统DOS,后来微软公司在DOS基础之上不断优化和扩展,推出了多任务操作系统Windows,Windows系统本身也在不断地升级换代。

优化操作系统,除了能够提升其性能、增强其功能外,还可以使之具有通用性,例如UNIX操作系统就具有很强的通用性,能安装到诸如小型机、微机之类的多种计算机中。当然,同一种计算机也可能配置多种操作系统,例如在微机上就可以配置Windows、Linux等操作系统。

(4) 配置语言处理程序及各种软件资源

根据系统需要,配置相应的语言处理程序,包括编译程序、解释程序或汇编程序等,并且配置所需的各种软件资源。将这些软件置于操作系统的调度管理之下,形成通用的应用软件运行平台,供应用程序随时调用。例如,在Windows操作系统之中安装NET Framework,为应用程序提供诸如有关文件、数据、网络、安全、输入输出等底层服务,进而大大扩展了操作系统的功能。

(5) 安装用户程序

在组成了一个完备的软硬件系统之后,还需要根据用户的需求,安装并配置用户应用程序,由计算机系统运行,处理用户工作、学习或生活中的具体问题。

2. 自上而下应用计算机系统生成求解问题的过程

(1) 系统分析级

系统分析人员根据对任务的需求分析,进行概要设计和详细设计,以构造系统模型和完成算法设计等。

(2) 用户程序级

程序设计人员根据详细设计,使用程序设计语言编写用户应用程序。

(3) 操作系统级

调用语言处理程序,如编译、解释或汇编程序,将用户源程序转换为用机器语言描述

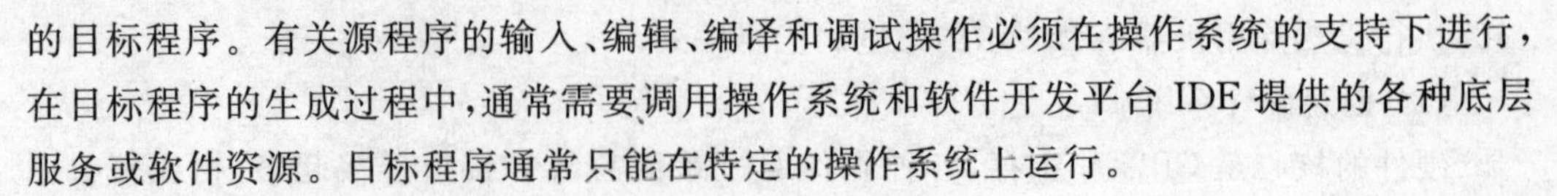

的目标程序。有关源程序的输入、编辑、编译和调试操作必须在操作系统的支持下进行，在目标程序的生成过程中，通常需要调用操作系统和软件开发平台 IDE 提供的各种底层服务或软件资源。目标程序通常只能在特定的操作系统上运行。

(4) 传统机器级

目标程序是一种由二进制代码构成的可执行文件，是用特定机器语言描述的指令序列，只能被特定计算机硬件识别和执行。从这一级看到的程序与计算机的工作属于传统机器级，或者机器语言级。

(5) 硬件系统级

机器语言程序是由计算机硬件(主要是控制器)以逐条指令方式执行的。一般用户所能理解的计算机工作到传统机器一级就可以了。但对于硬件设计和维护人员来说，需要了解硬件的工作情况，因此必须深入到微程序级或逻辑部件级。对集成电路制造商来说，还需要进一步细化到电路级，甚至电子元器件级，以最终生产和制造出计算机硬件设备。

本章小结

计算机系统是由硬件和软件两部分组成。软件系统是指在硬件系统上运行的各种程序及相关资料。它是为了充分发挥硬件结构中各部分的功能和方便用户使用计算机而编制的各种程序。计算机软件包括系统软件和应用软件。

系统软件是计算机正常运行必不可少的，是控制和维护计算机系统资源的程序集合。主要包括操作系统、语言处理程序、数据库管理系统和作为软件研究开发工具的编译程序、调试程序、装配程序和连接程序、测试程序等。

操作系统是计算机系统中极为重要的系统软件，是对计算机系统的软硬件资源进行控制和管理，方便用户，提高系统资源利用率的程序系统。操作系统的概念有两层含义：一是资源管理，主要功能是监视、分配、回收和保护资源；二是方便用户的服务，操作系统是用户与计算机系统之间的接口。

应用软件是指用户自己开发或外购的满足对某一特定应用领域需求的软件包。如 Word 文字处理软件、Excel 报表处理软件、AutoCAD 辅助设计软件和模拟仿真软件等。

习题

1. 计算机软件系统的分类有几种，分别是什么？
2. 简述系统软件的特点和分类。
3. 什么是操作系统？简述其作用。

4. 典型的操作系统由几个模块组成？分别是什么？简述各模块的功能。
5. 按照操作系统所提供的功能不同，可以将操作系统分为几类？分别是什么？
6. 列举几种微机中常用的操作系统。
7. 程序设计常用的编程语言有几种？分别有什么特点？
8. 简述数据库管理系统的作用，列举几种常见的数据库管理系统软件。
9. 简述应用软件的特点和分类。
10. 文字处理软件的功能是什么？
11. 表格处理软件的作用是什么？
12. 演示文稿的作用是什么？列举常用的演示文稿制作软件。
13. 简述辅助设计软件的作用。列举几种常见的辅助设计软件。
14. 简述实时控制软件的作用。
15. 计算机系统组成的层次结构特点是什么？

第4章 chapter 4

操 作 系 统

在当今信息社会时代,计算机的发展和应用给人们的生活、学习和工作带来了举足轻重的作用,如果没有计算机的支持,在诸如银行、证券等行业就无法来完成日常的信息收集和数据处理。人们所说的计算机严格地讲应该是指计算机系统,作为一个系统,它包含两部分:一是指计算机硬件(例如CPU、存储器、键盘、鼠标、显示器等);二是指的计算机软件(在硬件基础上运行的各种程序),软件又分为系统软件和应用软件。应用软件就是人们平时用于管理和完成各种业务的程序(例如办公软件Office、银行业务管理程序和各种游戏程序等);系统软件是管理和安排(控制)计算机硬件、应用程序运行的程序,它是管理和控制计算机的核心,也称为计算机操作系统(常用到的有Windows、UNIX系统软件等)。Windows是供PC使用的多用户、多任务、分时操作系统;而UNIX操作系统是在大型计算机系统中使用的单用户、多任务、分时操作系统。

通常把计算机硬件称为裸机,它的功能非常弱,仅能完成简单的运算(只能进行"0"和"1"的二进制运算)。将计算机操作系统运行在计算机的硬件上,可以使计算机功能变得非常强大、服务质量非常高、使用非常方便,为人们使用计算机提供了一个安全可靠的应用环境以满足各种应用需求。同时,操作系统可以有效而合理地组织安排多个用户共享计算机系统的各种资源,最大限度地提高资源的利用率。

计算机系统基本结构如图4.1所示。

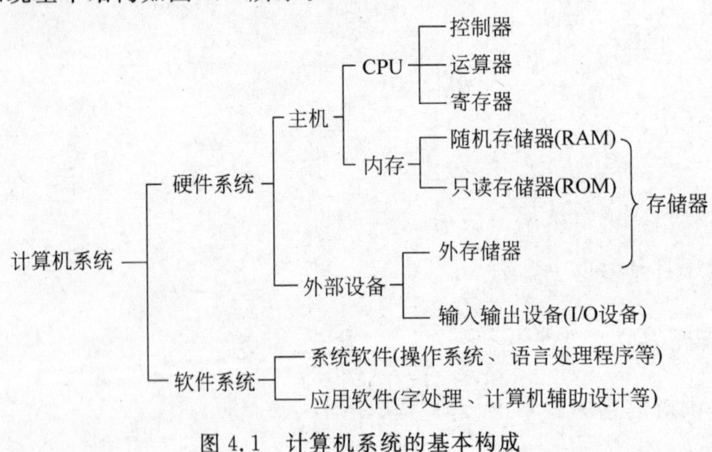

图4.1 计算机系统的基本构成

从上面的叙述可以得出，计算机系统通常是由硬件和软件两大部分组成。硬件是指诸如CPU、存储器、键盘、鼠标、显示器、打印机等，而软件又分为系统软件和应用软件。系统软件则是指操作系统(DOS、Windows、UNIX等)，应用软件包括编译程序、数据库系统、用户程序、办公软件(如Office)、游戏程序等。

4.1　操作系统的定义

根据冯·诺依曼的指导思想，计算机是由运算器、控制器、存储器、输入输出等部件通过计算机主板连接构成了计算机硬件系统。要使硬件系统能够充分发挥其效能，尽可能地按人们预期的目的和要求来运行各类程序，就需要一套管理(控制、分配)硬件和组织运行程序有序地完成的程序(也就是管理应用程序的程序)，通常把这个程序统称为操作系统。可形象地比喻为人们修建高速公路，其目的是提高运输和通行能力，但有了高速公路(硬件)还不行，还必须有一套管理高速公路运行的规章制度(操作系统)，在高速公路上行驶车辆必须严格执行规章制度，只有这样才能发挥高速公路的作用。

计算机的应用范围主要是科学计算和信息管理，如图4.2所示。

图4.2　计算机系统的应用领域

操作系统是由许多可供用户调用的程序(也称系统调用或完成各类工作的子程序)组成。这些程序可分为以下三类。

1. 信息管理(IM)

主要是提供对信息的存储、检索、修改和删除等。通常所涉及：

- 创建文件；

- 创建目录；
- 文件的操作(打开/关闭和读/写文件)；
- 创建链表/管道。

2. 进程管理(PM)

主要为程序的执行而创建进程、调度进程、挂起进程、终止进程和重启进程等。

3. 内存管理(MM)

主要为进程分配所需的内存和回收运行结束后所释放的内存。

4.2 操作系统的功能及服务对象

在计算机系统上配置操作系统，使硬件的功能得到大幅度提升。配置(安装)什么样的操作系统，这与计算机硬件的规模和用户使用计算机的用途密不可分。办公室或家庭使用的个人计算机系统，一般安装小规模、单用户、多任务的分时操作系统，如DOS、Windows操作系统；而银行、证券企业由于需要处理大量的数据、要与众多的用户打交道，这样的大型系统就需要安装大规模、多用户、多任务的分时操作系统，如UNIX操作系统。

通过图4.3可以看到计算机在人们平时的日常生活中所扮演的角色。

图4.3 人们与计算机系统之间的联系

4.2.1 操作系统的功能

操作系统的第一个功能是管理和控制 CPU。按照一定的条件(严格地讲是分配算法或分配策略),把 CPU 分配给需要使用 CPU 的用户(程序或进程)。当用户使用结束后,操作系统将 CPU 回收(也称为资源回收)后再按照分配策略,将 CPU 再分配给需要 CPU 的用户。这样周而复始地进行下去,直至整个任务的完成。

操作系统的第二个功能是管理存储器(包括内存和外存)。为需要运行的程序(任务)按照一定的分配算法为其分配所需要的存储空间,当使用结束后,操作系统负责将这部分存储空间回收。

操作系统第三个功能是管理输入输出(I/O)设备。按照一定的分配策略(如排队 FCFS 先来先服务),用计算机系统中有限的可使用设备满足各类用户的需要。

操作系统第四个功能是对系统中各类信息(也称为文件)进行管理。计算机系统中的信息种类众多(例如文字、图形、音乐等),如何按照用户的要求,分门别类加以管理和控制,按照用户的需要检索文件,提供操作文件的各种命令,都是操作系统中完成这部分功能的软件(程序)应该具备的。

上述功能的完成,例如何时分配 CPU,如何控制用户逐步完成程序的运行,都需要依靠计算机系统的控制器与操作系统的配合而实现的。那么,操作系统必须具有如下的特征。

1. 方便性

计算机硬件配置了操作系统后,使用计算机系统就更加方便。因为,如果计算机硬件不配置(安装)系统软件,难以使用(例如现在的 PC,如果不安装操作系统,恐怕连启动都是不可能的),因为计算机硬件只能识别“0”和“1”二进制代码(也称为机器代码)。因此,人们要在计算机上运行所编写的程序,那这个程序就必须是用机器语言编写的。如果计算机硬件配置了操作系统,人们可以用操作系统所提供的各类命令来操作计算机,也可以用计算机高级语言编写计算机硬件能识别的程序。在 PC 上,方便性就更显突出。

2. 有效性

在没有配置操作系统的计算机硬件中,CPU、内存和 I/O 设备经常会处于空闲状态而得不到充分利用,计算机硬件利用率不高,造成计算机硬件大量浪费。在配置操作系统后,CPU、I/O 设备等在操作系统的控制下得到了充分利用,有条不紊地完成单(多)个用户多个任务的运行。在大型机上,有效性比方便性更显突出。

3. 可扩充性

随着超大规模集成电路(VLSI)和计算机技术的应用和发展,计算机硬件和体系结构发生了巨大的变化。在配置了操作系统的计算机系统中,可以根据用户的需求来增加硬

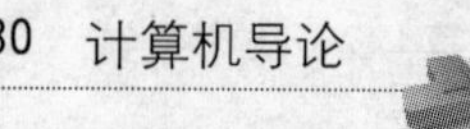

件(如多媒体、互联网络等)或扩充系统的某些软件(游戏、数据库等)。

4. 开放性

随着计算机系统应用环境的变化(如从单机环境到多机和网络环境),各种不同结构体系的计算机相互传递信息,这就需要计算机系统(包括硬件、软件)具有兼容性和开放性。

有了计算机硬件和软件(操作系统、应用程序),人们就可以完成多种工作,达到如图4.4所示的效果,使生活更加精彩。

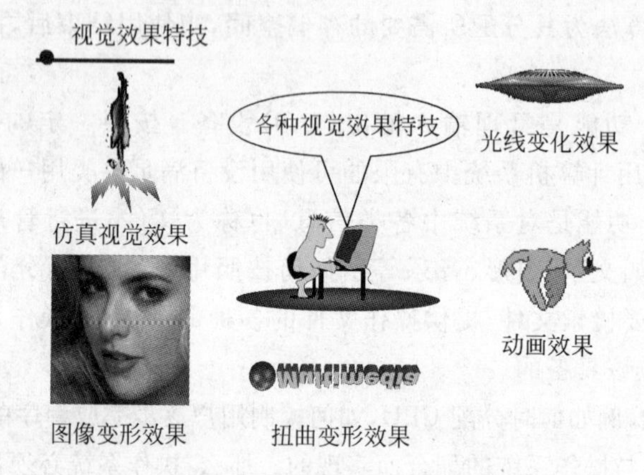

图4.4 计算机的应用效果

综上所述,操作系统的主要功能表现如下:

- 操作系统管理CPU。用于创建和撤销进程(线程),对诸进程(线程)的运行进行协调,实现进程(线程)间的切换,并按一定的算法把CPU分配给具备条件的进程(线程),即实现进程控制、进程同步、进程通信和进程调度。
- 操作系统管理存储器。主要是实现为用户程序分配内存、内存的保护、地址映射和内存扩充。
- 操作系统管理I/O设备。在计算机系统中,实现设备的管理主要是对缓冲存储器的管理、设备分配和设备处理等。
- 操作系统管理文件。对文件管理是对用户文件和系统文件进行管理,就是对文件的存储空间的管理、目录管理、文件读/写管理和文件的共享/保护的管理。
- 操作系统为用户使用计算机系统提供接口。也就是人们通过操作系统提供的命令和系统调用使用计算机,以完成所需要的各种控制和计算。

4.2.2 操作系统的服务对象

广义地讲,操作系统或者说整个计算机系统都是为人类服务的。但具体功能则是用于完成计算机系统硬件的管理和控制,对各类信息的编辑、运行、输入输出等进行控制。

因为，在计算机系统中，有多个程序（作业）并发执行（类似田径跑步一样，每个运动员都想争第一名，而“第一名”只有一个，谁得第一名，这就要看哪位运动员的水平发挥得好，还有裁判的规则，这是一个很复杂的问题。“第一名”是资源，运动员就要竞争使用这个资源）。在计算机系统中也一样，CPU 只有一个或是少于运行程序的数目，多个程序就要竞争 CPU 等资源。这时操作系统则根据资源的状态和运行程序的优先级并按一定的算法将资源分配给具备条件的程序（进程或线程）。例如在单 CPU 系统中，一个 CPU 要满足多用户需求，而任何时刻仅有一个用户能占用 CPU 时间。所以，可以把操作系统称为计算机系统资源的管理者。

在计算机系统中，人们是通过操作系统或者说是通过操作系统提供的各种相关命令来使用计算机的，操作系统是用户与计算机硬件的接口，如图 4.5 所示。

图 4.5 用户、操作系统、计算机硬件三者之间的关系

4.3 操作系统的结构

操作系统是一个十分复杂而庞大的系统软件。为了控制该软件的复杂性，可以用软件工程的概念、原理、规范和定量的方法来开发、运行和维护软件。以杜绝开发软件的随意性、编程冗余和维护困难等问题。为此，人们经过长期的探索，把做工程的思路和方法等应用到了软件（尤其是系统软件）的开发过程中。下面简单介绍计算机的层次结构和模块结构。

4.3.1 计算机系统的层次结构

整个操作系统的构成以层次结构来划分和实现，可以使各个部分关系非常清晰，一目了然。图 4.6 和图 4.7 说明了在层次结构中，操作系统在整个计算机系统中的位置。

图 4.7 中间的三层（命令、服务和内核）是操作系统所提供的各个功能部分。其中：

内核层是操作系统的最里层，是唯一直接与计算机硬件“打交道”的部分。它使得操作系统和计算机硬件相互独立。只要改变操作系统的内核层就可以使同一操作系统运行于不同的计算机硬件环境下。内核提供了操作系统中最基本的功能，它包括了调入、执行程序以及为程序分配各种硬件资源的子系统。把软件与硬件所传递的各类信息在内核中完成，对普通用户来讲，使复杂的计算机系统变得简单易操作。

服务层接受来自应用程序或命令层的服务请求，并将这些请求译码为传送给内核的

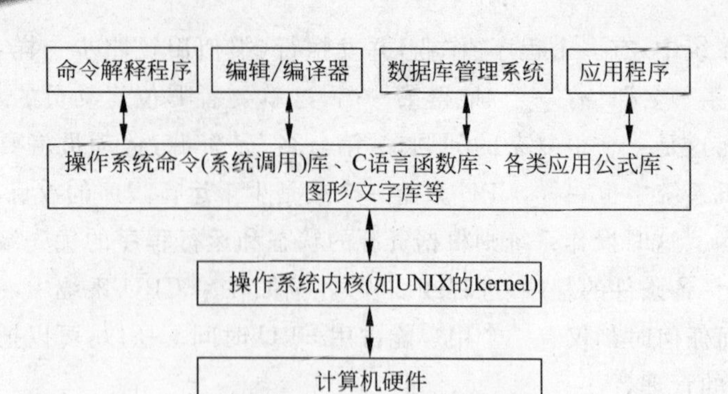

图 4.6　计算机系统中软、硬件的层次结构

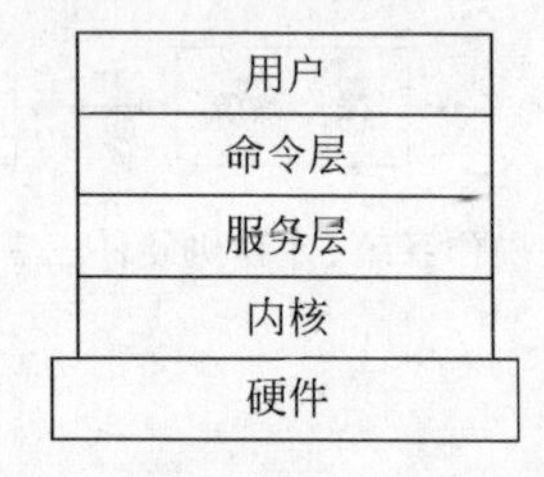

图 4.7　计算机系统中的分层结构

执行指令。之后再将处理结果回送到请求服务的程序。服务层是由众多程序组成,可以提供以下的服务。

- 访问 I/O 设备:将数据进行输入输出。
- 访问存储设备(内存或外存):读或写磁盘中的数据。
- 文件操作:打开(关)文件、读写文件。
- 特殊服务:窗口管理、通信网络和数据库访问等。

命令层提供用户接口界面,是操作系统中唯一直接与用户(应用程序)"打交道"的部分(如 UNIX 的 shell)。

用户是指应用程序。

4.3.2　计算机系统中操作系统的模块结构

模块结构是指在开发软件尤其是像计算机操作系统这类的大型软件时,由于其功能复杂、参加开发工作的人员众多,要做到每个人都能各负其责,有条不紊地完成开发任务,需要根据软件的大小、功能的强弱,结合参与开发人员等具体情况,把开发的软件按功能(任务)划分若干块(模块),分散开发,集中组合。图 4.8 给出了操作系统的模块结构示意图。

不管是层次结构还是模块化结构的操作系统,在整个计算机系统中,都可以用图 4.9 来说明其构造体系。

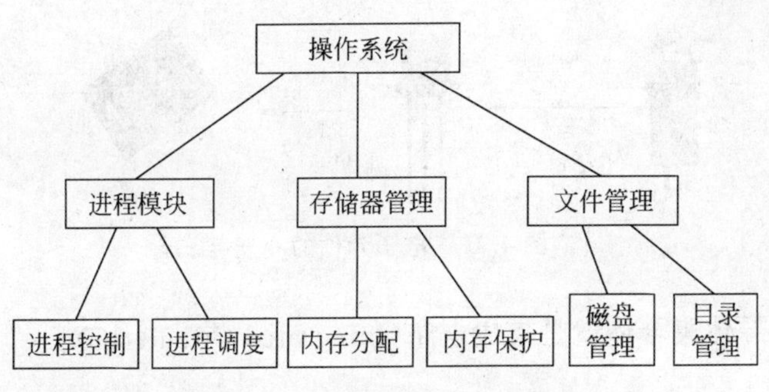

图 4.8　操作系统的模块化结构

高层：用户接口(命令、程序、图形接口)
中层：对对象实施操作和管理的软件集合
底层：操作系统的对象，包括 CPU、存储器、I/O、文件和作业(任务)

图 4.9　整个计算机系统的结构体系

通过图 4.9 可以看到，最底层实际上是操作系统控制和管理的计算机硬件、各类信息(文件)和需要运行的程序等部分。中间部分(中层)是指完成底层任务所需要的各类程序，这是一个庞大的软件体。

除了上面所讲的两部分外，还有用户的各类应用程序。那这些应用程序如何与操作系统的管理程序实现调用呢？这需要一个锲入点，就是平常所说的接口。在计算机系统中，这个接口是一个软接口，应该包括命令接口、程序接口和图形接口。应用程序是通过这些接口渗透到计算机系统的核心的。计算机系统中也有诸如显卡、网卡、磁盘适配卡等硬接口。

4.4　常用的几种操作系统

4.4.1　操作系统的发展过程

由于计算机硬件的不断发展，其功能越来越复杂。计算机硬件的构成部件已经经历了电子管、晶体管、小规模集成电路(SIC)、中大规模集成电路(LIC)时代，现在已经进入超大规模集成电路(VLSI)时代，图 4.10 展示了电子元件的变迁。管理计算机硬件的操作系统也同样经历了近 50 年的时间。从 20 世纪 50 年代的简单批处理操作系统，到 20 世纪 60 年代的多道程序批处理分时操作系统，到 20 世纪的 80 年代至 90 年代又有了用于 PC、多处理机和计算机网络的单用户/多任务/分时操作系统、多用户/多任务/分时操作系统(最为典型的有 Windows、UNIX)。

集成电路是 1958 年美国德州仪器公司利用照相技术把多个晶体管和电路蚀刻在一

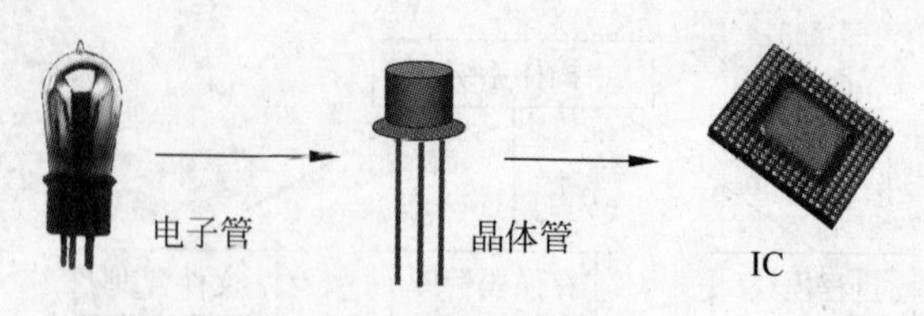

图 4.10 电子元件的变迁

块硅片上,这种半导体集合体就是集成电路(Integrated Circuit,IC)。

1. 简单批处理

用户将需要运行的程序交给操作计算机的工作人员,工作人员每次仅将其一道程序输入计算机运行,得到结果再交给用户。如果程序运行中出错,由于没有交互功能,用户不能在现场纠错,只好将出错的程序修改后再交给计算机运行……。其缺点是程序执行的周转时间较长,设备利用率非常低。

2. 多道批处理

随着计算机处理能力的增强,用户可以将多道程序交给计算机运行,得到结果再交给用户。如果程序运行中出错,由于多道批处理系统也没有交互功能,用户不能在现场纠错。其缺点是计算机系统利用率低,用户程序运行周转时间较长。

3. 单用户

单用户是指在计算机系统中,某一时间仅能供一个用户独占整个计算机系统资源。如果其他用户需要使用计算机系统,则只能待占用计算机系统资源的用户退出后方可使用计算机系统。这里的关键问题是计算机所配置的操作系统不支持多个用户同时使用计算机系统。

4. 多任务

多任务(也称为多程序)操作系统是一次并发执行一个用户的多个程序。

5. 多用户

在多用户环境中,多个用户使用同一台计算机主机。而多用户操作系统(如 UNIX)是一个非常复杂而庞大的软件,它同时为当前的所有用户提供所需的服务。多个要执行的用户程序都存放在内存中,好像这些程序在同时执行。但是,CPU 只有一个或少于内存中程序的个数,这样在某一时刻只有一个或少数的程序得到执行。在开发操作系统时,人们就考虑到 CPU 和外部设备速度的差异,当一个程序在运行中需要请求使用 I/O 设备时,让此程序等待 I/O 的操作,而 CPU 转去执行内存中别的程序。用户却不知道系统中程序的切换,感觉自己就是系统中唯一的用户。

6. 分时

分时操作系统是为解决人机“交互”而设计的,“交互”是指用户与计算机“对话”。它主要涉及多个用户共享同一台主机的 CPU 处理时间。分时系统给每个用户任务(程序的进程或线程)分配占用 CPU 的时间,以时间片为单位在多个任务之间快速切换,而时间片只是一个任务所需执行时间的一小部分。

4.4.2　操作系统的分类与基本特性

根据操作系统的功能,可分为单道批处理系统、多道批处理系统。

1. 单道批处理系统

20 世纪 50 年代,计算机硬件中还没有配置操作系统,计算机本身的功能非常弱,而且计算机系统很昂贵,为了能充分利用计算机,尽量减少计算机系统的空闲时间。人们就把一批要运行的程序存放在外存(磁带、磁鼓或磁卡)中,由系统中的监督程序(操作系统的雏形)控制外存中的程序逐个连续运行。其处理过程为,由监督程序把外存中的第一个程序调入内存,并把运行控制权交给该程序,直到该程序运行完成或出错时,又把运行控制权交回监督程序,再由监督程序把第二个程序调入内存进行运行。计算机系统就自动地完成这批程序的运行,直至外存中的程序处理完为止。由于系统对程序的处理是成批的进行,而内存又仅有一道作业(程序),早期就将此称为单道批处理系统。单道批处理系统的工作流程如图 4.11 所示。

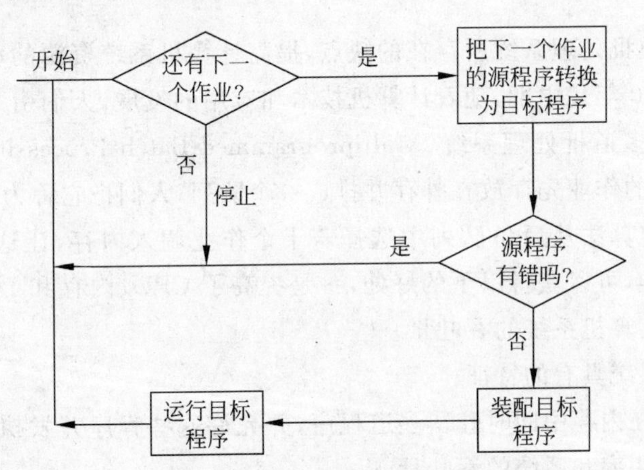

图 4.11　单道批处理系统的运行流程

单道批处理系统具有以下特征:

- 自动性:外存中的一批作业自动地逐个依次运行,无须操作人员干预。
- 顺序性:外存中的程序是按先后顺序调入和运行的。
- 单道性:内存中仅有一道程序在运行。

综上所述,我们看到在单道程序中,大多数内存仅调入单一的程序,仅仅一小部分内存用来安装操作系统。在这种配置下,整个程序被调入内存运行。待运行结束后,程序区域才由其他程序占用,图 4.12 和图 4.13 给出了占用内存和运行示意图。

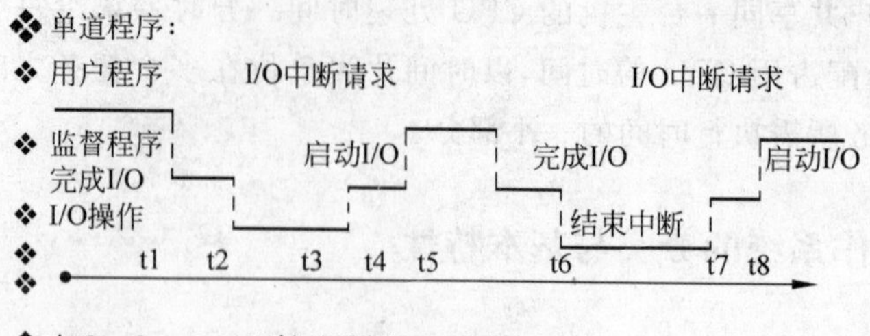

图 4.12 单道程序运行示意图

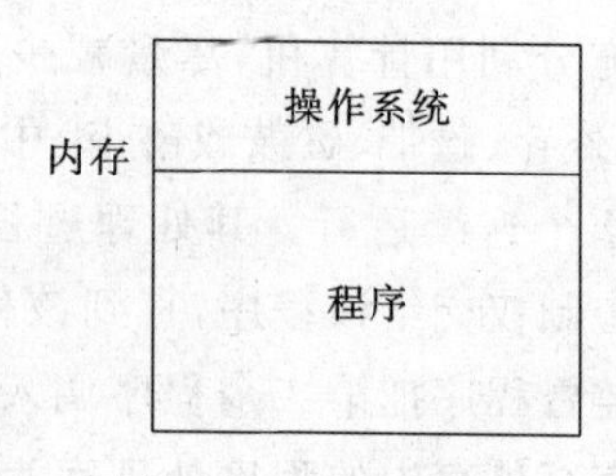

图 4.13 单道程序

2. 多道批处理系统

为了克服单道批处理系统所存在的缺点,提高计算机系统资源的利用率和系统的吞吐量,在 20 世纪 60 年代中期,随着计算机技术和应用的发展,人们引入了多道程序设计技术,从而形成了多道批处理系统(Multiprogrammed Batch Processing System)。在此系统中,用户提交的作业先存放在外存并排成一个队列,人们把它称为"后备队列";作业的调度程序按一定算法从后备队列中选择若干个作业调入内存,让这些作业共享 CPU 和其他资源。这样,可以获得以下的好处,一是提高了 CPU、内存和 I/O 设备的利用率,二是提高了整体计算机系统的吞吐量。

多道批处理系统具有的特征:

- 多道性。在内存中同时驻留多道程序,并允许这些程序并发执行,从而有效地提高资源利用率和系统的吞吐量。
- 无序性。作业的完成时间与其本身在内存存放的顺序没有严格的对应关系。
- 调度性。作业从提交给系统开始到运行完成,通常需要两次调度,首先是按一定算法从后备队列选择若干作业调入内存;其次是按进程调度算法,从内存选择一个具有运行条件的程序(进程),将 CPU 分配给程序并执行。

要协调好多个程序的运行,就必须解决好以下问题:

- CPU管理。将CPU分配某一程序运行后，何时回收CPU。
- 内存管理。由于是多道程序存放在内存，如何分配内存而不引起程序之间的相互重叠和数据的窜扰。
- I/O设备管理。由于是多个程序使用I/O设备，如何在有限的资源情况下满足用户的需求。
- 文件管理。多个程序会产生多个信息（文件），这些信息是归属各个用户的，如何区分、查找（检索），保证信息的完整性。
- 作业管理。多个作业间的衔接、如何区分作业的"轻重缓急"等。

图4.14和图4.15给出了多道程序的运行示意图。

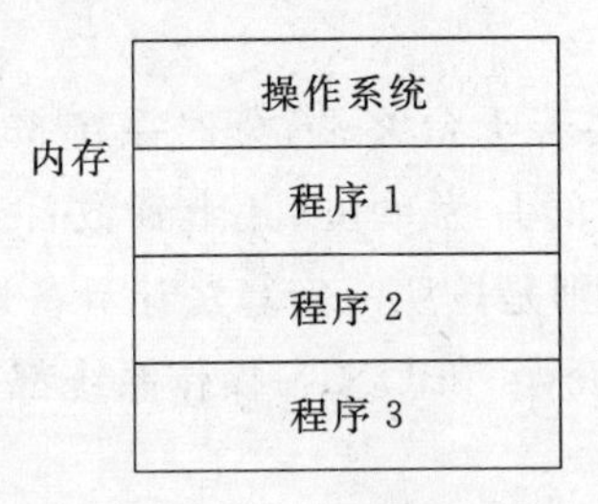

图4.14 多道程序

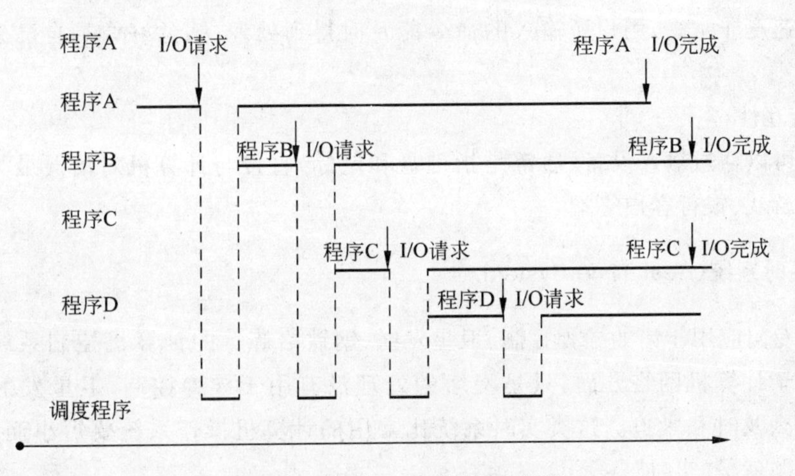

图4.15 多道程序运行的示意图

多道批处理系统是无人机交互能力的。如果在此基础上增加相关的软件就可以解决单（多）道程序批处理系统所存在的问题。这些软件应该包括：管理和控制CPU、存储器、I/O设备和文件以及调度作业运行等软件，这就是后面介绍的分时系统。

思考题：单道批处理系统与多道批处理系统的区别？

3. 分时系统

(1) 分时系统（Time Sharing System）的产生

提高资源利用率和系统吞吐量是推动多道程序批处理系统产生和发展的主要动力，

而用户的如下需求促进了分时系统的形成和发展：

① 人机交互

用户希望自己的程序能直接上机运行，如果运行中出错，可以通过输入界面（接口，如 PC 的键盘）对运行的程序边修改边运行，实现人机直接对话（交互）。

② 共享主机

在大型计算机系统的应用中，例如银行的业务处理（是由多个部门和众多人员同时进行而完成的），如果一个用户独占一台计算机既浪费又是不可能的（非常昂贵）。

综上所述，及时接收和处理各用户输入的命令或数据，是实现分时系统的关键。

(2) 分时系统的特征

① 多路性

允许一台主机上同时连接若干台终端，分时系统按照分时原则为每个用户提供服务。分时的长短是以系统的时间片为单位（几十到数百毫秒）。宏观上多个用户同时工作，共享系统资源；而微观上，则是按照一定算法让具备运行条件的用户（进程）运行一个时间片（现在广泛使用的 Windows 和 UNIX 操作系统都采用了分时技术）。

② 独立性

每个用户独占一个终端设备执行自己的程序，彼此间互不干预。由于大型系统的处理机运行速度非常高，用户所输入的命令能及时得到处理，感觉好像是自己独占一台计算机系统。

③ 交互性

用户可以通过输入设备（通常是指键盘和鼠标）直接与计算机对话。最为典型的应用是网络游戏、银行客户终端。

4. 实时系统（Real Time System）

是指专门应用于诸如导弹控制、卫星发射、钢铁冶炼等的计算机控制系统。分时系统也应用于计算机网络方面，只是网络的处理没有用于导弹控制、卫星发射等的计算机系统那么及时和紧迫。这类实时系统比常用的计算机操作系统要短小而精干，它最关键的问题就是“实时”。

实时操作系统贵在实时，要求在规定的时间内完成某种操作。主要用在工业控制中，实时操作系统中一般任务数是固定的，有硬实时和软实时之分。硬实时要求在规定的时间内必须完成操作，这是在操作系统设计时保证的；软实时则没有那么严格，只要按照任务的优先级，尽可能快地完成操作即可。通用的操作系统在经过一定改变之后就可以变成实时操作系统。

实时操作系统是保证在一定时间限制内完成特定功能的操作系统。例如，可以为确保生产在线的机器人能获取某个物体而设计一个操作系统。在硬实时操作系统中，如果不能在允许时间内完成使物体可达的计算，操作系统将因错误而结束。在软实时操作系统中，生产线仍然能继续工作，但产品的输出会因产品不能在允许时间内到达而减慢，这

使机器人有短暂的不生产现象。一些实时操作系统是为特定的应用设计的，另一些则是通用的。一些通用目的的操作系统被称为实时操作系统。但某种程度上，大部分通用目的的操作系统，如微软公司的 Windows NT 或 IBM 的 OS/390 有实时系统的特征。即使一个操作系统不是严格的实时系统，但也能解决一部分实时应用问题。

实时操作系统必须有以下特征：

- 多任务；
- 有线程优先级；
- 多种中断级别。

较小的嵌入式操作系统经常需要实时操作系统。内核要满足实时操作系统的要求。但其他部件，如设备驱动程序也同样需要，因此一个实时操作系统常比内核大。

实时系统对逻辑和时序的要求非常严格，如果逻辑和时序出现偏差将会引起严重后果。

软实时系统仅要求事件响应是实时的，并不要求限定某一任务必须在多长时间内完成；而在硬实时系统中，不仅要求任务响应要实时，而且要求在规定的时间内完成事件的处理。大多数实时系统是两者的结合。

事实上，没有一个绝对的数字可以说明什么是硬实时，什么是软实时，它们之间的界限十分模糊。这与选择什么样的 CPU，它的主频、内存等参数有一定的关系。另外，因为应用的场合对系统实时性能要求的不同而有不同的定义。因此，在现有的固定的软、硬件平台上，如何测试并找出决定系统实时性能的关键参数，并给出优化的措施和测试数据则是构成实时系统的关键。因为采用实时操作系统的意义就在于能够及时处理各种突发事件，即处理各种中断，因而衡量嵌入式实时操作系统的最主要、最具有代表性的性能指针参数无疑是中断响应时间。中断响应时间一般被定义为：

中断响应时间＝中断延迟时间＋保存 CPU 状态的时间＋该内核的 ISR 进入函数的执行时间

中断延迟时间＝MAX(关中断的最长时间，最长指令时间) ＋ 开始执行 ISR 的第一条指令的时间

5. 网络操作系统

网络操作系统是服务于计算机网络，按照网络体系结构的各种协议来完成网络的通信、资源共享、网络管理和安全管理的系统软件。

分布式操作系统是建立在网络操作系统之上，对用户屏蔽了系统资源的分布而形成的一个逻辑整体系统的操作系统。也将网络操作系统称为网络管理系统，它与传统的单机操作系统有所不同，它是建立在单机操作系统之上的一个开放式的软件系统，它面对的是各种不同的计算机系统的互连操作，以及单机操作系统之间的资源共享、用户操作协调和与单机操作系统的交互。分布式操作系统能够将多个网络用户(甚至是全球远程的网络用户)的计算机通过网络连接在一起，可以获得极高的运算能力及广泛的数据

共享，这种系统被称为分布式系统。

我们将地理位置不同，具有独立功能的多个计算机系统，通过通信设备和线路互相连接，使用功能完整的网络软件来实现网络资源共享的系统，称为计算机网络。换句话说，计算机网络既可以用通信线路将几台计算机系统连成简单的网络，实现信息的收集、分配、传输和处理，也可以将成千上万的计算机系统和数千公里乃至数万公里的通信线路连接成全国或全球的计算机网络。按照网络覆盖的地区不同，可把计算机网分成局域网(LAN)、广域网(WAN)、都市网(MAN)以及网间网(Internet)等。

(1) 网络操作系统的功能

随着计算机网络的广泛应用，网络操作系统的功能也不断增强。除了必备的数据通信和资源共享基本功能外，还具有网络管理功能、应用互操作功能和实现网络开放性的功能等。

① 数据通信功能

在现代网络系统中，实现对等实体的通信，网络操作系统应具备以下的几个基本功能：

建立和拆除连接。在计算机网络中，为了使源主机与目标主机进行通信，应首先在两主机之间建立连接，以便通信双方能利用该连接进行数据传输。在通信结束或发生异常情况时，拆除已建立的连接。

控制数据的传输。为了使用户数据能在网络中正常地传输，必须为数据添加如目标主机地址、源主机地址等路由信息，这些信息称为报文头。网络根据报文头中的信息来控制报文的传输。对传输的数据控制功能还应包括对传输过程中所出现的各种异常情况的及时处理。

检测差错。数据在传输中，会出现差错。因而网络中就必须有差错检测控制设施来完成如下的任务。

- 检测差错：发现数据在传输过程中出现的差错并纠正错误。
- 控制流量：控制源主机发送数据(报文)的速度，使之与目标主机接收数据的速度相匹配，以保证目标主机能及时地接收和处理所到达的报文。否则可能使接收方缓冲区空间全部用完，造成所接收的数据丢失。
- 路由选择：在公用数据网络中，由源站到目标站之间，通常有许多条路由。报文(或是报文的一部分，称为分组)在网络中传输时，每到一个分组交换设备(PSE)，该结点中的路由控制机制就按照一定算法(如传输路径最短、传输延迟时间最短或费用最低等)，为被传输的信息提供一条最佳的传输路由。
- 多任务：为了提高传输线路的利用率，在通信系统中，都采用了多任务技术。所谓多任务是将一条物理链路虚拟为多条虚电路，把每一条虚电路提供给一个“用户对”进行通信，就可允许多个“用户对”多任务在一条物理链路来进行数据的传输。

② 资源共享功能

在计算机网络中，可供用户共享的资源有很多，如文件、数据和各类硬件资源。当前可采用数据迁移和计算迁移这两种方式实现对文件和数据的共享。

• 数据迁移(Data Migration)方式

假设系统 1 中的用户希望访问系统 2 中的数据,可以采用以下两种方法来实现数据的传递。

第一种方法是将系统 2 中的指定文件送到系统 1。以后只要是系统 1 中的用户要访问该文件,都可以实现本地访问。当用户不再需要此文件时,如果该文件已经被修改,则需要将已经被修改过的文件复制送回到系统 2。如果该文件在系统 1 中没有被修改,则不必将此文件回送到系统 2。如果系统 1 中的用户仅须对系统 2 中某一大文件进行很少部分的修改,采用这种方法时,仍须来回传送整个文件,这显然是非常低效的。

第二种方法是把文件中用户需要的那一部分从系统 2 传送到系统 1。如果以后用户又需要该文件的另一部分,仍可继续将另一部分从系统 2 传到系统 1。当系统 1 用户不需要该文件时,也只需把已经修改的部分回传给系统 2。这种方法类似于内存管理中的请求调段方式。SUN Micro System 的网络文件系统(NFS)协议就采用了此方法。

上述两种方法各有利弊。对于用户只访问一个大文件的很小一部分时,采用第二种方法较为有效。如果是要访问一个大文件中的大部分内容,则第一种方法更有效。

• 计算迁移(Computation Migration)方式

在某些情况下,传送计算要比传送数据更有效。例如,一个程序需要访问多个驻留在不同系统中的大文件,以获得这些文件的内容,此时若采用数据迁移的方式,则需要将驻留在不同系统中的所需文件传送到驻留程序的系统中。这样要传送的数据量是相当大的。如果采用计算迁移方式,则只需分别向各个驻留了所需大文件的系统发送一条远程命令,由各个系统将结果返回。此时,经过网络所传的数据量非常小。

一般情况下,如果传输数据所需的时间大于远程命令的执行时间,则采用计算迁移的方式;反之,则数据迁移方式更有效。

③ 网络管理功能

当网络用户达到一定的规模时,如何管好和用好网络则显得尤为重要。为此,在网络中引入了网络管理功能。其目的是在于最大限度地增加网络的可用时间,提高网络设备的利用率,改善网络的服务质量和保障网络的安全性。

• 网络管理的目标

一是增强网络的可用性。通过预测手段,及时检测出网络设备和线路的故障,并迅速采取措施修复故障,减少网络中断时间;采取冗余措施,为关键设备和线路配置冗余的设备/线路,以备一旦网络发生故障,冗余的设备/线路可及时工作。二是提高网络的运行质量。随着网络规模的扩大和用户的不断增多,容易造成网络中各计算机系统的负荷不均和线路信息流量不均的状况,这样使整个网络的吞吐量大为降低。为了提高网络的运行质量,应该随时监控网络设备的运行情况和各线路的信息流量,以便及时发现问题并进行调整。三是提高网络资源的利用率。就是通过加强对网络系统的监控,及时而准确地掌握网络设备和线路的利用情况，为调整和扩建网络系统做到"有的放矢"。四是保障网络数据的安全性。采用严格的用户管理(如用户登录、口令)制度和数据加密措施，为网络系统和用户提供安全、可靠和保密的运行环境。五是提高网络的社会效益和经济效益。

• 网络管理的功能

网络管理功能涉及网络资源和运行的规划、组织监控等。国际标准化组织(ISO)为网络的管理定义了差错、配置、性能、计费和安全五大管理功能。

在配置管理中，主要涉及定义、收集、监视和控制以及使用配置数据。配置数据包括网络中重要资源的静态和动态信息，这些数据被广泛应用。网络管理中应该允许网络管理人员能生成、查询和修改软硬件的运行参数和条件，以保证网络的正常运行。

故障管理就是通过故障检测手段及时发现故障并通过其现象进行跟踪、诊断和测试来维护网络，同时做好网络运行日志的登记。

性能管理是收集网络的运行方面的数据来分析诸如网络的响应时间、网络的吞吐量和网络的阻塞情况和网络运行趋势，从而把网络的性能控制在用户能接受的范围。

计费管理是记录用户使用网络资源的种类、数量和时间，合理地计算用户的上网费用。具体功能有搜集计费记录、计算用户账单、网络经济预算、检查资费变更情况和分配网络运行成本等。

安全管理即根据安全运行策略来实现对受限资源的访问。在安全管理中涉及技术和方法有认证技术、访问控制技术、数据加密技术、密钥分配和管理、安全日志的维护和检查、审计和跟踪及防火墙技术等。

• 应用互操作功能

为了实现更大范围的数据通信和资源共享，可以将若干个不同的网络互连成一个覆盖面非常广的互连网络。由于各个网络所采用的网络通信协议的不同，因此需要解决网络的互通问题，主要涉及两个方面问题：一是信息的"互通性"。所谓信息"互通性"就是指不同的网络结点之间可以实现通信。例如当今在网络中利用TCP/IP协议来实现网络信息的互通。二是信息的"互用性"。就是指一个网络的用户可以去访问另一个网络中文件系统的文件。例如TCP/IP协议和SUN公司的网络文件协议NFS(Network File System)。信息的"互用性"还应该解决在不同的网络数据库中实现数据的共享。

除了上述内容外，网络操作系统为用户提供的服务应该包括电子邮件服务、文件传输服务和目录服务等。

6. 分布式操作系统

分布式操作系统是建立在网络操作系统之上，对用户屏蔽了系统资源的分布而形成的一个逻辑整体系统的操作系统。分布式操作系统是分布式软件系统(Distributed Software Systems)的重要组成部分。分布式软件系统是支持分布式处理的软件系统。分布式软件系统包括分布式操作系统、分布式程序设计语言及其编译(解释)系统、分布

式文件系统和分布式数据库系统等。分布式软件系统(Distributed Software Systems)是支持分布式处理的软件系统,是在由通信网路互联的多处理机体系结构上执行任务的系统。

分布式操作系统负责管理分布式处理系统资源和控制分布式程序运行。与集中式操作系统的区别在于资源管理、进程通信和系统结构等方面。

(1) 分布式程序设计语言

分布式程序设计语言用于编写运行于分布式计算机系统上的分布式程序。一个分布式程序由若干个可以独立执行的程序模块组成,它们分布于一个分布式处理系统的多台计算机上被同时执行。它与集中式的程序设计语言相比有三个特点:分布性、通信性和稳健性。

分布式文件系统具有执行远程文件存取的能力,并以透明方式对分布在网络上的文件进行管理和存取。

(2) 分布式数据库

分布式数据库系统由分布于多个计算机结点上的若干个数据库系统组成,它提供有效的存取手段来操纵这些结点上的子数据库。分布式数据库在使用上可视为一个完整的数据库,而实际上它是分布在地理分散的各个结点上。当然,分布在各个结点上的子数据库在逻辑上是相关的。

分布式数据库系统是由若干个站集合而成。这些站又称为结点,它们在通信网络中连接在一起,每个结点都是一个独立的数据库系统,它们都拥有各自的数据库、中央处理机、终端,以及各自的局部数据库管理系统。因此分布式数据库系统可以看做是一系列集中式数据库系统的集合。它们在逻辑上属于同一系统,而在物理结构上是分布式的。

(3) 分布式操作系统的应用发展

分布式数据库系统已经成为信息处理学科的重要领域,正在迅速发展之中,原因基于以下几点:

- 它可以解决组织机构分散而数据需要相互联系的问题。比如银行系统,总行与各分行处于不同的城市或城市中的各个地区,在业务上它们需要处理各自的数据,又需要彼此之间的交换和处理数据,这就需要分布式的系统。
- 如果一个组织机构需要增加新的相对自主的组织单位来扩充机构,则分布式数据库系统可以在对当前机构影响最小的情况下进行扩充。
- 均衡负载的需要。数据的分解采用使局部应用达到最大,这使得各处理机之间的相互干扰降到最低。负载在各处理机之间分担,可以避免临界瓶颈。
- 当现有机构中已存在几个数据库系统,而且实现全局应用的必要性增加时,就可以由这些数据库自下而上构成分布式数据库系统。
- 相等规模的分布式数据库系统在出现故障的几率上不会比集中式数据库系统低,但由于其故障的影响仅限于局部数据应用,因此就整个系统来讲它的可靠性是比较高的。

分布式系统的类型，大致可以归为三类：

- 分布式数据，只有一个总的数据库，没有局部数据库。
- 分层式处理，每一层都有自己的数据库。
- 充分分散的分布式网络，没有中央控制部分，各结点之间的连接方式可以有多种，如松散的连接、紧密的连接、动态的连接、广播通知式连接等。

分布式系统实际上是一种计算机硬件的配置方式和相应的功能配置方式。它是一种多处理器的计算机系统，各处理器通过互连网络构成统一的系统。系统采用分布式计算结构，即把原来系统内中央处理器处理的任务分散给相应的处理器，实现不同功能的各个处理器相互协调，共享系统的外设与软件。加快了系统的处理速度，简化了主机的逻辑结构。

(4) 分布式操作系统的特点

- 在分布式数据库系统里不强调集中控制概念，它具有一个以全局数据库管理员为基础的分层控制结构，但是每个局部数据库管理员都具有高度的自主权。
- 在分布式数据库系统中数据独立性概念也同样重要，然而增加了一个新的概念，就是分布式透明性。所谓分布式透明性是在编写程序时好像数据没有被分布一样，因此把数据进行转移不会影响程序的正确性。但程序的执行速度会有所降低。
- 与集中式数据库系统不同，数据冗余在分布式系统中被看做是做需要的特性，其原因在于，首先在需要的结点复制资料，则可以提高局部的应用性。其次，当某结点发生故障时，可以操作其他结点上的复制资料，因此这可以增加系统的有效性。当然，在分布式系统中对最佳冗余度的评价是很复杂的。

7. 嵌入式操作系统

嵌入式操作系统(Embedded Operating System，EOS)是一种用途广泛的系统软件。过去主要应用于工业控制和国防系统领域。EOS负责嵌入系统的全部软、硬件资源的分配、调度工作，控制协调并发活动。EOS必须体现其所在系统的特征，能够通过装卸某些模块来达到系统所要求的功能。目前，已推出一些应用比较成功的EOS产品系列。随着Internet技术的发展、信息家电的普及应用和EOS的微型化、专业化，EOS开始从单一的弱功能向高专业化的强功能方向发展。嵌入式操作系统在系统实时高效性、硬件的相关依赖性、软件固态化以及应用的专业性等方面具有较为突出的特点。

EOS是相对于一般操作系统而言的，它除具备了一般操作系统最基本的功能，如任务调度、同步机制、中断处理、文件功能等外，还有以下特点：

- 可装卸性。开放性、可伸缩性的体系结构。
- 强实时性。EOS实时性一般较强，可用于各种设备控制当中。
- 统一的接口。提供各种设备驱动接口。
- 操作方便、简单、提供友好的图形GUI，图形接口，追求易学易用。

- 提供强大的网络功能，支持TCP/IP协议及其他协议，提供TCP/UDP/IP/PPP协议支持及统一的MAC访问层接口，为各种移动计算设备预留接口。
- 强稳定性，弱交互性。嵌入式系统一旦开始运行就不需要用户过多的干预，这就要负责系统管理的EOS具有较强的稳定性。嵌入式操作系统的用户接口一般不提供操作命令，它通过系统调用命令向用户程序提供服务。
- 固化代码。在嵌入系统中，嵌入式操作系统和应用软件被固化在嵌入式系统计算机的ROM中。辅助内存在嵌入式系统中很少使用，因此，嵌入式操作系统的文件管理功能应该能够很容易地拆卸，而用各种内存文件系统。
- 更好的硬件适应性，也就是良好的移植性。

国际上用于信息电器的嵌入式操作系统有40种左右。现在，市场上非常流行的EOS产品，包括3Com公司下属子公司的Palm OS，全球占有份额达50%，微软公司的Windows CE占29%。在美国市场Palm OS更以80%的占有率远超Windows CE。开放源代码的Linux很适于做信息家电的开发。

常见的嵌入式系统有Linux、uClinux、Windows CE、Palm OS、Symbian、eCos、uCOS-Ⅱ、VxWorks、pSOS、Nucleus、ThreadX、Rtems、QNX、INTEGRITY、OSE。

嵌入式操作系统与嵌入式系统密不可分。嵌入式系统主要由嵌入式微处理器、外围硬设备、嵌入式操作系统以及用户的应用程序等四个部分组成，它是集软硬件于一体的可独立工作的"器件"。

嵌入式技术的发展，大致经历了四个阶段。

第一阶段是以单芯片为核心的可编程控制器形式的系统，同时具有与监测、伺服、指示设备相配合的功能。这种系统大部分应用于一些专业性极强的工业控制系统中，一般没有操作系统的支持，通过汇编语言编程对系统进行直接控制，运行结束后清除内存。

第二阶段是以嵌入式CPU为基础、以简单操作系统为核心的嵌入式系统。这一阶段的操作系统具有一定的兼容性和扩展性，但用户接口不够友好。

第三阶段是以嵌入式操作系统为标志的嵌入式系统。这一阶段系统的主要特点是：嵌入式操作系统能运行于各种不同类型的微处理器上，兼容性好；操作系统内核精小、效率高，并且具有高度的模块化和扩展性；具备文件和目录管理、设备支持、多任务、网络支持、图形窗口以及用户接口等功能；具有大量的应用程序接口(API)，开发应用程序简单；嵌入式应用软件丰富。

第四阶段是以基于Internet为标志的嵌入式系统，这是一个正在迅速发展的阶段。目前大多数嵌入式系统还孤立于Internet之外，但随着Internet的发展以及Internet技术与信息家电、工业控制技术等结合日益密切，嵌入式设备与Internet的结合将代表着嵌入式技术的真正未来。

8. 操作系统的基本特性

前面介绍了批处理、分时和实时系统的特征，如批处理系统具有成批处理作业的特征,分时系统则具有人机交互特征,而实时系统具有实时处理的特征。这些系统也都具有并发、共享、虚拟和异步的基本特征。其中,并发特征是最重要的特征,其余三个特征是以并发为前提而体现的。

(1) 并发(Concurrence)

我们在讲某一问题时可能会遇到"并发性"和"并行性",它们有什么意思?又有什么不同?

"并发性"和"并行性"其含义有相似之处而又有所区别。

"并发性"是指两个或多个事件在同一时间间隔内发生,而"并行性"是指两个或多个事件在同一时间发生。

在多道程序环境下,并发性是指在一段时间内,宏观上有多个程序在同时运行,在单CPU的运行环境中,每一时刻仅有一个程序在执行。因此,微观上来讲内存的各个程序是分时交替执行。如果计算机系统中有多个CPU,这些存放在内存中的可以并发执行的程序则分配到多个CPU上实现并行运行。有多少个CPU就有多少个程序在同时执行。

由于程序可以打印输出,也可以存储在磁介质上,所以是静态实体,是不可以并发执行的。怎样使多程序能并发执行?简单地说,系统把需要运行程序的一部分调入内存,并给其分配必要的系统资源,做好运行前的一切准备。这个过程就是为每个程序建立进程(Process)。程序是以进程为单位在CPU中运行,系统也是以进程为单位给其分配所需资源。进程是由一组机器指令、数据、堆栈和数据结构(表格)等组成,是活动实体。进程是某正在执行程序(作业)的一部分(可能是极小一部分)。图4.16给出了进程的组成示意图。

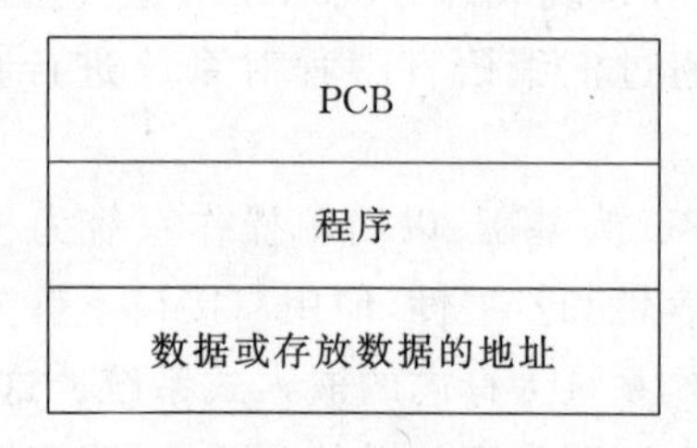

图4.16 进程的组成

那么操作系统为什么要以"进程"为单位来控制和管理程序的运行?是为了使多个程序能并发执行。并发执行使操作系统变得非常复杂。因为,操作系统需要增加多个完成控制和管理的功能模块,分别用于CPU、内存、I/O设备和文件系统等资源的管理,并控制系统中程序的运行。

20世纪80年代,计算机专家又提出了比进程更小运行单位"线程"。一个进程可以包含多个线程。在引入线程的系统中,进程是作为分配资源的基本单位,而线程则是独立运行的基本单位。由于线程比进程小,基本上不拥有系统资源,所以线程运行比进程更轻松(切换迅速)。现在应用的操作系统都引入了线程。

PCB是进程控制块的英文缩写,是记录每个进程相关信息(例如进程标识符、所需要的系统资源、优先级等)的数据结构。

(2) 共享(Shering)

共享是指内存的多个并发执行的进程(线程)可以共同使用计算机系统的资源。由于资源属性的不同,进程(线程)对资源的共享方式也不同。通常有如下两种资源共享方式:

① 互斥共享方式

计算机系统中的诸如打印机、磁带机等资源,虽然可以提供给多个进程(线程)共享,由于该设备的属性所决定(对其调度和使用只能是排队等方式),在一段时间内只允许一个进程(线程)使用该资源。例如,当一个进程 A 要访问某资源时,它必须先提出请求,如果此时该资源空闲,操作系统便将此资源分配给进程 A 使用,此时如果再有进程需要访问该资源(只要进程 A 还占用该资源)就必须等待。只有当进程 A 释放了该资源后,才允许另一进程对该资源进行访问。这种访问方式就是排他性的,所以称为互斥共享方式。在计算机系统中,诸如打印机、磁盘在进行写操作时都是独占的。通常把这类资源称为临界资源。

② 同时访问方式

计算机系统中诸如磁盘等设备就允许在同一时间内由多个进程(线程)"同时"对其进行访问。当然,这里所讲的"同时"是从宏观上讲,而微观(实际)上这些进程的操作则是交替进行的。

并发和共享是操作系统中最为重要的两个特征,是互为存在的条件。一方面,资源共享是以程序的并发为条件的。若系统不允许程序并发执行,就不会有资源共享的问题。另一方面,如果系统不能对资源共享实施有效的控制和管理,这将直接影响程序的并发执行的程度,甚至无法执行。

(3) 虚拟(Virtual)

在计算机系统中的"虚拟"就是通过某种技术把一个物理实体变为若干个逻辑上的对应物。物理实体是实际存在的,而逻辑对应物则是虚拟的,是用户感觉上的东西。通常这种用于实现虚拟功能的技术称为虚拟技术。现代计算机系统中使用了多种虚拟技术,分别用来实现虚拟处理机、虚拟存储器、虚拟外部设备和虚拟信道等。

在虚拟处理机技术中,就是通过多道程序设计技术,让多道程序并发执行来分时使用一台(物理)处理机。这台处理机的处理速度应该是非常快,其功能特别强,各用户终端在执行自己的进程(程序)时,总感觉自己是独占计算机系统一样。

虚拟存储器就是通过某种技术,把有限的内存容量变得无限的大,用户在运行远大于实际内存容量的程序时,不会发生"内存不够"的错误。用户所运行的程序大小与实际内存容量无关。

虚拟设备是通过虚拟技术把一台物理 I/O 设备虚拟为多台逻辑上的 I/O 设备供多个用户使用,每个用户可以占用一台逻辑上的 I/O 设备,实现 I/O 设备的共享。

(4) 异步性

现代的操作系统中,是按照一定的规则(算法)把 CPU 分配给具备运行条件的进程的，进程的执行时间和执行的速度是各自不同的。进程是以人们不可预知的速度向前推进的，这就是进程的异步性。

通过以上阐述，说明了操作系统在计算机系统的重要位置，没有操作系统，计算机硬件就不能充分发挥作用，用户也不能随心所欲地操作计算机系统。所以说操作系统是裸机上的第一层软件，它是对硬件系统功能的首次扩充，填补人与机器之间的鸿沟。

4.4.3 DOS 操作系统

DOS(Disk Operation System)的含义就是磁盘操作系统。DOS 操作系统是由 Seattle Computer 公司起源，微软公司取得其专利后，改名为 MS-DOS，并与 IBM 公司联合对 DOS 操作系统的功能进行了扩充。由于 DOS 是广泛运行在 IBM PC 及其兼容机上的单用户操作系统，所以又称为 PC-DOS。

在 20 世纪 80 年代初，IBM 公司开发了 IBM PC。为了使该机能投入应用，占领微机市场，曾多方考察选择配给该机的操作系统。1980 年 11 月，IBM 公司和微软公司正式签约，今后的 IBM PC 均配备 DOS 操作系统作为该机的标准操作系统。由于 IBM PC 大获成功，当时 IBM PC 约占微机市场的 80%左右，人们都以拥有正牌的 IBM PC 而荣耀。微软公司也随之得到飞跃发展，MS-DOS 从此成为个人计算机操作系统的王牌和代名词。

为了适应计算机硬件和用户应用以及占领市场的需要，微软公司的 DOS 操作系统版本基本上是一年或更短时间就更新一次。

MS-DOS 操作系统的最早版本是 1981 年 8 月推出的 DOS V1.0 版，几经修改和扩充，从 DOS V2.0、DOS V2.2 到 1993 年 6 月推出的 DOS V6.0 版。微软公司推出的最后一个 MS-DOS 操作系统是 DOS V6.22，以后不再推出新的 DOS 操作系统版本。自 DOS V4.0 版本开始具有多任务处理功能。DOS 操作系统也由原来不支持中文逐步扩充为具有丰富的系统功能和应用软件，为人们迈进广泛的计算机应用领域和信息社会提供了极大的帮助。

由于 DOS 操作系统所具备的功能不能满足人们的应用需求和微型计算机发展的进程。例如 DOS 操作系统对内存的空间大小有限制，它只能寻址 1MB 的内存空间。它又把这 1MB 的内存空间分为两部分：0～640KB 的基本内存，640KB～1MB 的高端扩展内存，如图 4.17 所示。

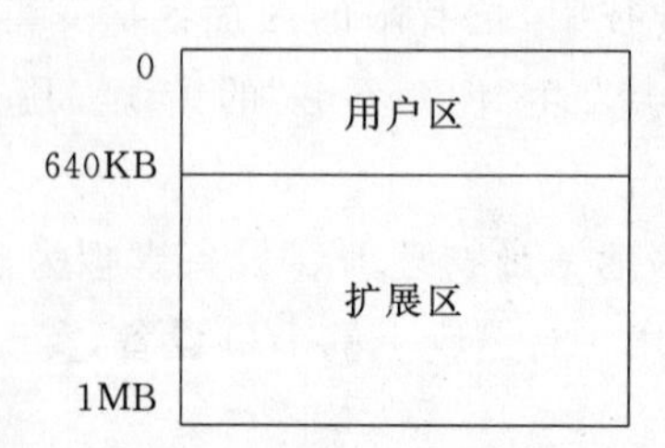

图 4.17 DOS 操作系统环境的内存划分

通常,在DOS操作系统中从0～640KB的低地址部分用于安装操作系统(最初的DOS操作系统约几十KB),所以这部分也称为系统区。余下的部分称为用户区,用于存放用户程序。

在DOS的发展后期,操作系统除了驻留在低端内存以外,还可以利用扩展内存来存放系统的数据文件、驱动程序和库文件等,但用户不能对扩展存储器中的内容进行修改。

用户区则是用户程序所使用的区域,该区存放用户的程序和数据,用户程序不得大于640KB。这样就使大于640KB的用户程序不能在此环境下运行。用户区内只能存放一个用户程序,故当初的DOS操作系统只支持单道程序。

1. DOS操作系统的命令

由于DOS操作系统基本上不支持鼠标,所以该系统提供了如图4.18所示的命令供用户通过键盘输入来操作计算机系统。

命令功能	DOS操作系统命令
显示文件列表	dir/w dir
显示文件内容	type
显示文件与暂停	type filename
复制文件	copy
在文件中查找字符串	find
比较文件	comp
重命名文件	rename OR ren
删除文件	erase OR del
删除目录	rmdir OR rd
改变文件访问权限	attrib
创建目录	mkdir OR md
改变工作目录	chdir OR cd
获取帮助	help
显示日期和时间	date,time
显示磁盘剩余空间	chkdsk
打印文件	print

图4.18 DOS操作系统的基本命令

2. DOS操作系统的文件

人们把存放在磁盘上的各种信息统称为文件。在一台计算机中有用户文件和操作系统文件,而管理这些文件的文件就被称为“文件系统”。文件系统是管理文件的文件和被管理的文件的集合。

在DOS操作系统中,把文件分成若干类型。

(1) 文件名

文件名可以是ASCII、阿拉伯数字或符号,由这些字符组成文件名。其长度最多不超过11个字符。其中又分为:文件名前缀最多为8个字符,后缀(扩展名)最多为3个字

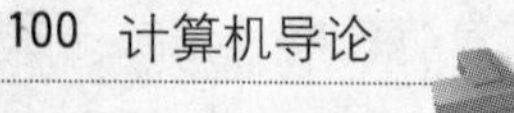

符。文件名前缀与后缀间用一小数点分隔,如 myfile. txt。

(2) 文件的类型

DOS 操作系统中,以文件的后缀来区分文件的类型。例如,myfile. txt 说明此文件是一个文本文件。如果文件名为 command. com,说明此文件是一个命令文件。Myfile. c 这是一个 C 语言编写的源程序。DOS 操作系统中有数十种类型的文件。

(3) 说明

在 DOS 操作系统中,文件名的组成是有限制的。用户不能在文件名中出现诸如"+"、"-"、"*"、"/"和括号字符等。这些符号已经在操作系统中给予了定义。

4.4.4 Windows 操作系统

微软公司是 1975 年成立,最初只有一个 BASIC 程序,而员工仅有比尔·盖茨、保罗·艾伦两人。该公司所开发的操作系统包括 MS-DOS、Windows 3. 0、Windows 95、Windows XP、Windows Vista、Windows 7 等,同时也开发了编译程序、数据库系统和办公自动化应用软件等。Windows 操作系统是微软公司从 1985 年开始开发的一系列窗口操作系统,它包括了个人(家用)、商用和嵌入式 3 条产品线,如图 4. 19 所示。

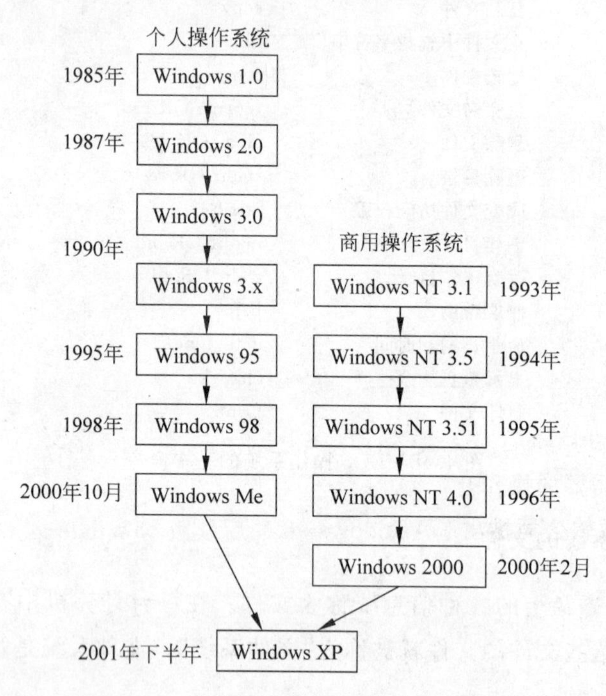

图 4. 19 Windows 操作系统产品线示意图

个人操作系统包括 Windows Me、Windows 3. 0、Windows 95/98 等,主要运行于个人计算机上。商用操作系统 Windows 2000 和 Windows NT 主要运行在服务器和工作站上。嵌入式操作系统有 Windows CE 和手机用操作系统 Stinger 等。微软公司以

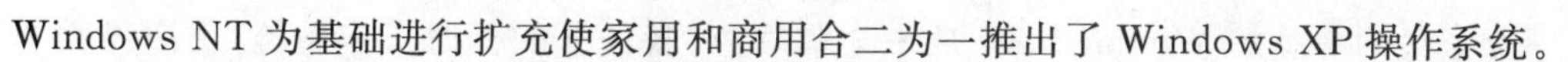

Windows NT 为基础进行扩充使家用和商用合二为一推出了 Windows XP 操作系统。

微软公司从 1983 年开始研制 Windows 操作系统。当时，IBM PC 已经进入市场两年了，微软公司开发的 DOS 操作系统和编程语言 BASIC 随 IBM PC 捆绑销售，取得了很大的成功。Windows 操作系统最初的研制目标是在 DOS 的基础上提供一个多任务的图形用户界面。

而第一个取得成功的图形用户界面操作系统则是 Windows 操作系统的模仿对象，苹果公司于 1984 年推出的 Mac 操作系统(此操作系统运行在苹果公司的 Macintosh 个人计算机环境上)，当时 Macintosh 个人计算机和 Mac 操作系统已风靡美国多年，是 IBM PC 和 DOS 操作系统在市场上的主要竞争对手。当年苹果公司曾对 IBM PC 所配置的 Windows 操作系统不屑一顾，并大力抨击微软公司抄袭 Mac 操作系统的外观和灵感。

由于苹果公司和 Mac 是封闭式体系(硬件接口不公开、操作系统源代码不公开等)，而 IBM PC 和 MS-DOS 是开放式体系(硬件接口公开、允许并支持第三方做兼容机、操作系统源代码公开等)。这个关键的区别，使 IBM PC 后来者居上，销量大大地超过了苹果机，并使得配备在 IBM PC 的 Windows 操作系统的普及率远远地超过了苹果公司的 Mac 操作系统，这样使 Windows 操作系统从此成为个人计算机市场的主导操作系统。

微软公司的 Windows 操作系统个人产品线是在 DOS 的基础上发展而来的。主要有影响的 Windows 操作系统版本有 Windows 3.0 和 Windows 95。Windows 3.0 操作系统大量的全新特性以绝对优势的商业成功确定了 Windows 操作系统在 PC 领域的垄断地位，Windows 95 上市后更是风靡世界。

Windows 3.1 及以前的版本均为 16 位系统，不能充分利用和发挥 CPU 等硬件的功能，同时还与 DOS 共同管理计算机系统的硬件资源，依赖 DOS 管理文件系统，且只能运行在 DOS 环境下，因而 Windows 3.1 及以前的版本不能算是完整的操作系统。

Windows 95 操作系统则重写了操作系统内核，不再基于 DOS 系统，特别增加了多任务，用户可以同时运行多个程序，并提供了网络和多媒体功能，同时也简化了用户操作。从 Windows 3.2 版本后支持鼠标，以菜单形式提供各种命令，用户只需用鼠标单击或双击就能完成所需要的操作。

2000 年 9 月，微软公司推出了 Windows 98 的后续版本 Windows Me(称为视窗千禧版——Microsoft Windows Millennium Edition)，与 Windows 98 比较，没有本质的改进，只是扩展了功能，增加了一驱动程序。微软公司把个人操作系统 Windows Me 与商用操作系统 Windows 2000 合二为一，推出 Windows XP 操作系统。

操作系统在推出之前都是通过严格的测试，发行时功能齐全、性能完善。但使用了一段时间后，发现了值得改进和完善的地方，怎么办？由于用户分布在全球五大洲，微软公司利用 Internet 的强大功能，把修改后的补丁程序放在网络上，用户通过下载而得到自己需要的软件。当然，补丁多了就像衣服一样既影响结构又影响美观，所以，微软公司基本上是两年半左右推出一个新的 Windows 操作系统版本。

大家最为熟悉的 Windows XP 是一个单用户、多任务的分时操作系统,用户界面非常友好,功能齐全而完善。从游戏、办公软件到上网等,能充分满足各类用户的需要。例如,Windows XP 支持大内存空间,把内存大小最低限制为 64MB(该操作系统本身就需要较大的内存空间)。内存被划分 4KB 大小的块(也称为"页")。用户编程的最大逻辑地址空间可以高达 4GB(内存地址空间的大小,主要取决于计算机系统的地址总线的多少。例如,Pentium 处理器具有 36 位地址线,可寻址的物理地址空间高达 36GB)。

由于 Windows XP 具备虚拟存储管理功能,运行时只调入该程序的一部分即可在计算机内运行。内存可以存放多个用户程序(任务)的页面,所以 Windows XP 同时运行多个任务,故称其为单用户、多任务、分时操作系统。

Windows XP 操作系统是以图标和菜单的形式呈现在用户面前,人们可以通过鼠标来操作计算机系统。把复杂而繁琐的计算机操作及各类命令的输入变成了简单、直观、易懂的单击或双击鼠标的动作。

Windows 操作系统中对文件的管理基本上还是沿用 DOS 操作系统的结构和定义,对文件名的长度没有硬性限制,文件名前缀可以超过 8 个字符。

4.4.5 UNIX 操作系统

UNIX 系统是一种多用户、多任务和分时的计算机操作系统。是当今世界应用最广泛和深入的大型计算机系统软件。它有很多版本。这里所讲解的内容是以 AT&T 贝尔实验室、加利福尼亚大学伯克利分校开发的 BSD 版本为基础。

1. UNIX 操作系统概述

(1) UNIX 操作系统的发展过程

1969 年美国 AT&T(电报电话公司)贝尔实验室的两位研究人员 Ken Thompson 和 Dennis Ritchie 开始开发 UNIX 操作系统。当时 Ken Thompson 正在开发一个称为"太空旅行"的程序,该程序模拟太阳系的行星运动。该程序运行在配备了 MULTICS 操作系统(MULTiplexed Information and Computing System,多路信息与计算系统,该操作系统对后来的计算机操作系统的发展起到了重要作用)的 PDP-7 小型计算机环境上。PDP-7 是数字设备公司 DEC(Digital Equipment Corporation)生产的系列计算机中的一种,该机功能较弱。

该系统是一个非常简易的仅有两个用户的多任务操作系统。整个系统完全用汇编语言编写。没有引用更新的技术,主要是对 MULTICS 的技术做了科学合理的删减,取名为 UNIX。

由于 UNIX 程序最初是用汇编语言编写的,要把该程序移植到其他类型的机器(例如 PDP-11)上运行就遇到了麻烦。PDP-7 与 PDP-11 计算机的指令不完全兼容。其原因就是汇编语言的不兼容,加上该语言编写的程序可读性差、维护困难。科研人员急需找

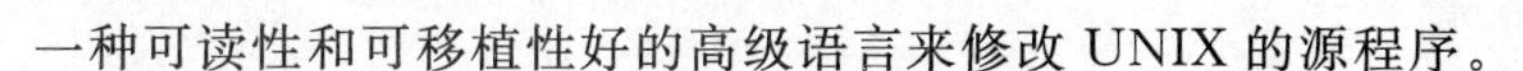

一种可读性和可移植性好的高级语言来修改UNIX的源程序。

1973年Dennos Ritchie为移植UNIX程序而发明了C语言，并与Ken Thompson一起用C语言改写了约95%的UNIX源程序。

DEC公司生产的PDP-11计算机是20世纪70年代的主流机型，被广泛应用在大学和科研单位的实验室。为了使UNIX得到验证和应用，贝尔实验室把UNIX的C语言源程序和说明书赠送给美国的很多大学，让大学生根据UNIX操作系统的C语言源程序和说明书来进行修改和功能扩充。当时近95%有计算机专业的大学几乎都开设了UNIX操作系统的课程，使得UNIX操作系统成为很多大学的计算机专业课程范例，学生们可以根据自己所掌握的知识和需求来修改UNIX的相关语句。这样，学生们就熟悉了UNIX操作系统的编程环境，毕业后又把UNIX技术带入商业和科研领域，为UNIX操作系统和C语言成为全球通用的计算机技术打下了良好的基础。UNIX操作系统本身就是C语言程序设计在计算机系统软件领域成功应用的典范，UNIX操作系统推动了C语言的应用，使其C++和Java等得到了广泛应用。

表4-1给出了UNIX操作系统的发展史。

表4-1 UNIX操作系统的发展史

年 代	事 件
1969	Ken Thompson 和 Dennis Ritchie 在贝尔实验室的 PDP-7 计算机上开始编写 UNIX 操作系统软件
1973	用C语言重写UNIX操作系统的源程序，使其具有更好的移植性
1975	UNIX操作系统开始对外发布。这个版本称为第六版，BSD的第一版就起源于此版本
1979	改进后的UNIX操作系统第七版本发布，此版本可以移植到不同型号的计算机上运行
1980	加利福尼亚大学伯克利分校受美国国防部委托，为其开发了一个标准的UNIX系统——UNIX BSD4(BerKeLey Software Distribution，BSD)，同年微软公司发布Xenix
1982	AT&T的USG(UNIX System Group)发布了UNIX系统Ⅲ，这是第一个公开对外颁布的UNIX版本
1983	AT&T支持的UNIX系统Ⅴ发布。计算机研究组(Computer Research Group，CRG)和UNIX系统组(USG)合并为UNIX系统开发实验室(UNIX System Development Lab)
1984	UNIX SVR2(系统Ⅴ第2版)和BSD4.2发布
1986	UNIX BSD4.3发布。IEEE制定了称为POSIX(Portable Operation System Interface，可移植性操作系统接口)标准的IEEE P1003标准
1988	POSIX.1发布，Open Software Foundation(OSF)和UNIX International(UI)成立
1989	SVR4(系统Ⅴ第4版)发布
1992	UNIX System Laboratories(USL)发布SVR4.2(系统Ⅴ第4.2版)
1993	BSD4.4分布。USL被Novell公司兼并，Novell/USL发布了SVR4.2MP，这是系统Ⅴ的最后一个版本
1995	X/Open(是欧洲几家计算机公司组成)发布了UNIX 95。Novell将UNIX Ware卖给Santa Cruz Operation(SCO)

续表

年 代	事 件
1996	Open Group 成立
1997	Open Group 发布了 Single UNIX Specification 的第 2 版，网上可获取该版本软件
1998	Open Group 发布了 UNIX 98。它包括 Base、Workstation 和 Server 等产品
2001	Single UNIX Specification 的第 3 版发布

下面给出几点说明：

① AT&T 发布标准的 UNIX 系统Ⅴ，是基于 AT&T 内部使用的 UNIX 系统开发的。在 1987 年发布的 UNIX 系统Ⅴ第 3 版和 1989 年发布的 UNIX 系统Ⅴ第 4 版都改进和增加了许多新的特性。UNIX 系统Ⅴ第 4 版融合了 Berkeley UNIX 等的特性和功能。

② 美国加利福尼亚大学伯克利分校计算机系统研究中心对 UNIX 操作系统进行了重大改进，加入了许多新特性，此版本称为 UNIX 操作系统的 BSD 版本。

③ Linux 是 UNIX 兼容的、可以自由发布的一种 UNIX 版本。是由芬兰赫尔辛基大学计算机科学专业的学生 Linus Torvalds 为基于 Intel 处理器的个人计算机开发的（可免费使用）。

④ UNIX Ware 是 Novell 公司基于 UNIX 系统Ⅴ开发的，其商业名称为 UNIXWare。Novell 公司将 UNIXWare 卖给 SCO 公司，现在所用 UNIXWare 及相关产品来自于 SCO 公司。UNIXWare 分两个版本：UNIXWare 个人版本和 UNIXWare 应用服务器版本。分别用于 Intel 处理器的台式机和服务器。

随着许多基于 UNIX 操作系统的系统软件推向计算机应用市场，加之有更多的应用程序的出现，UNIX 操作系统的标准化问题摆在了人们面前。AT&T 的 UNIX 系统Ⅴ第 4 版是 UNIX 操作系统标准化的结果，它推动了可在所有 UNIX 版本上运行的应用程序的开发。

(2) UNIX 操作系统的主要版本

在 20 世纪 90 年代早期，存在的 UNIX 操作系统版本有 BSD、AT&T/Sun UNIX、PRE-OSF UNIX 和 OSF UNIX 版本。

通常，一些书会把上述情况归结为：

- AT&T UNIX 系统Ⅴ；
- Berkeley UNIX（BSD 版本）加州大学伯克利分校的 BSD（Berkeley Software Distribution）版本，主要用于工程设计和科学计算；
- 微软公司和 SCO 公司开发的 SCO XENIX、SCO UNIX 和 SCO Open Server 等，主要应用在基于 Intel x86 体系结构的系统上；
- 开放源代码的 Linux，UNIX 的体系结构加 MS Windows 形式的图形用户界面，主要应用在基于 Intel x86 体系结构的系统上，其他的版本都是基于这两个版本发展的。

也就是说，到今天，UNIX 系统有下面三种主要的变种版本：

- 商业的非开放的系统，基于 AT&T 的 System V 或 BSD；
- 基于 BSD 的系统，其中最著名的有 FreeBSD；
- Linux 操作系统，这是可以通过网上下载源代码的自由版本。

(3) UNIX 操作系统的特征

① 可移植性强

- UNIX 操作系统大量代码为 C 语言编写；
- C 语言具有跨平台特性。

② 多用户、多任务的分时系统

- 人机间实时交互数据；
- 多个用户可同时使用一台主机；
- 每个用户可同时执行多个任务。

③ 软件复用

- 每个程序模块完成单一的功能；
- 程序模块可按需任意组合；
- 较高的系统和应用开发效率。

④ 与设备独立的输入/输出操作

- 打印机、终端视为文件输入/输出操作与设备独立。

⑤ 界面方便高效

- 内部：系统调用丰富高效；
- 外部：shell 命令灵活方便可编程；
- 应用：GUI 清晰直观功能强大。

⑥ 安全机制完善

- 口令、权限、加密等措施完善；
- 抗病毒结构；
- 误操作的局限和自动恢复功能。

⑦ 支持多国语言

- 支持全世界现有的几十种主要语言。

⑧ 网络和资源共享

- 内部：多进程结构易于资源共享；
- 外部：支持多种网络协议。

⑨ 系统工具和系统服务

- 100 多个系统工具(即命令)，完成各种功能；
- 系统服务用于系统管理和维护。

⑩ 网络和资源共享

(4) UNIX 操作系统的结构

① UNIX 操作系统的结构图

UNIX 系统主要由系统“内核”(kernel)、shell、各类应用工具(程序)和用户应用程序等组成。图 4.20 是 UNIX 系统的结构示意图。

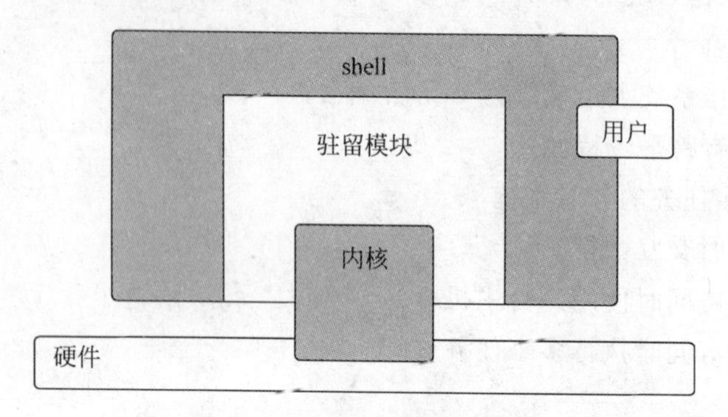

图 4.20　UNIX 系统的系统结构示意图

通常,我们也可以把 UNIX 系统分为四个层次结构。它的最底层是硬件,也是整个系统的基础。第二层是操作系统的核心(kernel)。它包括了进程管理、存储器管理、设备管理和文件管理所具备的功能。第三层是操作系统与用户的接口(shell)、编译程序等。最外层则是应用层(用户程序)。

内核:是 UNIX 系统的核心部分,能与硬件直接交互,常驻内存。

驻留(基本)模块:完成输入/输出、文件、设备、内存和处理器时钟的管理,常驻内存。

系统工具:通常称为 shell。是 UNIX 操作系统的一部分,是用户与 UNIX 交互的一种接口。常驻磁盘,在用户登录时即调入内存。

② UNIX 操作系统的核心框图

图 4.21 给出了 UNIX 系统的核心框图,是系统结构图的另一种表示,它主要突出了核心级的组成。

UNIX 操作系统的核心(也称为“内核”),它由如下几部分组成:

- 进程控制子系统

本子系统负责对处理机和存储器的管理。

进程控制:在 UNIX 系统中提供了一系列用于对进程控制的系统调用。例如,应用程序可以利用系统调用 fork()创建一个新进程;用系统调用 exit()结束一个进程的运行。

进程通信:是实现进程间通信的消息机制。

存储器管理:是实现在 UNIX 系统环境下的段页式存储器管理,利用请求调页和置换实现虚拟存储器管理。

进程调度:在 UNIX 系统中采用动态优先数轮转调度算法(有的书中也称为“多级反

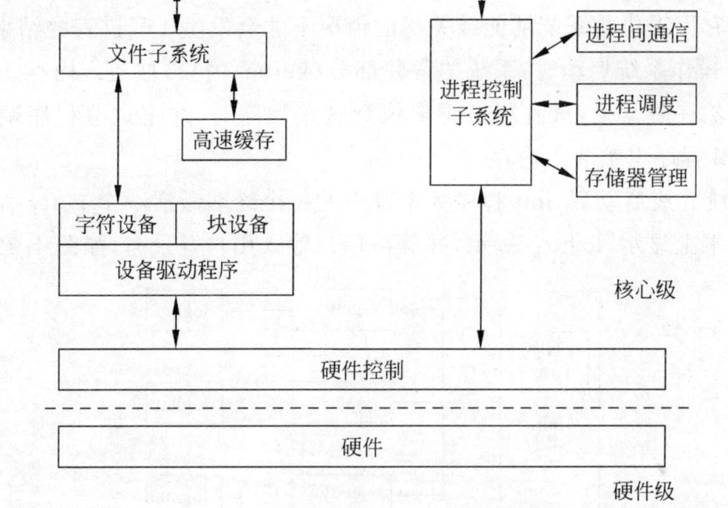

图 4.21 UNIX 操作系统核心框图

馈队列轮转调度算法”)，按优先数最小者的调度原则优先从就绪队列的第一个队列中选一进程，把 CPU 的一个时间片分给它运行。如果该进程在此时间片结束时还没有运行完，内核就把该进程送回就绪队列中的第二个队列末尾。

• 文件子系统

它完成系统中所有设备(指输入/输出设备)和文件的管理。

文件管理：为文件分配存储空间，管理空闲磁盘块，控制文件的存取和用户数据检索。

高速缓冲机制：为使核心与外设之间的速率相匹配而设置了多个缓冲区，每个缓冲区与盘块一样大小，这些缓冲区被分别链入如空闲缓冲区链表的各种链表，以供进程调用。

设备驱动程序：UNIX 系统把设备分为块设备和字符设备，驱动程序也分为两类，文件子系统在缓冲机制的支持下，与块设备的驱动程序实行交互作用。

(5) UNIX 系统的启动流程

当用户打开机器电源后，每次启动 UNIX 系统时，系统首先是运行 boot 程序(除非是在系统出现提示符时，用户键入了其他命令而转到如 DOS 系统工作环境)进行引导，把/stand 目录下的 boot 文件用/etc/default/boot 文件中定义的配置参数来装入操作系统的默认内核程序；其次是检测计算机系统中能找到的硬件、初始化各种核心表，安装系统的根文件系统(rootfs)、打开交换设备并打印配置信息，然后系统形成 0 号进程，再由 0 号进程来产生子进程(即 1 号进程)，当产生 1 号进程后，0 号进程则转为对换进程，1 号进程就是所有用户进程的祖先。1号进程为每个从终端登录进入系统的用户创建一个终端进程,这些用户进程又利用“进程创建”系统调用来创建子进程,这样就形成进程间的层次体系,也就是通常称为的“进程树”。

UNIX操作系统的1号进程是一个系统服务进程,一旦创建,不会自行结束,只有在系统需要撤销它们提供的系统功能或关机的情况下才会发生1号进程的结束。

在UNIX操作系统启动时,系统的常驻部分(kernel内核)被装入内存。而操作系统的其余部分仍然在磁盘上,只有用户请求执行这些程序时,才把这些程序调入内存。用户登录时,shell程序也被装入内存。

UNIX系统完成启动后,init程序为系统中的每个终端激活一个getty程序,getty程序在用户的终端上显示“login:”提示,并等待用户输入用户登录名,如图4.22所示。

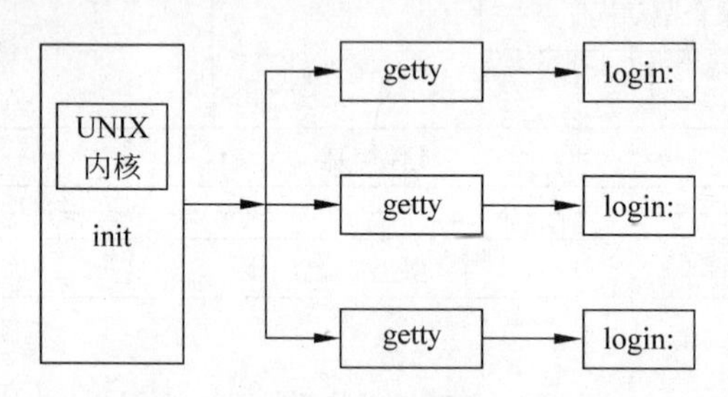

图4.22 UNIX系统的启动示意图

当用户输入登录名时,由getty程序读取用户输入内容并启动login程序,由login程序完成登录过程。getty程序将用户输入的字符串传递给login程序,该字符串也称为用户标识符。然后login程序开始执行并在用户屏幕上显示“password”提示,等待用户输入登录口令。

当用户输入口令后,login程序验证用户口令。随后login程序检查下一步要执行的shell程序。通常,系统把这个程序的默认值设置为Bourne shell(简称为Bshell)。

由于UNIX系统的版本不同,所配的shell有所不同,其系统提示符也不同。通常AT&T贝尔实验室的UNIX系统配的是Bshell,它的系统提示符对普通用户为“$”,超级用户为“#”;BSD版本的UNIX系统配的是Cshell,普通用户为“%”,超级用户为“#”。

当屏幕上出现提示符为$时,说明shell程序已经完成准备工作,用户可以输入命令。

在系统初始化过程中,完成/etc/default/boot文件中定义的配置后,开始执行/etc/inittab文件,该文件定义某些程序可以在什么运行级别上存在,以及在某个进程上启动指定的进程等,如图4.23所示。

(6) UNIX操作系统用户和职责的划分

① UNIX操作系统的用户分类

在多用户的UNIX操作系统中,有无数个将本系统作为应用平台的用户,但按用户

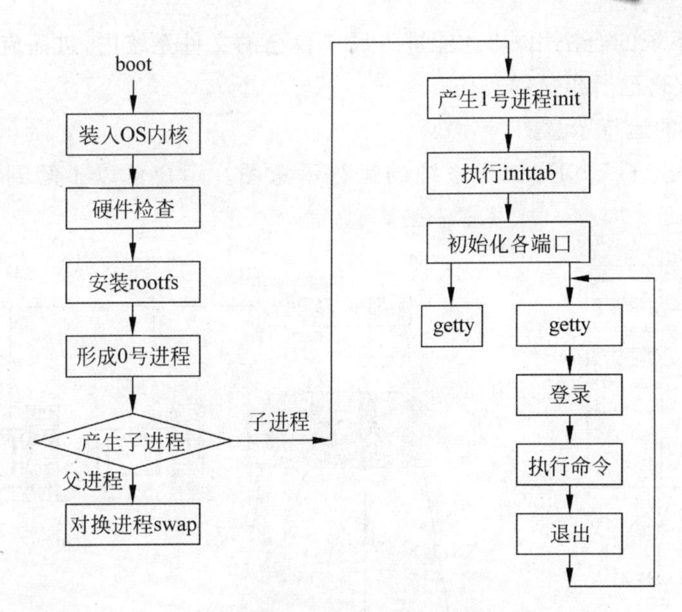

图 4.23 UNIX 系统的启动流程图

类型来划分,可分为超级用户和普通用户两类。

- 超级用户。通常把超级用户称为 root 用户,根据所完成的工作也被称为系统管理员。它是在安装 UNIX 系统时自动建立的。
- 普通用户。普通用户在有的书上也称为非 root 用户,它是根据用户的应用程序或应用环境的要求,由超级用户建立的。

② 用户的职责

超级用户是整个系统的维护和管理者,UNIX 系统应至少有一名系统管理员来负责系统的日常维护和管理,以保证系统能安全而平稳的运行。同时完成仅有系统管理员才能完成的一些特殊工作(其主要原因是 UNIX 操作系统的执行权限的限制)。例如:

- 增加/修改用户(指普通用户);
- 浏览整个系统的运行日志,掌握系统的运行情况;
- 掌握系统的引导情况;
- 负责文件系统的备份;
- 检查系统异常运行的进程(程序);
- 检查硬盘空间,确保文件系统有足够的空闲空间;
- 检查系统所配置的 I/O 设备,确保用户的作业能顺利进行;
- 检查整个系统上普通用户的登录情况,了解它们的运行状况等。

系统管理员应有浏览整个系统运行日志的好习惯,掌握系统的运行情况,发现异常或问题,应及时分析、处理。

通常,普通用户在进入系统前,应由超级用户为其建立一个账号,同时给它一个用户登录名(又称为注册名或用户标识 uid),普通用户利用此登录名登录系统,这样,此用户才能算 UNIX 系统的合法用户，才能进入属于自己的文件系统内，进而应用 UNIX 的大部分命令来完成自己所担负的工作。

(7) UNIX 的运行示意图

图 4.24 给出了 UNIX 操作系统的运行示意图。用户可以了解到本系统运行的情况。

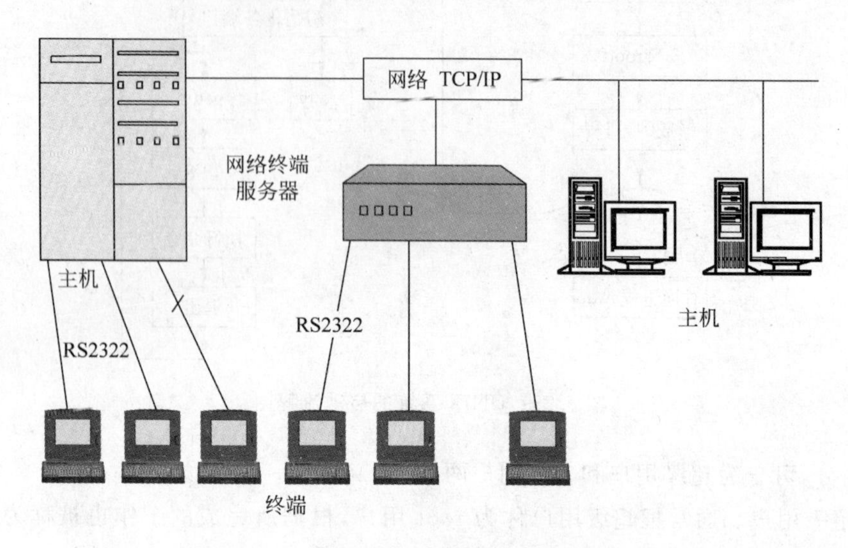

图 4.24　UNIX 操作系统的运行环境示意图

图中说明了 UNIX 操作系统既可以作为用户的独立运行平台，又可以运行在网络环境中。

在 UNIX 系统中，登录与退出是用户经常要进行的操作。无论是超级用户还是普通用户都必须用自己的登录名进行登录方可进入系统。普通用户(尤其是金融行业的用户)在较长时间离开自己的工作机器时，必须从系统工作状态退到登录状态(即 login:)。

(8) UNIX 系统用户的登录与退出

① 普通用户的登录与启动

当用户第一次打开计算机(终端)电源后，UNIX 操作系统的引导程序(boot)被装入内存并执行，屏幕显示相关的系统提示信息：

```
SCO OpenServer™ Release 5.0
Boot
:{在此,用户可以直接按 Enter 键或输入相关命令。如果用户输入"?"并按 Enter 键,系统显示当前可用的设备清单。屏幕上所显示的设备和文件名的格式如下:
xx (m) filename
```

其中：xx 是设备名(硬盘—hd，软盘—fd。m 是次设备号(如硬盘上的根文件系统为 40，软盘为 64)。filename 是标准的 UNIX 路径名。默认设备为 hd(40))。

当系统运行完启动程序后，在屏幕上显示：

login:_（用户可在此输入自己的“登录名”进行登录.如果遇到屏幕未出现“login:”时,在未发现异常情况时,多按几次键盘的 Enter 键可出现“login:”的提示符).

在输入“登录名”后,屏幕显示：

password:_（用户输入自己的登录密码,如果连续输入三次都不正确,则系统返回上一层的“login:”状态)。如果密码正确,则系统显示 $_

当系统显示提示符“$”,表明普通用户已登录成功,该用户已成为系统的合法用户,用户即可在自己的合法范围内执行相关的命令或程序。

② 系统维护模式及登录

系统维护模式又称为单用户模式,是在对系统进行诸如文件系统查询、用户设备维护、安装或系统版本升级等工作状态。由于此工作模式的访问权限最高,对系统中的文件和程序的访问,不受任何限制,所以普通用户不能登录这种工作模式。当系统的引导程序执行中显示如下信息：

INIT:SINGLE USER MODE （单用户模式）
Type CONTROL-d to proceed with normal strartup,（or give root password for system maintenance):_

此处直接按 Enter 键,进入单用户模式。也可按＜Ctrl＋D＞进入多用户模式。当然超级用户同样用“root”登录,进入单用户模式。

Entering System Maintenance mode （系统进入维护模式）

屏幕出现提示符：

login:_ （用户以“root”登录）
password:_ （输入 root 后,再输入自己的密码,如果输入正确,系统出现提示符,否则返回到“login:”）
_

屏幕出现系统提示符＃,这表明系统进入了系统维护模式。系统管理员可以进行各种管理和维护操作。

单用户模式又称为系统维护模式,它是当系统中的普通用户已退出系统才能对系统进行维护的工作状态。在此种模式启动中,系统未执行/ect/rc 文件中的各种应用程序和启动程序,与多用户模式相比,其占用系统资源要少。

③ 系统的退出

UNIX 系统的退出操作分为超级用户和普通用户两种。这两种操作所完成的任务是截然不同的。

超级用户退出系统,可利用的命令 shutdown 和 haltsys 来终止系统的运行。shutdown 是描述为 terminate all processing,意思是结束所有的进程；haltsys 是来源于 halt system,描述为 close out file systems and shut down the system,意思是停止文件系统工作,关闭系统。

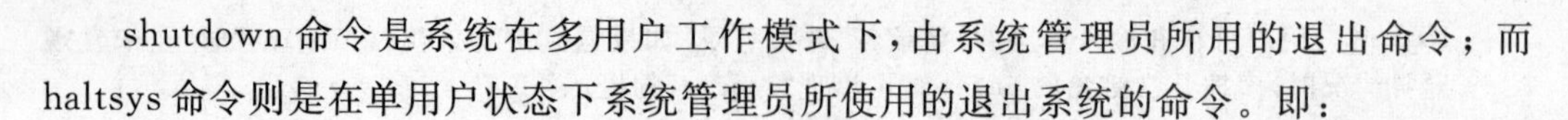

shutdown 命令是系统在多用户工作模式下，由系统管理员所用的退出命令；而 haltsys 命令则是在单用户状态下系统管理员所使用的退出系统的命令。即：

```
# shutdown 或 haltsys(按 Enter 键)
```

用户根据自己的需要输入这两个命令中的一个命令并按Enter键。

```
login:_ (到此系统已退出，要想进入系统，必须重新登录。)
```

有关退出系统的命令将在后面详细介绍。

普通用户可通过 exit 或＜Ctrl＋D＞退出系统，返回到提示符 login 状态下。exit 的意思是 end the application，终止应用程序。任何普通用户在完成自己的工作需要离开时，请务必通过此方法退出系统，如果不退出可能会发生意想不到的情况。即：

```
$ exit(按 Enter 键)
```

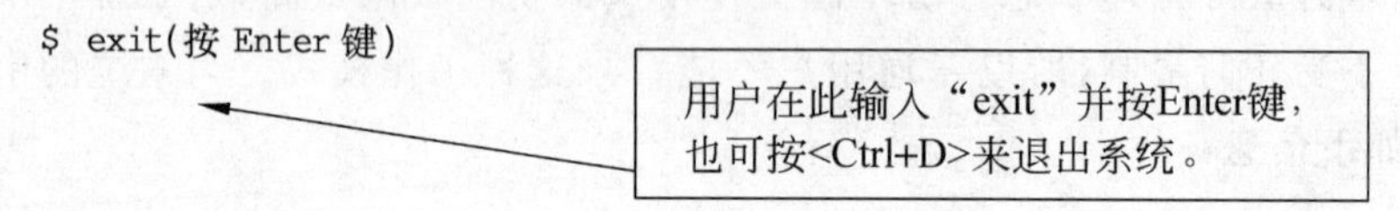

系统在屏幕上显示：

```
SCO OPENServer™ Release 5.0 scosysv tty05
login:_
```

用户这时可以重新输入用户名进行登录或关机。

2. UNIX 操作系统的文件系统和文件

本节讲述 UNIX 操作系统中建立文件目录的基本概念及系统中对树型层次目录的组织管理。同时介绍 UNIX 文件系统中所使用的相关术语和建立文件系统的相关命令。

(1) 磁盘组织

现代计算机系统中，磁盘尤其是硬盘，是计算机系统的主要存储部件，操作系统的绝大部分文件和用户的应用软件(程序和数据)均以文件的形式存放在硬盘上的。通常，用户是以文件名来查找或读取该文件的内容。由于现在的磁盘(硬盘)空间非常大，为了便于查找和管理文件，用户利用操作系统提供的磁盘操作命令，把硬盘划分为若干区域(在 UNIX 操作系统中称为目录，在 Windows 操作系统中叫做文件夹，DOS 中也称为目录)。

这几种操作系统都允许用户在硬盘上建立目录(文件夹)和子目录(子文件夹)，这样，实现了目录内嵌套目录。操作系统都为用户提供了若干管理和维护目录的相关命令。

(2) 文件系统

什么叫文件系统？即由文件和目录构成了 UNIX 操作系统的文件系统，也就是与管理文件有关的程序和数据。其功能是为用户建立、撤销、读写、修改和复制文件以及完成对文件进行按名存取和权限控制等。

UNIX 系统的整个文件系统是由多个子文件系统(用户文件系统)组成。

在 UNIX 操作系统内部，利用 i(inode)结点来管理系统中的每个文件。一个 i 结点号代表一个文件(即每个文件有一个i结点号相对应),i结点内存储着描述文件的所有数据。目录就是用来存储在该目录下的各个文件的文件名和i结点号所组成的数据项。众多个i结点是存放在i结点表中。

如果一个目录的i结点号为零,则表明该目录为空,即没有任何文件。

UNIX操作系统将物理设备(如磁盘)或光盘的一部分视为逻辑设备(即设备的一分区域或称为逻辑块设备,例如,硬盘的一个分区、一张软盘、USB接口的Flash盘和CD-ROM盘)。这些逻辑块设备都对应一块设备文件,如/dev/hdc4、/dev/cdrom等,在每个逻辑设备上可以建立一个独立的子文件系统。UNIX系统在这些设备上建立UNIX系统格式的子文件系统时,把整个逻辑设备以512字节为块进行划分(不同版本的UNIX操作系统所取块值不同,通常是512～4096字节),块的编号为1、2、3……。

UNIX操作系统将其每个文件系统存储在逻辑设备上(即一个逻辑设备对应一个文件系统)。较大的磁盘可存储多个文件系统。

(3) UNIX的文件类型

在UNIX系统中,其文件是流式文件,即字节序列。它的文件可分为五大类(有的书只介绍三类UNIX系统的文件,即普通文件、目录文件和特殊文件)。

① 普通文件(ordinary file)

普通文件(也称为"常规文件")用"-"或"f"表示(这里的f是在命令"find"中作为查找文件类型的参数用的)。这类文件包括字节序列,如程序代码、数据、文本等。用vi编辑器创建的文件是普通文件,用户通常管理和使用的大多数文件属于普通文件。

普通文件大体上分为ASCII文件和二进制文件两大类,即可阅读和不可阅读的,可执行和不可执行的。

例4.1 可用命令"ls -l"显示文件的有关信息。

```
- rw- rw- r- -   1  bin  bin  3452  may 2  2004   /etc/fyc1
```

这行信息开头的第一个字符"-"表明所列的文件fyc1是一个普通文件。紧接着的"rw-rw-r--"是该文件的属主、同组用户和其他用户对该文件的访问权限。

② 目录文件(directory file)

现代的操作系统对系统文件和用户的管理,基本上是按用途、分层次来实行的。把目录视为文件进行管理则是UNIX操作系统的一个基本特征。目录文件用d表示。它是一个包含了一组文件的文件。目录文件不是标准的ASCII文件,是关于文件的管理信息(如文件名等),是由许多根据操作系统定义的特殊格式的记录组成。一个目录是文件系统中的一块区域,用户可按UNIX操作系统有关文件命名的规则来命名目录文件。如果将磁盘比喻为一个文件柜,这个柜中就包含了若干个存放文件的抽屉(即文件夹/目录),这些用来存放和管理文件的文件夹在UNIX操作系统中就是目录。对文件和磁盘内容的管理,通常是通过对目录管理来实现的。

UNIX操作系统中,采用倒树型分层次的目录结构。这种结构允许用户组织和查找文件。最高层的目录称为根目录(root,用“/”表示),其他的所有目录直接或间接地从根目录分支出去。

例 4.2 用“ls -l”命令可显示文件的类型。

```
drw-r-r--2  zhang  student  55  jun  15 12:12  source
```

这里的 d 说明 source 文件是一个目录文件。

图 4.25 给出了 UNIX 操作系统中根目录、子目录和文件的关系。各个目录中既可以包含文件,还可以包含目录。图 4.26 给出了常见的 UNIX 操作系统的目录结构。

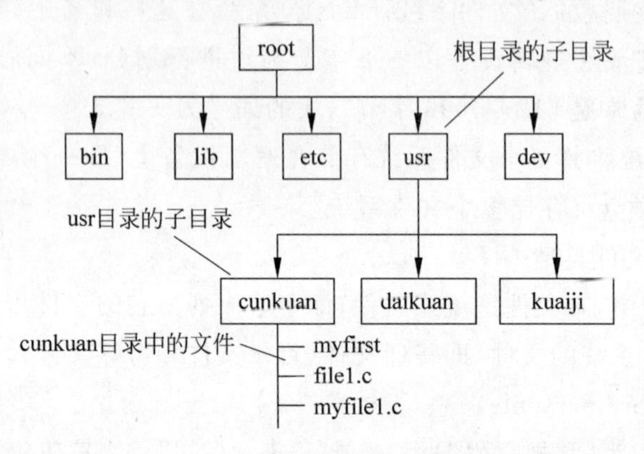

图 4.25 UNIX 系统中目录、子目录和文件

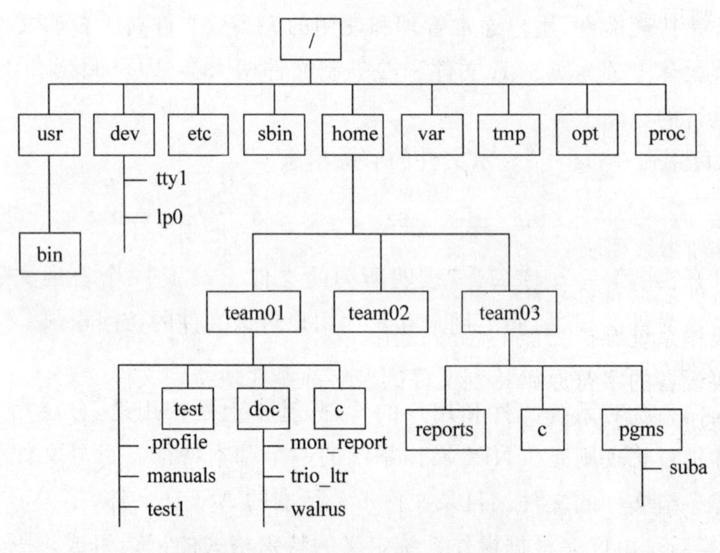

图 4.26 UNIX 常用目录的示意图

③ 特殊文件

在 UNIX 系统中,将 I/O 设备视同文件对待,系统中的每个设备,如打印机、磁盘、终端等都分别对应一个文件(这个文件被称为特殊文件或设备文件)。

特殊文件,用 c (character)和 b(block)表示。也就是说在 UNIX 系统中,特殊文件

分为两种。如打印机、显示器等外部设备是字符设备，所对应的设备文件（即驱动程序）称为字符设备文件，用 c 表示；磁带、磁盘等外部设备称为块设备，所对应的外部设备文件称为块设备文件，用 b 表示。这些文件中包含了 c 和 b 设备的特定信息。

特殊文件是与硬件设备有关的文件，通常存放在 UNIX 系统的"/dev"目录中的文件几乎全是特殊文件，它们是操作系统核心操作 I/O 设备的"通道"，是用户与硬件设备联系的桥梁。通过"ls -l /dev"命令，可以列出特殊文件的主要类型。

为了便于读者熟悉有关 I/O 设备的有关信息，下面给出 I/O 等设备的英文缩写：

硬盘：hd（一整硬盘：hd0a，1 分区：hd00，2 分区：hd01…；

二整硬盘：hd1a，1 分区：hd10，2 分区：hd11…）；

软盘：fd（A 盘 fd0，B 盘 fd1）；

终端：tty（tty00，tty01，tty02，…）；

主控台：console；

打印机：lp（lp，lp0，lp1，lp2）；

存储器：men；

盘交换区：swap；

时钟：clock；

盘用户分区：usr；

盘根分区：root。

例 4.3 利用命令"ls -l"列出块文件和字符文件。

```
brw-rw-rw-    4  bin   bin   2,   5  jan 3  13:01 /dev/fd0
```

开头的字符 b 表明文件"/dev/fd0"是一个块文件。

```
cw-w-w  3  bin   bin  6,  4   jan  4  13:45   /dev/lp
```

开头的字符 c 表明文件"/dev/lp"是一个字符文件。

几乎所有的块设备都有一个字符型接口，块设备上的字符接口也称为原始接口。它们是由执行操作系统维护功能的程序使用。块设备的字符原始接口也有一个字符特别文件。这些块设备的字符原始特别文件的名字都是在块特别文件的名字前加字母 r。

通常，硬盘块特别文件"hd"的字符原始特别文件为"rhd"，软盘块特别文件"fd"的字符原始特别文件是"rfd"。

④ 符号链接文件(Symbol link file)

符号链接文件用"l"表示。在 UNIX 系统中，是通过命令"ln -s"（该命令是 link 的缩写，这是建立符号链接，即软链接）或"ln -f"（强制建立链接，不询问覆盖许可）来实现对文件的连接的，这种文件通常也称为软连接。这是最早在 BSD UNIX 版本中实现的。符号连接允许给一个被链接的对象取多个符号名字（俗称别名），可以通过不同的路径名来共享这个被链接的对象。这种符号链接的构思广泛地应用于用名字进行管理的信息系统中。

符号链接文件中包括了一个描述路径名的字符串。在 UNIX 操作系统中，用一个

"符号链接文件"来实现符号链接,此文件中仅包括了一个描述路径名的字符串。通常,也可以用"ln -s"来创建符号链接。

例 4.4 用户调用命令"date",把该命令的执行结果保存在以"user_date"命名的文件中,再利用命令"ln -s"为文件 user_date 取一个别名(将产生一个连接文件)user_date1。

```
$ date > user_date(按 Enter 键)      /* 把命令 date 所产生的输出重定向到文件 user_date 中
                                       保存起来 */
$ ln -s user_date user_date1(按 Enter 键)
```

在文件系统中,user_date1 不是普通的磁盘文件,它所对应的 i 结点中记录了该文件的类型为符号链接文件。

通过"ln"命令的处理,实际上是为源文件"user_date"建立一个以"user_date1"为文件名的目的文件(别名),它既不改变源文件的内容,又不改变源文件的 i 结点号。也就是说,通过命令"ln"处理后的符号链接文件与源文件有相同的 i 结点号。

例 4.5 利用命令"ls -l"列出/usr/user_date1,查看该文件的类型。

```
$ ls -l /usruser_date1(按 Enter 键)
lrw-rw-rw-   1  fyc  usr     8 aug 4  12:21 /usr/user_date1
```

这里所显示的"l"表示 user_date1 文件是一个符号链接文件。

如果用删除命令"rm"来对"别名"进行删除,这只能删除符号链接文件(上例中的 user_date1 文件),而源文件"user_date"则不受损失。

但是,用"rm"删除命令删除源文件"user_date"后,再调用"目的文件"就可能出错。

⑤ 管道文件(pipefile)

当进程使用 fork()创建子进程后,父子进程就有各自独立的存储空间,而互不影响。两个进程之间交换数据就不可能像机器内的函数调用那样,通过传递参数或者使用全局变量来实现,这就要通过其他的方式。例如,父子进程共同访问同一个磁盘文件来交换数据,这就非常不方便。为此,UNIX 操作系统提供了许多实现进程间通信的方法。管道是一种很简单的进程间通信方式。有了管道机制,shell 才允许用符号"|"把两个命令串接起来,实现前面命令的输出作为后面命令的输入。

管道文件通常称为 pipe 文件,用"p"表示。就是将一个程序(命令)的标准输出(stdout)直接重新定向为另一个程序(命令)的标准输入(stdin),而不增加任何中间文件。也就是能够连接一个 write(写进程)和一个 read(读进程),并允许它们以生产者-消费者方式进行通信的一个共享文件(pipe 文件)。按先进先出的方式由写进程从管道的入端将数据写入管道,而读进程则从管道的出端读出数据。

对于管道的使用,必须是互斥使用管道;同步读写关系;确定对方是否存在,只有确定了对方已存在时,才能进行通信。

在 UNIX 系统中,pipe 文件分为:

- 无名管道。在早期的 UNIX 操作系统中,只提供无名管道,这是一个临时文件,是利用系统调用 pipe( )建立起来的无名文件(指无路径名)。只用该系统调用所返回的文件描述符来标识该文件。因此,使用管道的基本方法是创建一个内核中的管道对象,进程可以得到两个文件的描述符,才能利用该管道文件进行数据传输。当这些进程不需要使用此管道时,系统核心收回其 i 结点(索引号)。

- 有名管道。为了让更多的进程能利用管道传输数据,后期的 UNIX 版本中增加了有名管道。有名管道是利用 mknod 系统调用建立的,是可在文件系统中长期存在的具有路径名的文件,进程都可用 open 系统调用打开 pipe 文件。

例 4.6 利用命令"ls -l"可以列出文件的长格式。

```
prw-r--r--   1  fyc   usr  0  aug  4  11:45   pipe1
```

这里的"p"表明 pipe1 是一个管道文件。

在 UNIX 系统中管道操作符"|"与其他的命令一起合用,即在一命令行中用"|"把几个命令串起来。

例 4.7 用户要浏览/etc 目录下的相关文件,用"ls"命令和管道操作符"|"一起完成相应操作。

```
$ls -l | more(按 Enter 键)                /*此命令行中的"|"就是管道操作符*/
total 87689
-rwx--x--x 1  bin    bin    54678  jan  4  2000   .cpiopc
-rw------- 1  root   root   0      jan  2  12:23  .mnt.lock
…
```

例 4.8 查看/etc 目录中有多少个文件。

```
$ls -l | wc(按 Enter 键)
563
```

如果不利用管道操作符,则需要三步:

```
$ls -l > file1(按 Enter 键)              /*将命令 ls 的输出重定向到文件 file1 中*/
$wc file1(按 Enter 键)                   /*对文件 file1 进行计数*/
   563
$rm file1(按 Enter 键)                   /*删除临时文件 file1*/
```

由于 UNIX 操作系统是多用户、多任务的分时操作系统,主要运行在大、中型计算机系统,其功能非常强大,可以供成百上千的用户同时使用一台主机。所以用户要在 UNIX 操作系统环境下工作,就需要具备比 Windows(DOS)操作系统更多的知识。

4.4.6 Linux 操作系统

Linux 操作系统是 UNIX 操作系统的一个开放源代码版本,基本上沿用 UNIX 操作系统的结构、功能和定义。命令基本上相互兼容。用户可以通过网上下载免费的执行代码。但在国内大多数用户所应用的 UNIX 多用户、多任务的分时操作系统,则是花钱购买正版的 UNIX 操作系统,而不是从网上下载 Linux 操作系统(详细的内容参阅有关 Linux 操作系统的资料)。

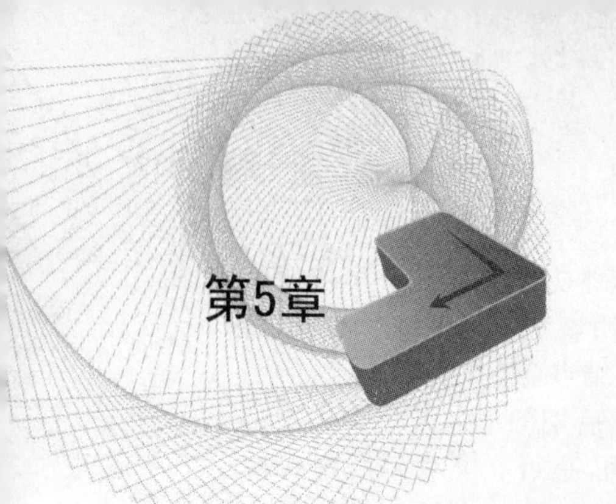

chapter 5

Office 2007

Microsoft Office 2007 是最受欢迎的办公软件之一，其全新设计的用户界面、稳定安全的文件格式和高效的沟通协作功能，吸引了很大一部分用户。本章将介绍 Office 2007 中最常用的三大组件，分别是 Microsoft Office Word 2007、Microsoft Office Excel 2007、Microsoft Office PowerPoint 2007。

- Microsoft Office Word 2007 是文档编辑程序，集一组全面的写入工具和易用界面于一体，可以帮助用户创建和共享美观的文档。
- Microsoft Office Excel 2007 是电子表格编辑程序，可以用来分析、交流和管理信息，做出有根据的决策。
- Microsoft Office PowerPoint 2007 是演示文稿编辑程序，可以使用面向结果的新界面、SmartArt 图形功能和格式设置工具，快速创建美观的动态演示文稿。

5.1 文字处理系统 Word 2007

Word 2007 是微软公司推出的文字处理、文档创作程序，集一组全面的写入工具和易用界面于一体，可以帮助用户创建和共享美观的文档。

它继承了 Windows 友好的图形界面，可方便地进行文字、图形、图像和数据处理，制作具有专业水准的文档。用户需要充分掌握 Word 2007 的基本操作，为以后的学习打下牢固基础，使办公过程更加轻松、方便。

5.1.1 Word 2007 的基本情况

1. 启动

启动 Word 2007 常用以下两种方法。

- 通过菜单单击任务栏中的“开始”按钮，选择“程序”菜单中的 Microsoft Office 选项，在子菜单中选择 Microsoft Office Word 2007 命令。
- 通过桌面快捷图标启动。如果在桌面创建了 Word 2007 快捷图标，双击桌面快捷图标，就可以启动程序。

2. 退出

退出 Word 2007 常用以下两种方法。

- 单击启动文档右上角的“关闭”按钮退出。
- 选择 Office 按钮弹出菜单中的“关闭”选项即可退出程序。

如果在退出 Word 2007 之前，工作文档还没有存盘，在退出时系统将提示用户是否将编辑的文档存盘。

3. 认识 Word 2007 的界面

启动 Word 2007 后，将打开如图 5.1 所示的工作界面。该界面主要由 Office 按钮、快速访问工具栏、功能选项卡、功能区、标题栏、文档编辑区、标尺及状态栏和视图栏等部分组成。

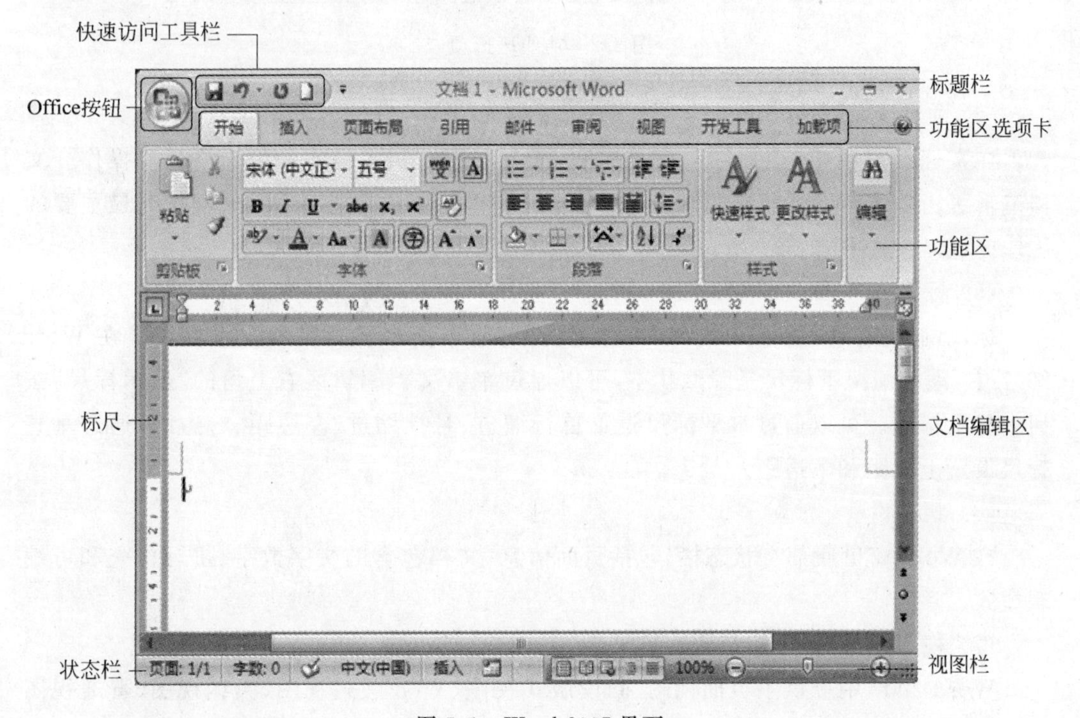

图 5.1 Word 2007 界面

(1) Office 按钮

单击窗口左上方 Office 按钮图标，可打开、保存或打印当前文档等操作，并显示最近使用的文档。

(2) 标题栏

标题栏的中间显示文档的名称和程序名。标题栏的左侧是“快速访问工具栏”

,包含了最基本的三个选项:“保存”、“撤销”、“重复粘贴”。单击▼后,在下拉菜单中选择任一命令,可设置为快速工具,出现在快速访问工具栏中。最右边是控制按钮 ,分别是“最小化”按钮、“还原”按钮、“关闭”按钮。

(3) 功能区选项卡

位于标题栏的下方,每个选项卡对应不同的功能区。在 Word 2007 中,单击功能选项卡中的某个选项卡可打开相应的功能区。默认状态下,功能选项卡主要包含“开始”、“插入”、“页面布局”、“引用”、“邮件”、“审阅”、“视图”和“加载项”7 个选项卡。比如单击“开始”选项卡对应的功能区,可以看到该菜单项中所有的菜单命令,如图 5.2 所示。

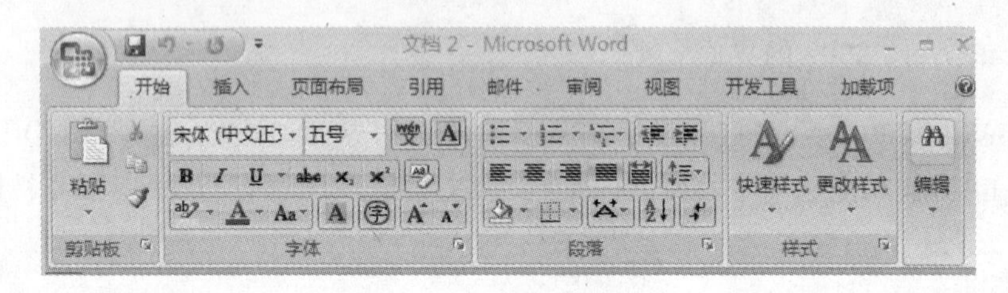

图 5.2 功能区选项卡

(4) 文档编辑区

在文档编辑区中,用户可以输入文字,插入图形、图片,设置和编辑格式等操作。文档编辑区占据了 Word 整个窗口最主要的区域,也是用户在进行 Word 操作时最主要的工作区域。

(5) 标尺

标尺的作用是设置制表位、缩进选定的段落,包括水平标尺和垂直标尺。在 Word 2007 中,默认情况下标尺是隐藏状态,可以通过单击文档编辑区右上角的“显示标尺”按钮来显示标尺。可以通过水平标尺设置首行缩进、悬挂缩进、左边距、右边距,通过垂直标尺设置上边距和下边距。

(6) 状态栏

在 Word 窗口底部有状态栏,包括页面信息、文档包含的文字数字、拼写检查和可编辑模式。

(7) 视图栏

Word 2007 中提供了页面视图、阅读版式视图、Web 版式视图、大纲视图、普通视图 5 种视图方式。使用这些视图方式就可以方便地对文档进行浏览和相应的操作,不同的视图方式之间可以切换。默认模式是页面视图模式。

5.1.2 编辑 Word 2007 文档

在 Word 中进行文字处理工作,首先要创建或者打开一个文档,用户输入文档内容,然后进行编辑和排版,工作完成后以文件形式保存。一个 Word 文档在磁盘上就是一个

Word 文件,Word 2007 的默认扩展名为.docx。

1. 新建文档

启动 Word 2007 之后,系统会自动创建一个空白的文档。用户可以另外新建其他名称的文档,或根据 Word 提供的模板来新建带有格式和内容的文档。

(1) 单击 Office 按钮 ,再选择“新建”命令。

(2) 弹出“新建文档”对话框,该对话框从左到右分为 3 栏,即模板库的名称、当前选择模板库包含的具体模板的列表、当前选中模板的预览效果。用户可以很容易地选择一个模板,在此基础上快速新建一个文档。

(3) 在最右侧的“模板”列表中,单击“安装的模板”选项,在中间的模板列表中选择一个模板,这里选择“平衡报告”,并在对话框右下角处选中“文档”单选按钮,单击“创建”按钮即可新建一个文档。

2. 编辑文档

用户可以在 Word 文档编辑区输入新的内容或对原有的内容进行编辑。

3. 保存文档

(1) 新建文件的保存

有两种保存新建文件的方法,一种是单击快速工具栏中的 按钮;另一种是单击 Office 按钮 ,然后选择“保存”命令即可。

(2) 保存已存在的文档

当用户编辑完一份重要的文件时,可以根据上面的方法直接保存该文档。当用户希望保留一份文档修改前的副本时,用户可以选择“另存为”命令。操作方法是单击 Office 按钮 ,然后选择“另存为”命令。

4. 页面排版和打印文档

用户可以对已经编辑的文档进行页面、页眉、页脚的设置,同时可以通过预览查看打印效果等。

5.2 电子表格 Excel 2007

Excel 2007 是 Office 的重要成员之一,是目前最强大的电子表格制作软件之一,它不仅具有强大的数据组织、计算、分析和统计功能,还可以通过图表、图形等多种形式对处理结果加以形象地显示,更能够方便地与 Office 2007 其他组件相互调用数据,实现资源共享。在使用 Excel 2007 制作表格前,首先应掌握它的界面,包括使用工作簿、工作表以及单元格的方法。

5.2.1 Excel 2007 的基本情况

1. 界面

Excel 2007 的界面如图 5.3 所示。

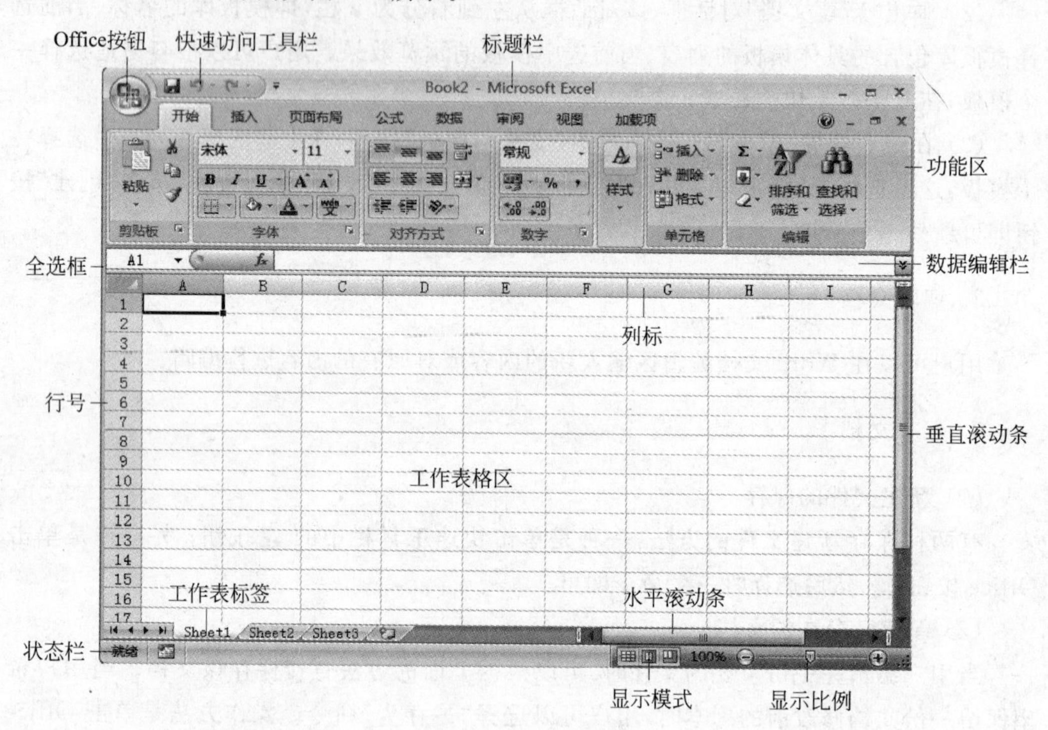

图 5.3　Excel 界面

(1) 全选框

单击全选框,可以选中整个工作表。快捷键为 Ctrl＋A。

(2) 数据编辑区域

- 名称框：用来显示当前活动单元格或单元格区域的地址。
- 编辑栏：用来输入或编辑数据,数据同时显示在当前活动单元格中。
- 插入函数：单击此按钮将弹出如图 5.4 所示的对话框,选择需要的函数。

(3) 工作表标签

用于显示一个工作簿中的各个工作表的名称,单击不同的工作表名称,可以切换到不同的工作表。当前工作表以白底显示,其他的以浅蓝色底纹显示。

(4) 显示模式

Excel 2007 支持三种显示模式,分别为“普通”模式、“页面布局”模式与“分页预览”模式,单击 Excel 2007 窗口右下角的按钮可以切换显示模式。

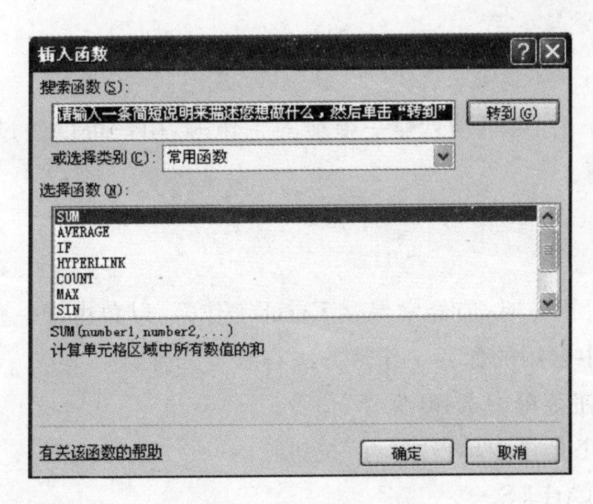

图 5.4 插入函数对话框

2. Excel 的基本概念

启动 Excel 2007 应用程序后，系统生成、处理的文档就称为工作簿，工作簿由若干个工作表组成，工作表由行列交叉而形成的单元格组成。

工作簿、工作表和单元格是 Excel 的三个重要的概念。工作簿是计算和存储数据的文件，一个工作簿是一个 Excel 文件，其扩展名为.xlsx。一个工作簿可以包含多个工作表，这样可以使一个文件中包含多个类型的相关信息，用户可以将若干相关工作表组成一个工作簿，操作时不必打开多个文件，而直接在同一文件的不同工作表中方便的切换。

默认情况下，一个工作簿里面会自带三个工作表，在 Excel 界面的左下角会看到 Sheet1，Sheet2，Sheet3……这些就是工作表，这些表可以重命名，也可以新建或删除。

单元格是组成工作表的最小单位。工作表由 65 536 行、256 列组成，每一行列交叉处即为一单元格。每个单元格用它所在的列标和行标来引用，如 A1，B2 等。

它们之间关系如图 5.5 所示。

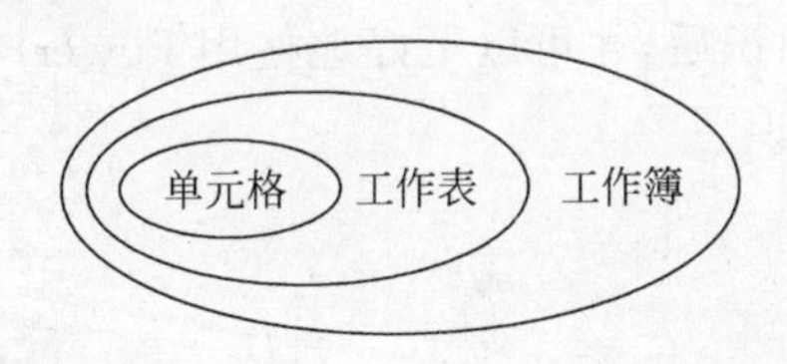

图 5.5 工作簿、工作表和单元格三者之间的关系

5.2.2 Excel 2007 的基本操作

在 Excel 2007 中，工作簿是保存 Excel 文件的基本的单位，它的基本操作包括新建、保存、关闭、打开等。

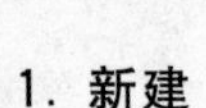

1. 新建

运行 Excel 2007 后，会自动创建一个新的工作簿，用户可以通过“新建工作簿”对话框来创建新的工作簿。

2. 保存

在对工作表进行操作时，应经常保存 Excel 工作簿，以免由于一些突发状况而丢失数据。在 Excel 2007 中常用的保存工作簿方法有以下三种：

- 在 Office 按钮菜单中选择“保存”命令。
- 在快速访问工具栏中单击“保存”按钮。
- 使用快捷键 Ctrl＋S。

3. 打开

当工作簿被保存后，即可在 Excel 2007 中再次打开该工作簿。打开工作簿的常用方法如下：

- 在 Office 按钮菜单中选择“打开”命令。
- 使用快捷键 Ctrl＋O。
- 直接双击创建的 Excel 文件图标。

5.3 PowerPoint 2007

PowerPoint 2007 是最为常用的多媒体演示软件之一，能够制作出集文字、图形、图像、声音以及视频剪辑等多媒体元素于一体的演示文稿，把自己所要表达的信息组织在一组图文并茂的画面中，用于介绍公司的产品、展示自己的成果。

只有在充分了解基础知识后，才可以更好地使用 PowerPoint 2007，以下内容将介绍 PowerPoint 2007 的基础知识。

1. 工作界面

启动 PowerPoint 2007 应用程序后，将看到如图 5.6 所示的工作界面。PowerPoint 2007 的界面不仅美观实用，而且与 PowerPoint 前期版本相比，各个工具按钮的摆放更方便于用户的操作。

- 标题栏：标识正在运行的程序（PowerPoint）和活动演示文稿的名称。如果窗口未最大化，可拖曳标题栏来移动窗口。
- 功能区：其功能就像菜单栏和工具栏的组合，提供选项卡“页面”，包括按钮、列表和命令。

• Office 按钮：打开 Office 菜单，从中可打开、保存、打印和新建演示文稿。

• 快速访问工具栏：包含一些最常用命令的快捷方式。也可自行添加用户常用的快捷方式。

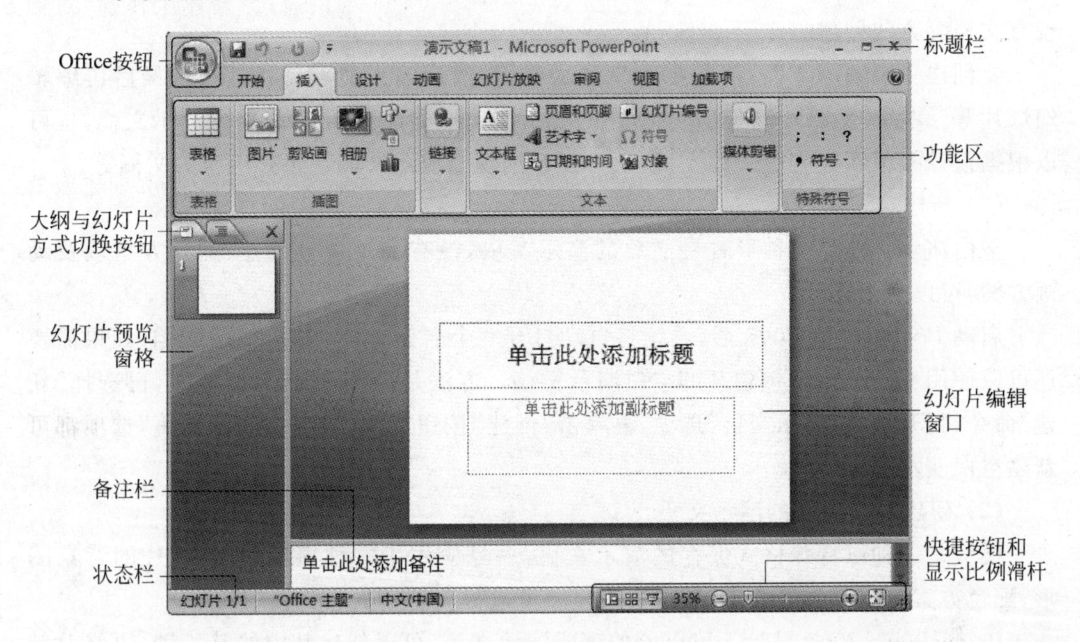

图 5.6　PowerPoint 2007 窗口

• “最小化”按钮：将应用程序窗口缩小为任务栏上的一个按钮，再次单击任务栏上的按钮即可重新打开窗口。

• “最大化”/“向下还原”按钮：如果窗口在最大化的(全屏)状态，则将其更改为较小的窗口(非全屏)；如果窗口不是最大化的，则单击此按钮可最大化窗口。

• “关闭”按钮：关闭应用程序。若有更改，系统会提示是否保存更改。

• 工作区：显示活动 PowerPoint 幻灯片的位置。默认是“普通视图”，也可使用其他视图，在其他视图中，工作区的显示也会有所不同。

• 状态栏：显示有关演示文稿的信息，并提供更改视图和显示比例的快捷方式。

2. 视图模式

为了方便使用者，PowerPoint 2007 提供了多种观察幻灯片的方式，主要分为普通视图、幻灯片浏览视图、备注页视图和幻灯片放映视图 4 种，每种视图都包含有该视图下特定的工作区、功能区和其他工具。用户可以在功能区中选择“视图”选项卡，然后在“演示文稿视图”组中选择相应的按钮即可改变视图模式。

在视图模式中，可以通过普通视图来编辑演示文稿的内容。在此视图中，可以输入文字、插入对象，对文字或对象进行编辑。也可以用幻灯片浏览视图。

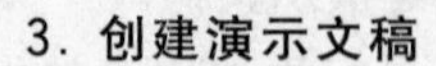

3. 创建演示文稿

在 PowerPoint 2007 中，可以使用多种方法来创建演示文稿。例如使用模板和根据现有文档等方法创建。

要创建一个演示文稿，首先要新建演示文稿，然后输入文本，插入图片，最后再编辑幻灯片等。在 PowerPoint 2007 中新建的演示文稿种类很多，可以是空白演示文稿，也可以根据设计模板新建有版式的文稿，还可以根据现有演示文稿新建有内容的文稿等。

(1) 新建空演示文稿

空白演示文稿是一种形式最简单的演示文稿，没有应用模板设计、配色方案以及动画方案，可以自由设计。

启动 PowerPoint 2007 后，系统将自动打开一个名为"演示文稿 1"的文档，如果需要还可以使用 Office 按钮创建新的空白演示文稿。方法是：选择"Office"按钮，再选择"新建"命令，打开"新建演示文稿"选项，再单击"创建"按钮或双击"空白演示文稿"选项都可新建空白演示文稿。

(2) 新建基于模板的演示文稿

模板是一种以特殊格式保存的演示文稿，一旦应用了一种模板后，幻灯片的背景图形、配色方案等就都已经确定，所以套用模板可以提高创建演示文稿的效率。

PowerPoint 2007 设计了可借鉴的现成演示文稿，可以新建其中的某一种，再修改其中的内容、结构，也可以进行再设置，使它更符合自己的需要。

4. 演示文稿的放映

演示文稿创建以后，用户可以根据使用者的不同设置放映方式。

(1) 放映演示文稿

首先设置放映模式。放映模式一般分为自动放映和手工放映两种，系统默认手工放映模式。如果设置成自动放映模式，只要一打开演示文稿就会按照事先设置的放映顺序和速度自动放映。

打开演示文稿后，单击 Office 按钮，在下拉列表中选择"另存为" 命令，将弹出"另存为"下级菜单。在下级菜单中选择"PowerPoint 放映" 选项，会弹出"另存为" 对话框，在其中设置好保存位置和文件名后，单击"保存" 按钮退出。以后只要一打开这份演示文稿就会自动放映。

(2) 设置放映方式和放映次序

设置放映方式有"演讲者放映(全屏幕)" (此为默认方式)、"观众自行浏览(窗口)"、"在展台浏览(全屏幕)" 三种。另外还有"循环放映"、"放映时不加旁白"、"放映时不加动画" 等放映选项。设置放映次序，放映次序分 3 种情况，即从头开始放映、从当前幻灯片开始放映、自定义放映。

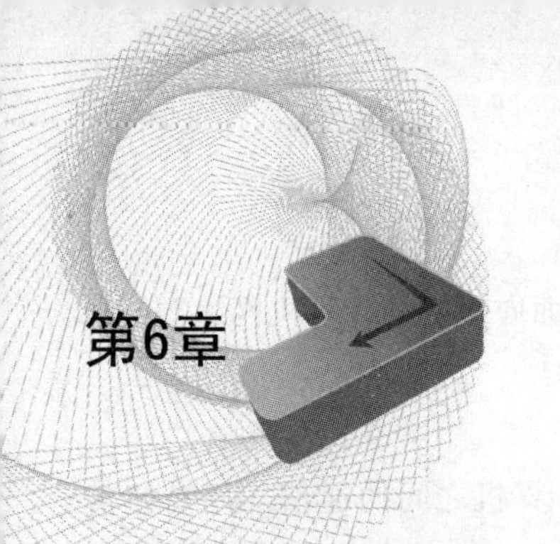

第6章 chapter 6

计算机网络

计算机网络已经成为当今计算机技术发展最具发展潜力和最活跃的方向之一，而且其发展的潜力十分强劲。现在传统的通信方式在许多方面已经逐步由计算机技术和通信技术结合的计算机网络取代。

计算机网络可以使远距离的计算机用户相互通信、数据处理和资源共享，从而实现远程通信、远程医疗、远程教学、电视会议、综合信息服务等功能。

随着计算机技术和通信技术的发展，用于计算机网络的硬件和软件大量涌现，价格越来越便宜，操作越来越容易、方便，计算机网络已经成为人们工作和生活中不可缺少的工具，深受用户的欢迎，应用越来越广泛。所以我们有必要了解一些计算机网络的基础知识。

6.1 计算机网络的基本情况

计算机网络是计算机技术和通信技术高速发展的产物。计算机网络技术的应用使计算机的应用范围得到了极大地拓展，目前已经渗透到社会的各个领域。计算机网络技术对其他学科和技术的发展具有强大的支撑作用。

6.1.1 计算机网络的发展

计算机网络(Computer Network)就是将地理上分散布置的具有独立功能的多台计算机(系统)或由计算机控制的外部设备，利用通信手段通过通信设备和线路连接起来，按照特定的通信协议进行信息交流，实现资源共享的系统。

计算机网络的发展到现在为止大致经历了四个阶段。

1. 第一代：远程终端连接

20 世纪 60 年代早期，主机是网络的中心和控制者，终端(键盘和显示器)分布在各处并与主机相连，用户通过本地的终端使用远程的主机。系统中除一台中心计算机外，其余终端没有自主处理能力，系统的主要功能只是完成中心计算机和各终端之间的通信，各

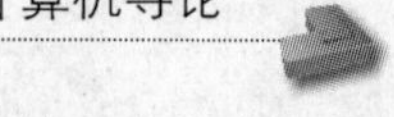

终端之间的通信只有通过中心计算机才能进行,因而又称为"面向终端的计算机网络"。

2. 第二代:计算机网络阶段(局域网)

20世纪60年代中期,多个主机互连,实现了计算机和计算机之间的通信。用高速传输线路将不同地点的计算机系统连接起来,甚至跨国连接,通过卫星传送信息等。终端用户可以访问本地主机和通信子网上所有主机的软硬件资源。系统中每台计算机都具有自主处理功能,不存在主从关系。在这个阶段中,出现了局域网(LAN)、城域网(MAN)、远程网(NRC)等网络。

3. 第三代:计算机网络互联阶段(广域网、Internet)

不同网络之间实现连接。实现网络互连需要有一个共同遵守的标准,国际标准化组织(ISO)于1984年颁布了"开放系统互连基本参考模型"(OSI),该模型将计算机网络分成七个层次,促进了网络互连技术的发展。TCP/IP协议诞生。

4. 第四代:信息高速公路(高速,多业务,大数据量)

网络互连技术的发展和普及、光纤通信和卫星通信技术的发展,促进了网络之间在更大范围的互连。

所谓信息高速公路,是把大量计算机资源用高速通信线路互连起来,实现信息的高速传输。20世纪90年代初至现在是计算机网络飞速发展的阶段,其主要特征是计算机网络化,协同计算能力发展以及全球互连网络(Internet)的盛行。计算机的发展已经完全与网络融为一体,体现了"网络就是计算机"的口号。目前,计算机网络已经真正进入社会各行各业,为社会各行各业所采用。另外,虚拟网络高速光纤网(FDDI)及异步传送模式(ATM)技术的应用,使网络技术蓬勃发展并迅速走向市场,走进平民百姓的生活。

6.1.2 计算机网络的分类

1. 根据地理范围划分

根据组成计算机网络的地理范围大小的不同,可划分为广域网(WAN)、城域网(MAN)和局域网(LAN)。

(1) 局域网(Local Area Network,LAN)

是在有限的范围内构建的网络,所以组成网络的各计算机地理分布范围较窄,一般用微型计算机通过高速通信线路相连。局域网的作用范围通常限定在有限的地理范围内,例如,在一个单位或几幢相近的大楼范围内的计算机网络,连网计算机之间的距离一般在几米至几公里范围内。局域网的通信线路一般为电话线、同轴电缆、双绞线和光纤电缆等。

(2) 城域网(Metropolitan Area Network,MAN)

又称为都市网,是规模鉴于局域网和广域网之间的一种大范围的高速网络,其范围可覆盖一个城市或一个地区，一般为几公里至几十公里。城域网的设计目标主要是满足几十公里范围内的企业、机关、公司的多个局域网互连的需求，以实现大量用户之间的数据、语音、图形与视频等多种信息的传输功能。

(3) 广域网(Wide Area Network，WAN)

又称远程网，组成网络的各计算机之间地理分布范围广，如城市、国家甚至世界之间的网络都是广域网。广域网的作用范围通常为几十公里到几千公里，常用于一个国家范围或更大范围内的信息交换，能实现较大范围内的资源共享和信息传输。

广域网组网费用很高，一般利用公用传输网络来组成。通常使用公共的通信设备、地面无线电通信和卫星通信等设施，所以数据传输速率相对较低，误码率较高，通信控制复杂。

2. 根据使用范围划分

根据网络的使用范围划分，可将计算机网络分为公用网和专用网。

(1) 公用网

由国家电信部门组建、控制和管理，为全社会提供服务的公共数据网络，凡是愿意按规定交纳费用的用户都可以使用。

(2) 专用网

由某部门或公司组建、控制和管理，为特殊业务需要而组建的，不允许其他部门或单位使用的网络。

3. 根据网络管理方式划分

根据网络的管理方式划分，可以分为以下三点。

(1) 对等式网络结构

对等网是最简单的网络，网络中不需要专门的服务器，接入网络的每台计算机没有工作站和服务器之分，都是平等的，既可以使用其他计算机上的资源，也可以为其他计算机提供共享资源。比较适合于部门内部协同工作的小型网络。

对等网络组建简单，不需要专门的服务器，各用户分散管理自己机器的资源，因而网络维护容易；但较难实现数据的集中管理与监控，整个系统的安全性也较低。

(2) 专用服务器结构

需要一台专用的文件服务器，所有的工作站都以该服务器为中心，即网络上的工作站要进行文件传输时，都需要通过服务器，无法在工作站之间直接传输。

所有文件的读取、消息的传送等，都在服务器的控制下进行。

由于将应用程序和数据存放在文件服务器上，当工作站的使用者需要应用程序和数据时，将从文件服务器上获取，然后送到需要使用的工作站上，而且每一台工作站都具有独立运算和数据处理能力。

这是一种集中管理、分散处理的方式。

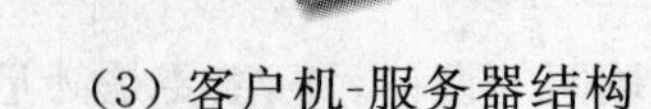

(3) 客户机-服务器结构

将需要处理的工作分配给客户机(Client)和服务器(Server)处理。客户机或服务器并没有一定的界限,必要时两者角色可以互换。客户机和服务器完全按其所扮演的角色而定。

客户机是提出服务请求的一方,只要是主动提出服务的一方即为客户机;服务器是提供服务的一方,只要答应需求方的请求而提供服务即为服务器。

客户机-服务器结构中,工作站端直接与使用者打交道,服务器端不断倾听工作站端是否有任何要求,如果有,则解释传送来的消息,并且在服务器端上运行,最后才将结果与错误信息送回给工作站端,由工作站端呈现给用户。

6.1.3 计算机网络的拓扑结构

网络的拓扑结构是用网中结点与通信线路之间的几何关系表示的网络结构,它反映了网络中各实体间的结构关系,抛开网络中的具体设备,把向工作站、服务器等网络单元抽象成为"点",把网络中的电缆等通信媒体抽象为"线",从而抽象出了网络系统的几何结构,即为逻辑结构。网络的拓扑结构反映出网中各实体的结构关系,是建设计算机网络的第一步,是实现各种网络协议的基础,它对网络的性能、系统的可靠性与通信费用都有重大影响。

1. 星型结构

星型结构的网络要用一台计算机或其他设备作为中心结点,其他的计算机通过线路和中心结点相连接。在一个星型局域网中,网络上各计算机之间的通信都要通过中央结点的转发完成通信。

星型结构的特点:星型拓扑结构简单,便于管理和维护;星型结构易扩充,易升级;对中心结点的要求比较高,一旦出现故障,全网瘫痪,如图 6.1 所示。

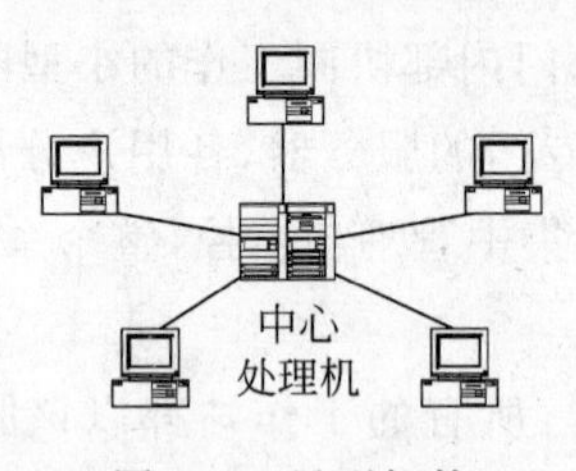

图 6.1 星型拓扑

2. 总线结构

总线型结构中,所有的计算机都使用同一条总线传输数据,出现传输冲突的可能性较大,必须用专门的通信协议来保证传输的正常进行。

总线结构的特点：组网比较简单，扩展网络的结点也比较简单。但对网络的连接较高，一个结点出问题，将影响整个网络，如图 6.2 所示。

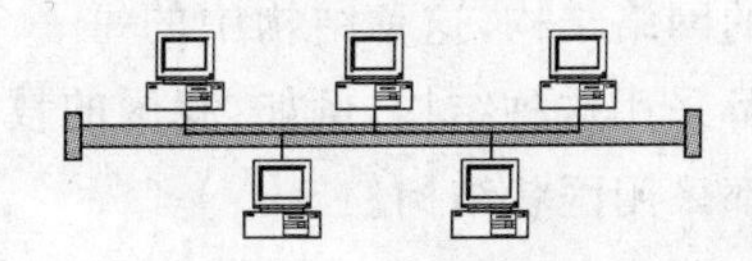

图 6.2　总线型拓扑

3. 环型结构

环型结构是各个网络结点通过环接口连在一条首尾相接的闭合环型通信线路中。环型结构有两种类型，即单环结构和双环结构。例如：单环结构的网络有令牌环(Token Ring)。双环结构的网络有光纤分布式数据接口(FDDI)。

环型结构的特点：在环型网络中，各工作站间无主从关系，结构简单；信息流在网络中沿环单向传递，延迟固定，实时性较好；可扩充性和可靠性都较差，如图 6.3 所示。

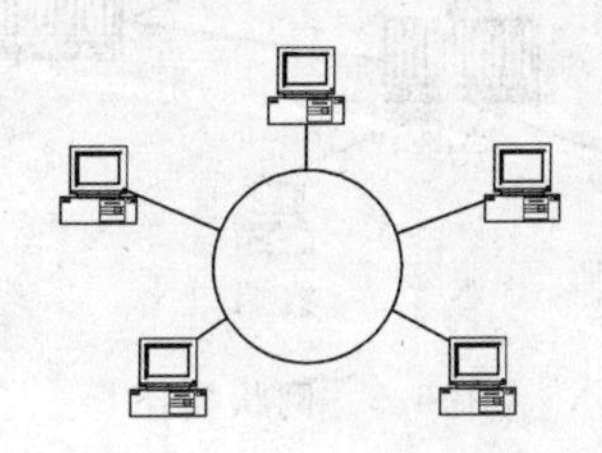

图 6.3　环型拓扑

4. 树型结构

树型结构是星型结构的扩展，或者说是从总线型和星型结构演变而成的，它有两种类型，一种是由总线型拓扑结构派生出来的，它由多条总线连接而成。另一种是星型结构的扩展，各结点按一定的层次连接起来，形状像一棵倒置的树，因此称为树型结构。在树型结构的顶端有一个根结点，它带有多分支，每个分支还可以再带子分支，如图 6.4 所示。

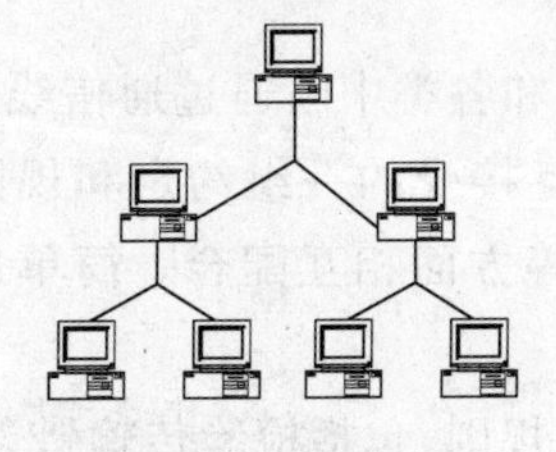

图 6.4　树型拓扑

树型结构的网络特点：易于扩展，可靠性高；根结点的依赖性大，根结点出现故障，将导致全网瘫痪。

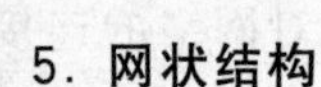

5. **网状结构**

网状结构是一种不规则的网络结构，这种结构中的每一个结点和另一个之间至少有两条链路。大型互联网一般都采用这种结构，例如，我国的教育科研示范网 CERNET、国际互联网 Internet 的主干网都采用网状结构。

网状结构的特点：每个结点都有冗余链路，可靠性高；因为有多条路径，所以可以选择最佳路径，但路径选择比较复杂；结构复杂，不易管理和维护；适用于大型广域网；线路成本高，如图 6.5 所示。

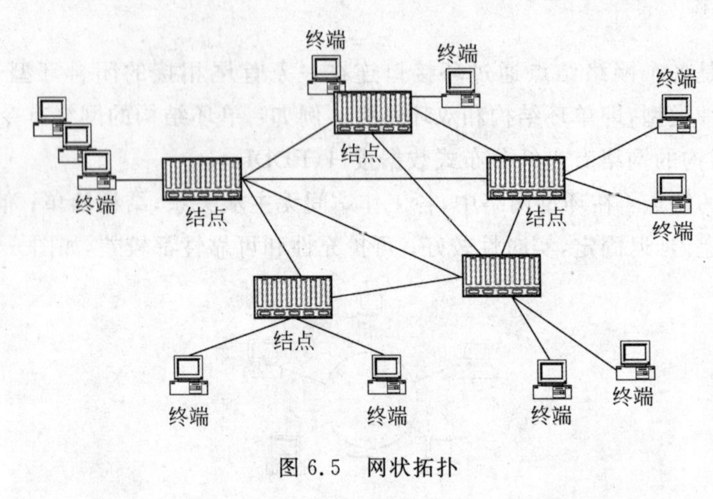

图 6.5 网状拓扑

6.1.4 计算机网络协议和体系结构

为了能够使不同地理分布且功能相对独立的计算机之间组成网络实现资源共享，计算机网络系统需要涉及和解决许多复杂的问题，包括信号传输、差错控制、寻址、数据交换和提供用户接口等一系列问题。计算机网络体系结构是为简化这些问题的研究、设计与实现而抽象出来的一种结构模型。

1. **网络协议与层次**

计算机网络是由多种计算机和各类中断通过通信线路连接起来的复杂系统，两个通信对象在进行通信时，须遵从相互接受的一组约定和规则，这些约定和规则使它们在通信内容、怎样通信以及何时通信等方面相互配合。简单地说，协议是指通信双方必须遵循的控制信息交换规则的集合。

协议是两点之间信息传输的规则，包括检验传输错误的硬件和软件规则与过程。这些为进行网络中的数据交换而建立的规则、标准或约定称为网络协议。协议由字符集、用于信息定时和定序的规则集、检错和纠错过程组成。检错的常用手段有奇偶检验、字符回送、检验和、循环冗余检测(CRC)等。

网络协议是计算机网络中不可缺少的重要组成部分，是网络赖以工作的保证。网络离不开通信，通信离不开协议。

如果通信双方无任何协议，则对所传输的信息无法理解，更谈不上正确的处理和执行。

随着计算机网络技术的发展，不但要求网络内部各工作站之间、工作站与服务器之间要遵守相应的协议标准，而且要求不同网络之间也能互连，这就要求网络是开放的、可以互连的。

一个功能完善的计算机网络需要制定一套复杂的协议集合，对于这种协议集合，最好的组织方式是层次结构模型。很多经验和实践表明，对于计算机网络协议，其结构最好采用层次式。这种结构好处在于：每一层都实现相对的独立功能，因而可以将一个难以处理的复杂问题分解为若干个较容易处理的更小一些的问题。

分层结构中各相邻层之间要有一个接口，它定义了较低层向较高层提供的原始操作和服务。相邻层通过它们之间的接口交换信息，高层并不需要知道低层是如何实现的，仅需要知道该层通过层间的接口所提供的服务，这样使得两层之间保持了功能的独立性。

对于网络结构化层次模型，其特点是每一层都建立在前一层的基础上，较低层只是为较高一层提供服务。这样每一层在实现自身功能时，直接使用较低一层提供的服务，而间接地使用了更低层提供的服务，并向较高一层提供更完善的服务，同时屏蔽了具体实现这些功能的细节。

2. 计算机网络的分层模型

将上述分层的思想或方法运用于计算机网络中，就产生了计算机网络的分层模型。在实施网络分层时要依据以下原则：

- 根据功能进行抽象分层，每个层次所要实现的功能或服务均有明确的规定。
- 每层功能的选择应有利于标准化。
- 不同的系统分成相同的层次，对等层次具有相同功能。
- 高层使用下层提供的服务时，下层服务的实现是不可见的。
- 层次的数目要适当。层次太少功能不明确，层次太多体系结构过于庞大。

分层模型的优点是能解决通信的异质性(heterogeneity)问题。

- 语言层解决不同种语言的相互翻译问题，只关心语种，不关心会话内容和方式。
- 媒介层解决信息传递：语音(电话)/文字(传真)。
- 高层屏蔽低层细节问题。
- 概念层只关心会话内容，不关心语种和会话方式。
- 语言层媒介层只关心信息的传递，不关心信息的内容和设计实现。
- 每个层次向上一层次提供服务。

3. 计算机网络体系结构

计算机网络的各层以及其协议的结合，称为网络的体系结构。换言之，计算机网络的体系结构即是对计算机网络及其部件所应该完成的功能的精确定义。即计算机网络应设置哪几层，每层应提供哪些功能的精确定义。网络体系结构只是从功能上描述计算机网络的结构，而不涉及每层硬件和软件的组成，也不涉及这些硬件或软件的实现问题。

世界上第一个网络体系结构是 1974 年由 IBM 公司提出的“系统网络体系结构(SNA)”。之后，许多公司纷纷提出了各自的网络体系结构。所有这些体系结构都采用了分层技术，但层次的划分、功能的分配及采用的技术均不相同。随着通信技术的发展，不同结构的计算机网络互连已成为人们迫切需要解决的问题。在这个前提下，提出了开放系统互连参考模型 OSI。

4. OSI/RM 体系结构

自 20 世纪 70 年代以来，国外一些主要计算机生产厂家先后推出了各自的网络体系结构，但都属于专用的。为使不同厂家的计算机能够互相通信，以便在更大的范围内建立计算机网络，有必要建立一个国际范围的网络体系结构标准。国际标准化组织 ISO 于 1981 年正式推荐了一个网络系统结构——开放系统互连模型(Open System Interconnection Reference Model，OSI/RM，OSI)。由于这个标准模型的建立，使得各种计算机网络向它靠拢，大大推动了网络通信的发展。

只要遵循 OSI 标准，一个系统可以和位于世界上任何地方的、同样遵循 OSI 标准的其他任何系统进行连接。

ISO 将网络通信功能分成一组层次分明的分层结构，每一层各自执行自己承担的任务，层与层之间相互沟通。依靠各层次之间的功能组合，为用户提供与其他结点用户之间存取通路。每一层的目标都是为高一层提供一定的服务，数据在一个结点到另一个结点之间的通信过程，是每一层将数据和控制信息传递给紧接的下一层，一直到达最下一层，在最下一层通过传输介质实现与另一个结点的物理通信。ISO 分层结构如图 6.6 所示。

这个协议为计算机网络产品的厂家提供了生产标准，大大地促进了网络技术的发展。

协议各层的主要功能简介：

- 物理层(第一层)：提供与物理传输介质连接的途径以及控制物理传输介质的方法。
- 数据链路层(第二层)：提供信息在通信线路上可靠传输所需要的功能。
- 网络层(第三层)：网络上的计算机等设备之间利用网络交换数据的工具，负责控制结点之间信息的传输，为第四层(传输层)的数据传输建立连接。
- 传输层(第四层)：又称运输层、传送层或转送层，根据子网的特性最佳地利用网

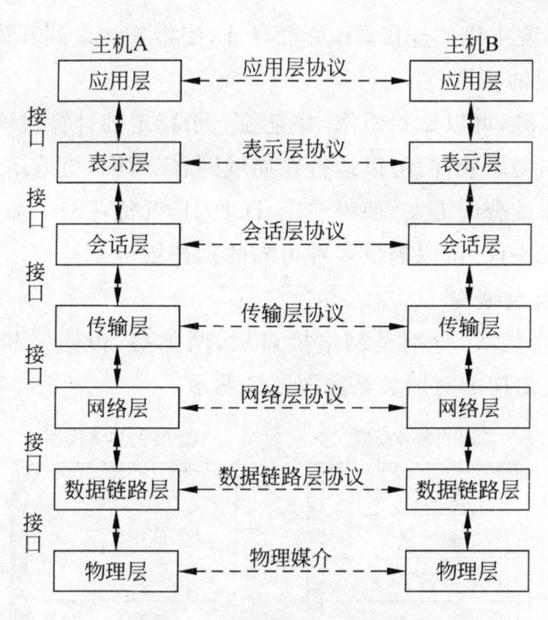

图 6.6 OSI/RM 参考模型

络资源，并以可靠和经济的方式，为两个源工作站和目的工作站的会话层之间建立一条传输连接，以透明地传送数据，并提供端点到端点的差错恢复和流量控制。

- 会话层（第五层）：又称为对话层，在两个互相通信的应用进程之间建立、组织和协调它们之间的连接（会话），发生意外时（如已建立的连接突然中断），确定重新恢复会话应从何时开始，以及把面向网络的会话地址变换为工作站的物理地址等。
- 表示层（第六层）：完成数据格式的转换，提供标准的应用接口，以及公用的通信服务，主要解决用户信息的语法表示问题。
- 应用层（第七层）：面向用户，是用户与应用进程的接口。

5. TCP/IP 的体系结构

OSI 参考模型制定之初，人们普遍希望网络标准化，对 OSI 寄予厚望，然而 OSI 迟迟无成熟产品推出，妨碍了第三方厂家开发相应的软、硬件，进而影响了 OSI 的市场占有率和未来发展。另外，在 OSI 出台之前 TCP/IP 就代表着市场主流，OSI 出台后很长时间不具有可操作性，因此在信息爆炸、网络迅速发展的近 10 多年里，性能差异、市场需求的优势客观上促使众多的用户选择了 TCP/IP，并使其成为“既成事实”的国际标准。

TCP/IP 模型是由美国国防部创建的，是发展至今最成功的通信协议。它被用于构筑目前最大的、开放的互联网络系统 Internet。TCP/IP 是一组通信协议的代名词，这组协议使任何具有网络设备的用户能访问和共享 Internet 上的信息，其中最重要的协议簇是传输控制协议（TCP）和网际协议（IP）。TCP 和 IP 是两个独立且紧密结合的协议，负责管理和引导数据报文在 Internet 上的传输。二者使用专门的报文头定义每个报文的

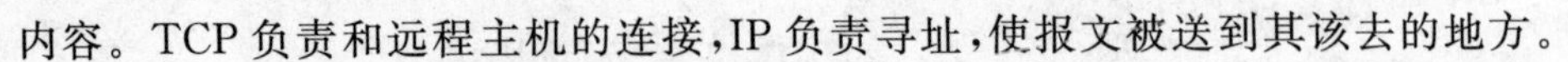

内容。TCP负责和远程主机的连接，IP负责寻址，使报文被送到其该去的地方。

(1) TCP/IP协议的特点

- 开放的协议标准，可以免费使用，并且独立于特定的计算机硬件与操作系统；
- 独立于特定的网络硬件，可以运行在局域网、广域网，更适用于互联网中；
- 统一的网络地址分配方案，使得整个TCP/IP设备在网中都具有唯一的地址；
- 标准化的高层协议，可以提供多种可靠的用户服务。

(2) TCP/IP的层次结构

TCP/IP分为四个层次，分别是网络接口层、网际层、传输层和应用层。TCP/IP的层次结构与OSI层次结构的对照关系如图6.7所示。

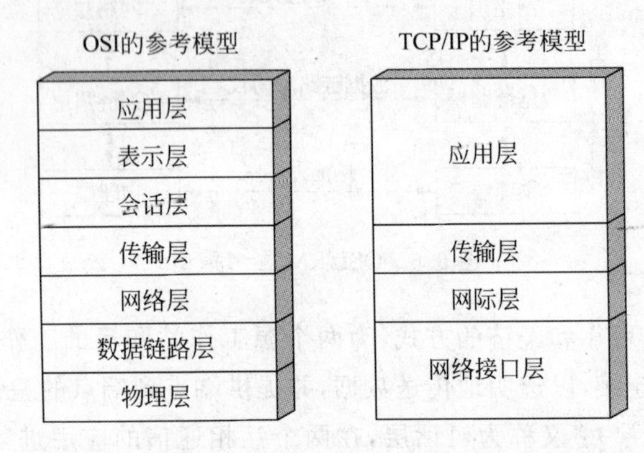

图6.7 OSI参考模型和TCP/IP参考模型对照图

- 网络接口层：也被称为网络访问层，接收IP数据报并进行传输，从网络上接收物理帧，抽取IP数据报转交给下一层，对实际的网络媒体的管理，定义如何使用实际网络(如Ethernet、Serial Line等)来传送数据。
- 网际层：负责提供基本的数据封包传送功能，让每一块数据包都能够到达目的主机(但不检查是否被正确接收)，如网际协议(IP)。
- 传输层：在此层中，它提供了结点间的数据传送，应用程序之间的通信服务，主要功能是数据格式化、数据确认和丢失重传等。如传输控制协议(TCP)、用户数据报协议(UDP)等，TCP和UDP给数据包加入传输数据并把它传输到下一层中，这一层负责传送数据，并且确定数据已被送达并接收。
- 应用层：应用程序间沟通的层，如简单电子邮件传输(SMTP)、文件传输协议(FTP)、网络远程访问协议(Telnet)等。

(3) TCP/IP协议集

① 网际层的协议——网际协议(Internet Protocol，IP)

IP协议的任务是对数据包进行相应的寻址和路由，并从一个网络转发到另一个网络。IP协议在每个发送的数据包前加入一个控制信息，其中包含了源主机的IP地址、目的主机的IP地址和其他一些信息。

IP协议的另一项工作是分割和重编在传输层被分割的数据包。由于数据包要从一个网络到另一个网络,当两个网络所支持传输的数据包的大小不相同时,IP协议就要在发送端将数据包分割,然后在分割的每一段前再加入控制信息进行传输。当接收端接收到数据包后,IP协议将所有的片段重新组合形成原始的数据。

IP是一个无连接的协议。无连接是指主机之间不建立用于可靠通信的端到端的连接,源主机只是简单地将IP数据包发送出去,而数据包可能会丢失、重复、延迟时间大或者IP包的次序会混乱。因此,要实现数据包的可靠传输,就必须依靠高层的协议或应用程序,如传输层的TCP协议。

② 网际层的协议——网际控制报文协议(Internet Control Message Protocol,ICMP)

网际控制报文协议ICMP为IP协议提供差错报告。由于IP是无连接的,且不进行差错检验,当网络上发生错误时它不能检测错误。向发送IP数据包的主机汇报错误就是ICMP的责任。

例如,如果某台设备不能将一个IP数据包转发到另一个网络,它就向发送数据包的源主机发送一个消息,并通过ICMP解释这个错误。ICMP能够报告的一些普通错误类型有目标无法到达、阻塞、回波请求和回波应答等。

③ 网际层的协议——网际主机组管理协议(Internet Group Management Protocol,IGMP)

IP协议只是负责网络中点到点的数据包传输,而点到多点的数据包传输则要依靠网际主机组管理协议IGMP完成。它主要负责报告主机组之间的关系,以便相关的设备(路由器)支持多播发送。

④ 网际层的协议——地址解析协议(Address Resolution Protocol,ARP)和反向地址解析协议(Reverse Address Resolution Protocol,RARP)

计算机网络中各主机之间要进行通信时,必须要知道彼此的物理地址(OSI模型中数据链路层的地址)。因此,在TCP/IP的网际层有ARP协议和RARP协议,它们的作用是将源主机和目的主机的IP地址与它们的物理地址相匹配。

⑤ 传输层协议——传输控制协议(Transmission Control Protocol,TCP)

TCP协议是传输层一种面向连接的通信协议,提供可靠的数据传送。对于大量数据的传输,通常都要求有可靠的传送。

TCP协议将源主机应用层的数据分成多个分段,然后将每个分段传送到网际层,网际层将数据封装为IP数据包,并发送到目的主机。目的主机的网际层将IP数据包中的分段传送给传输层,再由传输层对这些分段进行重组,还原成原始数据,传送给应用层。

TCP协议还要完成流量控制和差错检验的任务,以保证可靠的数据传输。

⑥ 传输层协议——用户数据报协议(User Datagram Protocol,UDP)

UDP协议是一种面向无连接的协议,因此它不能提供可靠的数据传输,而且UDP不进行差错检验,必须由应用层的应用程序实现可靠性机制和差错控制,以保证端到端数据传输的正确性。

虽然UDP与TCP相比,显得非常不可靠,但在一些特定的环境下还是非常有优势的。

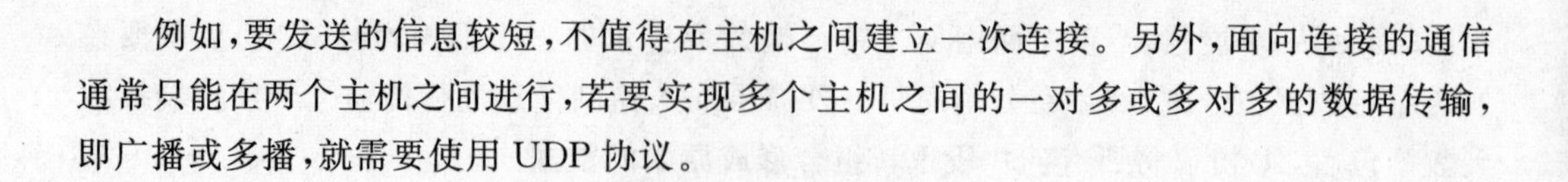

例如，要发送的信息较短，不值得在主机之间建立一次连接。另外，面向连接的通信通常只能在两个主机之间进行，若要实现多个主机之间的一对多或多对多的数据传输，即广播或多播，就需要使用 UDP 协议。

6.2 网络互连设备

网络互连是指通过采用合适的技术和设备，将不同地理位置的计算机网络连接起来，形成一个范围、规模更大的网络系统，实现他们之间的数据传输、通信、交互和资源共享。

网络互连常用的网络设备有集线器，交换机、网桥、路由器和网关等。

1. 集线器

集线器(Hub)是局域网的一种重要设备，双绞线通过集线器将网络中的计算机连接在一起，完成网络的通信功能。集线器的功能是分配频宽，将局域网内各自独立的计算机连接在一起并能互相通信的设备。当一台计算机从一个端口将信息发送到集线器后，集线器把该端口接收的所有信号向其他端口分发出去(广播)，其他端口上的计算机根据信息所包含的接收地址来决定是否要接收这个信息。集线器完成发送和接收的过程。集线器外形如图 6.8 所示。

图 6.8 集线器

(1) 集线器分类

按端口分类：集线器有 4 端口、8 端口、16 端口和 32 端口等不同规格。其中一个端口和网络连接，其他的端口和网络中的计算机连接。当网络中接入的计算机比较多时，一级集线器可能容量不够，可以使用多个集线器，形成树型的网络结构。

按总线结构分类：可分为 ISA 卡和 PCI 卡。

(2) 集线器的特点

在星型结构中，集线器是连接的中间结点，起放大信号的作用。

所有设备共享 Hub 的带宽，也就是说，如果 Hub 的带宽是 100M，连接了 10 个设备，每个设备就是 10M。Hub 所有端口共享一个 MAC 地址。

2. 交换机

交换机原来是公用电话网中的关键设备,用来实现主叫和被叫之间的接续。将这种交换技术的基本原理应用于计算机网络,就形成了网络交换机。网络交换机外形如图 6.9所示。

图 6.9 网络交换机

网络交换机在许多情况下可以代替网络集线器,或者将交换功能置入集线器中,形成交换式集线器。前面已经提到,集线器主要是通过广播方式来完成计算机之间的连接和通信,而交换式集线器或者交换机则是通过端口到端口的传递来完成计算机之间的接续。使用交换机或者交换式集线器可以极大地改善网络的传输性能,使用户得到满意的服务。因此,网络交换机以及交换式集线器的应用是越来越普遍。

(1) 交换机分类

从传输介质和传输速度上,交换机可以分为以太网交换机、快速以太网交换机、千兆以太网交换机、FDDI 交换机、ATM 交换机和令牌环交换机等多种。

从所应用的网络规模上可分为,局域网交换机可以分为企业级交换机、部门级交换机和工作组级交换机三类。分别支持 500、300 和 100 信息点。支持 100 以内的小型企业所应用的交换机一般作为工作组级交换机。

按应用范围可分为桌面型交换机(Desktop Switch)、组型交换机(Workgroup Switch)和校园网交换机(Campus Switch)三类。

(2) 交换机的特点

- 用于星型结构时,交换机作为中心结点起放大信号的作用;
- 端口不共享带宽,如果是一个 10M 的交换机,那么每个端口的带宽是 10M;
- 每个端口拥有自己的 MAC 地址;
- 交换机是一个网络设备,拥有路由器的一部分功能,它可以决定接收到的数据向什么地方发送,它的速度比路由器要快。

(3) 交换机和集线器的区别

当交换机控制电路从某一端口收到一个 Ethernet(即以太网)数据包后,将立即在其内存中的地址表(端口号-MAC 地址)进行查找,以确认该目的 MAC 的网卡连接在哪一个端口上,然后将该包转发至该端口,如果地址表中没找到该 MAC 地址,也就是说该目的的 MAC 网卡在接收到该广播包后将立即给出应答,从而使交换机将其端口号-MAC 地址对照表添加到地址表中。

交换机和集线器最大的差别在于交换机能够记忆用户(即 MAC 地址)连接的端口。

3. 路由器

广域网的通信过程与邮局中信件传递的过程类似，都是根据地址来寻找到达目的地的路径，这个过程在广域网中称为"路由(Routing)"。路由器负责不同广域网中各局域网之间的地址查找(建立路由)、信息包翻译和交换；实现计算机网络设备与电信设备电气连接和信息传递。因此，路由器必须具有广域网和局域网两种网络通信接口，路由器外形如图 6.10 所示。

图 6.10 路由器

(1) 路由器分类

路由器分本地路由器和远程路由器，本地路由器是用来连接网络传输介质的，如光纤、同轴电缆、双绞线。

远程路由器是用于连接远程传输介质，并要求相应的设备，如电话线需要配调制解调器，无线需要通过无线接收机、发射机。

(2) 路由器的特点

在网络间截获发送到远地网段的报文，起转发的作用。

选择最合理的路由，引导通信。

路由器在转发报文的过程中，为了便于在网络间传送报文，按照预定的规则把大的数据包分解成适当大小的数据包，到达目的地后再把分解的数据包组成原有形式。

能实现异种网之间的传输层以上的协议转换。

路由器的主要任务是把通信引导到目的地网络，然后到达特定的结点站地址。

路由器能过滤出广播信息以避免网络拥塞；通过设置隔离和安全参数，禁止某种数据传输到网络，并具有网络流量控制功能。

4. 网桥

网桥(Bridge)又称桥接器，网桥工作在数据链路层，它能将一个较大的 LAN 分割为多个网段，或将两个以上相同或不相同的 LAN 互连组成一个扩展的逻辑局域网络，LAN 上的所有用户都可访问服务器。若将两个 LAN 连起来，根据 MAC 地址来转发帧实现局域网互连的存储转发设备。网桥从一个局域网接收 MAC 帧，拆封、校对、校验之后，按另一个局域网的格式重新组装，发往它的物理层。由于网桥是链路层设备，因此不处理数据链路层以上协议所加的报头，不作这些层次的修改，如图 6.11所示。

图 6.11 网桥

网桥的特点如下：

- 连接同构型 LAN；
- 扩展工作站的平均占有频带；
- 扩展 LAN 的地址范围；
- 提高网络性能及可靠性；
- 灵活地适应各种不同应用的需要。

5. 网关

网关(Gateway)又称网间连接器或协议转换器。网关在传输层上以实现网络互连，是最复杂的网络互连设备，仅用于两个高层协议不同的网络互连。网关的结构同路由器类似，不同的是互连层。网关既可以用于广域网互连，也可以用于局域网互连。网关设备的外形如图 6.12 所示。

图 6.12 网关

网关的特点如下：

- 用于连接网络层之上执行不同协议的子网，组成异构型的互连网；
- 网关能实现异构设备之间的通信，对不同的传输层、会话层、表示层、应用层协议进行翻译和变换；
- 网关具有对不兼容的高层协议进行转换的功能。

6. 防火墙

防火墙(Firewall)是指一个由软件或硬件设备组合而成，处于网络与外界通道(Internet)之间，限制外界用户对内部网络访问及管理内部用户访问外界网络的权限。防火墙设就是一个计算机加上控制软件，用来增强机构内部网络的安全性。

6.3 局域网

随着 Internet 不断的普及，越来越多的企业通过各种方式把自已的企业接入了 Internet，除此之外很多企业还利用自己公司的内部局域网接入 Internet，所以我们有必要了解一下局域网。

局域网(Local Area Network)是专用网络,常常位于一个建筑物内,或者在集中的工业区、商业区、政府部门和大学校园中,也可以远到几千米的范围。有着非常广泛的应用领域,主要用于企事业单位的信息传输和过程管理、办公自动化、工业自动化、计算机辅助教学、银行系统、商业系统及校园网等方面。

局域网(LAN)有着覆盖范围较窄,误码率较低,传输速率快等特点。

6.3.1 局域网的组成

局域网由网络硬件和网络软件两部分组成。

1. 局域网硬件系统

局域网的硬件设备通常包括:网络服务器、工作站、网络适配器、网络传输介质和网络连接部件等。

(1) 网络服务器(Server)

服务器用于向用户提供各种网络服务,服务器安装了相应的应用软件,可以提供相应的服务,如文件服务、Web 服务、FTP 服务、E-mail 服务、数据库服务、打印服务、媒体服务等。服务器的硬件配置高,多个高速 CPU、多块大容量硬盘、数以 GB 计的内存等。

网络服务器可以连接多种设备,如硬盘、打印机、调制解调器等,以供各工作站上的用户使用,实现设备、资源共享。网络软件、公共数据库等一般也是安装在网络服务器上。用户只要通过命令,就可以访问服务器上的资源。

(2) 工作站(Workstation)

工作站也称为客户机(Client),可以是一般的 PC,也可以是专用的计算机。它通过网卡和通信电缆连接到网络服务器上,可以有自己的操作系统,独立工作。

工作站通过网络对网络服务器进行访问,从网络服务器中取得程序和数据后,在工作站上执行;对数据进行加工处理后,又将处理结果存回到网络服务器中。

工作站面向用户,供用户直接使用。

(3) 网络适配器(Network Adapter)

网络适配器又称网络接口卡(NIC),简称网卡,是将网络各个结点上的设备连接到网络上的接口部件。网卡外形如图 6.13 所示。

网卡负责执行网络协议、实现物理层信号的转换等功能,是网络系统中的通信控制器。

网络服务器和每个工作站上都至少安装一块网络适配卡,通过网卡与公共的通信线路相连接。

网卡的工作原理是整理计算机上要发往网线上的数据,并将数据分解为适当大小的数据包之后向网络传输。每块网卡在出厂时被分配了一个全球唯一的 48 位编码,称为网卡的物理地址或 MAC 地址,用来标识连网的计算机或其他设备。MAC 地址通常由网

图 6.13 网卡

卡生产厂家在生产时固化在 ROM 中，前 24 位有 IEEE 注册委员会统一分配，后 24 位由生产厂家自行分配。

要根据局域网的传输介质、计算机总线类型和总线宽度来选择网卡。不同的传输介质、不同的总线类型、不同的总线宽度，选用不同的网卡。

目前常用的网卡类型有：10Mbps、100Mbps、10/100Mbps 自适应网卡等几种。

常见网卡按总线类型可分为 ISA 网卡、PCI 网卡等。ISA 网卡以 16 位传送数据，标称速度能够达到 10M。PCI 网卡以 32 位传送数据，速度更快。

网卡的主要技术参数为网络通信协议、带宽速度、总线方式、电气接口方式。

(4) 网络传输介质

网络传输介质是决定网络传输速率、网络段最大长度、传输可靠性(抗电磁场干扰)以及网卡复杂性的重要因素。网络传输介质是网络中传输数据、连接各网络结点的实体，在局域网中常见的网络传输介质有双绞线、同轴电缆、光缆三种。其中，双绞线是经常使用的传输介质，它一般用于星型网络中，同轴电缆一般用于总线型网络，光缆一般用于主干网的连接。

(5) 共享资源与设备

共享资源与设备，包括连接到服务器的存储设备(如硬盘、磁盘阵列、CD-R、CD-RW 等)、光盘驱动器(CD-ROM、光盘阵列和 DVD-ROM 等)、打印机、传真机，以及其他一切允许授权用户使用的设备。

2. 局域网软件系统

局域网的网络软件包括网络协议、通信软件和网络操作系统等。

(1) 网络操作系统

网络操作系统是最重要的网络软件，它提供安全、高效的服务器管理并提供协调各网络工作站对网络的存取和对网络资源的共享服务。常见网络操作系统有 UNIX、Netware、Windows Server 2000/2003/2008、Linux 等。

(2) 网络协议

网络协议用来协调不同的网络设备间的信息交换。网络协议能够建立起一套非常

有效的机制,每个设备均可据此识别来自其他设备的有意义的信息。类似交谈的双方都使用同一种语言,并遵守相应的语言规则,彼此之间才能够听得懂。

在不同的网络操作系统中,使用不同的网络协议,如同不同国籍、不同民族使用不同的语言一样。常用的网络协议有 TCP/IP、NetBEUI、IPX/SPX 等。

6.3.2 局域网的参考模型

IEEE(Institute of Electrical and Electronics Engineers,电气和电子工程师协会)于1980 年 2 月成立了 IEEE 802 委员会,制定了一套标准,称为 IEEE 802 标准,并被 ISO 采纳作为局域网的国际标准。

局域网是一种通信子网,理论上应该具有最低的 3 层,而高层留给局域网操作系统去处理。

物理层是必需的,因为物理连接以及在媒体上按位传输都需要物理层。由于局域网不存在路由选择问题,因此可以不要网络层。所以局域网的参考模型就只是相当于 OSI 最低的两层——数据链路层和物埋层。由于局域网的种类繁多,其媒体接入控制方式各不相同,为了使局域网中的数据链路层不过于复杂,将局域网的数据链路层划分两个子层:媒体接入控制子层(Medium Access Control,MAC)和逻辑链路控制子层(Logical Link Control,LLC)。

在局域网中数据链路层的功能得到了大大的增强,原本应该在网络层中实现的功能,如寻址、排序、流量控制和差错控制等现在都可以在逻辑链路控制子层(LLC)得到实现。图 6-14 为 IEEE 802 参考模型和 OSI/RM 的层次对应关系。

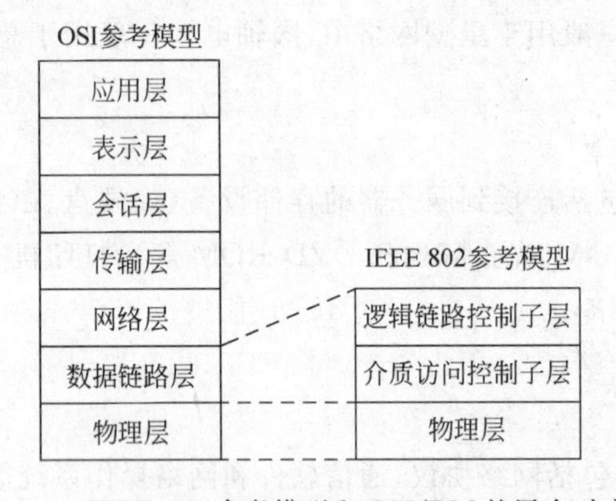

图 6.14 IEEE 802 参考模型和 OSI/RM 的层次对应图

1. LLC 子层

主要功能如下:

- 提供高层的接口;
- 建立和释放数据链路层的逻辑连接;

- 给帧加上序号等；
- 差错控制；
- 由软件译码成实际的数据。

2. MAC 子层

主要功能如下：
- 实现和维护 MAC 协议；
- 位差错检测(一般是 CRC)和寻址；
- 将上层交下来的数据拆装成帧进行接受发送；
- MAC 的实例如令牌环网(802.5)、以太网(802.3)等。

3. 物理层

IEEE 802 参考模型的物理层对应于 OSI 的物理层，实现功能包括：
- 实现信号的编码(常用曼彻斯特编码)与解码；
- 位(比特)的传输与接收；
- 同步前导信号的产生与接收。

6.3.3 以太网和 IEEE 802.3 标准

目前常见的局域网类型包括以太网(Ethernet)、光纤分布式数据接口(FDDI)、异步传输模式(ATM)、令牌环网(Token Ring)、交换网(Switching)等，它们在拓扑结构、传输介质、传输速率、数据格式等多方面都有许多不同。其中应用最广泛的当属以太网——一种总线结构的 LAN，是目前发展最迅速、最经济的局域网。我们这里简单对以太网(Ethernet)介绍。

Ethernet 是 Xerox、Digital Equipment 和 Intel 三家公司开发的局域网组网规范，于 20 世纪 80 年代初首次出版，称为 dix1.0。1982 年修改后的版本为 dix2.0。这三家公司将此规范提交给 IEEE 802 委员会，经过 IEEE 成员的修改并通过，变成了 IEEE 的正式标准，并编号为 IEEE 802.3。Ethernet 和 IEEE 802.3 虽然有很多规定不同，但术语 Ethernet 通常认为与 802.3 是兼容的。IEEE 将 802.3 标准提交国际标准化组织(ISO)第一联合技术委员会(JTC1)，再次修订后变成了国际标准 ISO 802.3。

ISO 802.3 布线介质标准：

10Base-5	粗同轴
10Base-2	细同轴
10Base-T	双绞线
10Base-F	MMF
100Base-T	双绞线

100Base-F　　　　　　MMF/SMF

1000Base-X　　　　　屏蔽短双绞线/MMF/SMF

1000Base-T　　　　　双绞线

以太网是一种基于总线的局域网，它使用 CSMA/CD 协议。CSMA/CD 采用"边发边监听"的方法。监听到信道空闲就发送数据帧，并继续监听下去。如果监听到发生冲突，则立即放弃此数据帧的发送。

1. 以太网的分类

(1) 标准以太网

起初以太网只有 10Mbps 的吞吐量，使用带有冲突检测的载波侦听多路访问(CSMA/CD，Carrier Sense Multiple Access/Collision Detection)的访问控制方法，这种早期的 10Mbps 以太网称之为标准以太网。以太网可以使用粗同轴电缆、细同轴电缆、非屏蔽双绞线、屏蔽双绞线和光纤等多种传输介质进行连接，并且在 IEEE 802.3 标准中，为不同的传输介质制定不同的物理层标准，在这些标准中前面的数字表示传输速度，单位是 Mbps，最后的一个数字表示单段网线长度(基准单位是 100m)，Base 表示"基带"的意思，Broad 代表"带宽"。

(2) 快速以太网

随着网络的发展，传统标准的以太网技术已难以满足日益增长的网络数据流量速度需求。在 1993 年 10 月以前，对于要求 10Mbps 以上数据流量的 LAN 应用，只有光纤分布式数据接口(FDDI)可供选择，但它是一种价格非常昂贵的、基于 100Mbps 光缆的 LAN。1993 年 10 月，Grand Junction 公司推出了世界上第一台快速以太网集线器 Fastch 10/100 和网络接口卡 FastNIC100，快速以太网技术正式得以应用。随后 Intel、SynOptics、3COM、BayNetworks 等公司亦相继推出自己的快速以太网装置。与此同时，IEEE 802 工程组亦对 100Mbps 以太网的各种标准，如 100Base-TX、100Base-T4、MII、中继器、全双工等标准进行了研究。1995 年 3 月 IEEE 宣布了 IEEE 802.3u 100Base-T 快速以太网标准(Fast Ethernet)，从此开始了快速以太网的时代。

快速以太网与原来在 100Mbps 带宽下工作的 FDDI 相比它具有许多的优点，最主要体现在快速以太网技术可以有效地保障用户在布线基础实施上的投资，它支持 3、4、5 类双绞线以及光纤的连接，能有效的利用现有的设施。快速以太网的不足其实也是以太网技术的不足，那就是快速以太网仍是基于 CSMA/CD 技术，当网络负载较重时，会造成效率的降低，当然这可以使用交换技术来弥补。100Mbps 快速以太网标准又分为：100Base-TX、100Base-FX、100Base-T4 三个子类。

(3) 千兆以太网

千兆以太网技术作为最新的高速以太网技术，给用户带来提高核心网络的有效解决方案，这种解决方案的最大优点是继承了传统以太技术价格便宜的优点。千兆技术仍然是以太技术，它采用了与 10M 以太网相同的帧格式、帧结构、网络协议、全/半双工工作方

式、流控模式以及布线系统。由于该技术不改变传统以太网的桌面应用、操作系统,因此可与10M或100M的以太网很好地配合工作。升级到千兆以太网不必改变网络应用程序、网管部件和网络操作系统,能够最大限度地投资保护。

6.4 Internet

Internet也称"因特网"或"国际互联网"。它本身不是一种具体的物理网络技术,它是采用TCP/IP协议集的国际计算机互联网络,组成Internet的计算机网络包括局域网(LAN)、地域网(MAN)、以及大规模的广域网(WAN)等。这些网络通过普通电话线、高速率专用线路、卫星、微波和光缆等通信线路把不同国家的大学、公司、科研机构以及军事和政府等组织的网络连接起来。

Internet为人们提供了巨大的不断增长的信息资源和服务工具宝库,用户可以利用其提供的各种工具去获取巨大信息资源和先进的服务等。同样可以通过Internet将个人或企业部门的信息发布出去,随时供其他用户访问浏览。

6.4.1 Internet的基本情况

Internet的应用范围由最早的军事、国防,扩展到美国国内的学术机构,进而迅速覆盖了全球的各个领域,运营性质也由科研、教育为主逐渐转向商业化。

Internet的原型是1969年美国国防部远景研究规划局(Advanced Research Projects Agency)为军事实验而建立的网络,名为ARPANET(阿帕网),初期只有四台主机,其设计目标是当网络中的一部分因战争原因遭到破坏时,其余部分仍能正常运行。

20世纪80年代初期ARPA和美国国防部通信局研制成功用于异构网络的TCP/IP协议并投入使用;1986年在美国国会科学基金会(National Science Foundation)的支持下,用高速通信线路把分布在各地的一些超级计算机连接起来,以NFSNET接替ARPANET。

由于NSFNET的通信能力不足以满足迅速增长的用户需求,美国高级网络和服务公司ANS(Advanced Networks and Service)于1992年组建了ANSNET,其容量是NSFNET的30倍,成为现在的Internet的骨干网。其应用范围也由最早的军事、国防,扩展到美国国内的学术机构,进而迅速覆盖了全球的各个领域。

Internet能够迅速发展在于其所拥有的巨大的信息资源。Internet除了在教育科研方面得到广泛深入的应用外,在商业服务方面也迅速发展起来。作为信息和通信的资源,在人们的日常工作和日常生活中也发挥着重要的作用。

我国在20世纪80年代末期也开始了与Internet的连接,1994年建立了以cn为我国最高域名的服务器,从1994年开始建设教育科研网CERNET,至今已把大部分高校接入 CERNET 网；中国科学院建立了 CASNET，连接各个研究所；ChinaNET 向社会提供 Internet 服务等。

2009 年 7 月 16 日，中国互联网络信息中心(CNNIC)发布《第 24 次中国互联网络发展状况统计报告》显示，截至 2009 年 6 月 30 日，我国网民规模(3.38 亿)、宽带网民数(3.2 亿)、国家顶级域名注册量(1296 万)三项指标仍然稳居世界第一，互联网普及率稳步提升。受 3G 业务开展的影响，使用手机上网的网民也已达到 1.55 亿，占网民的 46%，半年内增长了 32.1%，增速十分迅猛。

6.4.2 Internet 提供的资源

Internet 提供的资源分为两类：信息资源和服务资源。

1. 信息资源

Internet 提供了巨大的数据、信息和知识空间。与分布在世界各地的 WWW 数据库服务器相连接为人们提供了取之不尽的数据源、信息源和知识源。其内容涉及农业、生物、化学、数学、天文学、航天、气象、地理、计算机、医疗和保险、历史、大学介绍、法律、政治、环境保护、文学、商贸、旅游、音乐和电影等几乎所有专业领域，它是知识、信息的巨大集合，是人类的资源宝库。

2. 服务资源

Internet 提供了形式多样的手段和工具，可为广大的 Internet 用户服务。这些服务可归纳为以下几类：

(1) 信息浏览服务(WWW 服务)

WWW 服务，也叫做 Web，是我们登录 Internet 后最常用到的 Internet 的功能。人们接入 Internet 后，有一半以上的时间都是在与各种各样的 Web 页面打交道。在基于 Web 方式下，我们可以浏览、搜索、查询各种信息，可以发布自己的信息，可以与他人进行实时或者非实时的交流，可以游戏、娱乐、购物等。

(2) 电子邮件 E-mail 服务

电子邮件(Electronic Mail)简称 E-mail。它是用户或用户组之间通过计算机网络收发信息的服务。目前电子邮件已成为网络用户之间快速、简便、可靠且低成本的现代通信手段，也是 Internet 上使用最广泛、最受欢迎的服务之一。

电子邮件使网络用户能够发送或接收文字、图像和语音等多种形式的信息。目前 Internet 网上 60%以上的活动都与电子邮件有关。使用 Internet 提供的电子邮件服务，实际上并不一定需要直接与 Internet 连网。只要通过已与 Internet 联网并提供 Internet 邮件服务的机构收发电子邮件即可。

(3) 远程登录 Telnet 服务

远程登录是通过 Internet 进入和使用远距离的计算机系统，就像使用本地计算机一样。远端的计算机可以在同一房间里，也可以远在数千公里之外。它使用的工具是 Telnet。Telnet 接到远程登录的请求后，试图把用户所在的计算机同远端计算机连接起来。一旦连接后，用户的计算机就成为远端计算机的终端。用户可以正式注册(login)进入系统成为合法用户，执行操作命令，提交作业，使用系统资源。在完成操作任务后，通过注销(logout)退出远端计算机系统，同时也退出 Telnet。

(4) 文件传输 FTP 服务

FTP(文件传输协议)是 Internet 上最早使用的文件传输程序。它同 Telnet 一样，使用户能登录到 Internet 的一台远程计算机，把其中的文件传送回自己的计算机系统，或反之，把本地计算机上的文件传送并装载到远方的计算机系统。利用这个协议，我们可以下载免费软件，或者上传自己的主页。

其他的服务还包括网上新闻(Usenet)、电子公告牌系统(BBS)、广域信息服务系统(WAIS)、菜单式信息查询服务(Gopher)和文档查询(Achier)等。

6.4.3 IP 地址

1. IPv4 与 IPv6 的基本情况

IP 地址是 Internet 上的通信地址，是计算机、服务器、路由器的端口地址，每一个 IP 地址在全球是唯一的，是运行 TCP/IP 协议的唯一标识。

IP 地址分有 IPv4 和 IPv6 两种方式。

IPv4，是互联网协议(Internet Protocol，IP)的第四版，也是第一个被广泛使用，构成现今互联网技术的基石的协议。1981 年 Jon Postel 在 RFC791 中定义了 IP。

IPv6 是 Internet Protocol Version 6 的缩写，其中 Internet Protocol 译为“互联网协议”。IPv6 是 IETF(互联网工程任务组，Internet Engineering Task Force)设计的用于替代现行版本 IP 协议(IPv4)的下一代 IP 协议。目前 IP 协议的版本号是 4(简称为 IPv4)，它的下一个版本就是 IPv6。

目前我们使用的第二代互联网 IPv4 技术，核心技术属于美国。它的最大问题是网络地址资源有限，从理论上讲，编址 1600 万个网络、40 亿台主机。但采用 A、B、C 三类编址方式后，可用的网络地址和主机地址的数目大打折扣，以至目前的 IP 地址近乎枯竭。其中北美占有 3/4，约 30 亿个，而人口最多的亚洲只有不到 4 亿个，中国只有 3 千多万个，只相当于美国麻省理工学院的数量。网络地址的不足，严重地制约了我国及其他国家互联网的应用和发展。

一方面是地址资源数量的限制，另一方面是随着电子技术及网络技术的发展，计算机网络将进入人们的日常生活，可能今后身边的每一件东西都需要连入全球因特网。在这样的环境下，IPv6 应运而生。单从数字上来说，IPv6 所拥有的地址容量是 IPv4 的约

8×10^{28}倍,达到 $2^{128}-1$ 个。这不但解决了网络地址资源数量的问题,同时也为除计算机外的设备连入互联网在数量限制上扫清了障碍。

与 IPv4 一样,IPv6 一样会造成大量的 IP 地址浪费。准确地说,使用 IPv6 的网络并没有 $2^{128}-1$ 个能充分利用的地址。首先,要实现 IP 地址的自动配置,局域网所使用的子网的前缀必须等于 64,但是很少有一个局域网能容纳 2^{64} 个网络终端;其次,由于 IPv6 的地址分配必须遵循聚类的原则,地址的浪费在所难免。

如果说 IPv4 实现的只是人机对话,而 IPv6 则扩展到任意事物之间的对话,它不仅可以为人类服务,还将服务于众多硬件设备,如家用电器、传感器、远程照相机、汽车等,它将是无时不在,无处不在地深入社会每个角落的真正的宽带网。而且它所带来的经济效益将非常巨大。

当然,IPv6 并非十全十美、一劳永逸,不可能解决所有问题。IPv6 只能在发展中不断完善,也不可能在一夜之间发生,过渡需要时间和成本,但从长远看,IPv6 有利于互联网的持续和长久发展。目前,国际互联网组织已经决定成立两个专门工作组,制定相应的国际标准。

IPv6 具有如下的特点:

- IPv6 地址长度为 128 比特,地址空间增大了 2^{96} 倍。
- 灵活的 IP 报文头部格式。使用一系列固定格式的扩展头部取代了 IPv4 中可变长度的选项字段。IPv6 中选项部分的出现方式也有所变化,使路由器可以简单路过选项而不做任何处理,加快了报文处理速度。
- IPv6 简化了报文头部格式,字段只有 7 个,加快报文转发,提高了吞吐量。
- 提高安全性。身份认证和隐私权是 IPv6 的关键特性。
- 支持更多的服务类型。
- 允许协议继续演变,增加新的功能,使之适应未来技术的发展。

IPv6 比 IPv4 具有以下几个优势:

- IPv6 具有更大的地址空间。IPv4 中规定 IP 地址长度为 32,即有 $2^{32}-1$ 个地址;而 IPv6 中 IP 地址的长度为 128,即有 $2^{128}-1$ 个地址。
- IPv6 使用更小的路由表。IPv6 的地址分配一开始就遵循聚类(Aggregation)的原则,这使得路由器能在路由表中用一条记录(Entry)表示一片子网,大大减小了路由器中路由表的长度,提高了路由器转发数据包的速度。
- IPv6 增加了增强的组播(Multicast)支持以及对流的支持(Flow Control),这使得网络上的多媒体应用有了长足发展的机会,为服务质量(Quality of Service,QoS)控制提供了良好的网络平台。
- IPv6 加入了对自动配置(Auto Configuration)的支持。这是对 DHCP 协议的改进和扩展,使得网络(尤其是局域网)的管理更加方便和快捷。
- IPv6 具有更高的安全性。在使用 IPv6 网络中用户可以对网络层的数据进行加密并对 IP 报文进行校验,极大地增强了网络的安全性。

IPv6 中有足够的地址为地球上每一平方英寸的地方分配一个独一无二的 IP 地址。虽然这实际上能够使你能想到的任何设备都分配一个 IP 地址，但是这对于管理地址分配的管理员来说却是一个噩梦。幸运的是 IPv6 包含一种“结点自动配置”功能。这实际上是在所有的 IPv6 网络中替代 DHCP(动态主机配置协议)和 ARP(地址解析协议)的下一代技术，能够让你不进行任何设置就可以把新设备连接到网络。如果你更换了 ISP(因此被分配一个不同的全球路由前缀)，这个功能可以使你的网络重新分配 IP 地址的过程更简单，因为你所要做的一切只是改变你的路由器的设置，你的网络将重新获得一个使用新的前缀的新地址。这将减少网络管理的巨大负担。

随着 IPv6 功能的增加，又出现一些潜在的管理问题。IPv6 本身提供了安全支持功能，这种功能称作“IPSec”。根据 VPN 建立的方式，加密也许包括也许不包括某些头信息。VPN 可以减少客户机和服务器之间通信管理的工作量。管理端点(IKE，互联网密钥交换)之间的安全策略也是很复杂的，如果你要亲自做这项工作的话。这是基于 IPSec 和 VPN 提供的主要功能之一。当然，IPSec 可以很强大，但是在某些远程接入的情况下是很脆弱的，例如使用一个移动设备访问一个企业网络。IT 部门要提供这种服务将进一步增加管理的负担。

2. IPv6 编址

从 IPv4 到 IPv6 最显著的变化就是网络地址的长度。RFC 2373 和 RFC 2374 定义的 IPv6 地址，有 128 位长；IPv6 地址的表达形式一般采用 32 个十六进制数。

IPv6 中可能的地址有 3.4×10^{38} 个。也可以想象为 16 个，因为 32 位地址每位可以取 16 个不同的值。

很多情况下，IPv6 地址由两个逻辑部分组成：一个 64 位的网络前缀和一个 64 位的主机地址，主机地址通常根据物理地址自动生成，称为 EUI-64(或者 64-位扩展唯一标识)。前者采用 4 个字节(32 位二进制数字)表示，每个字节对应一个小于 256 的十进制数，字节之间用句点“.”分隔，如 128.5.1.0，202.112.14.141，202.114.200.253 等。

当用户发出请求时，TCP/IP 协议提供的域名服务系统 DNS 能够将用户的域名转换成 IP 地址，或将 IP 地址翻译成域名。

在 Internet 中，每台连接到 Internet 的计算机都必须有一个唯一的地址，凡是能够用 Internet 域名地址的地方，都能使用 IP 地址。

IP 地址包括两部分内容，一部分为网络标识，称为网络地址。另一部分为主机标识，称为主机地址。

根据网络规模和应用的不同，IP 地址又分为五类：A 类、B 类、C 类、D 类和 E 类。其中常用的是 A,B,C 三类。A 类地址中第一字节表示网络地址，后三个字节表示网内计算机地址；B 类地址中前两个字节表示网络地址，后两个字节表示网内计算机地址；C 类地址中前三个字节表示网络地址，后一个字节表示网内计算机地址，如表 6.1所示。

表 6.1 IP 地址的分类和应用范围

分　类	第一字节数字范围	应　用
A	1～126	大型网络
B	128～191	中等规模网络
C	192～223	校园网
D	224～239	备用
E	240～254	试验用

另外，根据上网用户的地址，IP 地址可以分为动态地址和静态地址两类。

当用户计算机与 Internet 连接后，就成为 Internet 上的一台主机，网络分配一个 IP 地址给这台计算机，而这个 IP 地址是根据当时所连接的网络服务器的情况分配的。即用户在某一时刻连网时，网络临时分配一个地址，在上网期间，用户的 IP 地址是不变的；用户下一次再连网时，又分配另一个地址（并不影响用户的上网）。当用户下网后，所用的 IP 地址可能分配给另一个用户。这样可以节省网络资源，提高网络的利用率。因此，一般的拨号上网用户都是动态地址。这对于信息的存取是没有影响的。

对于信息服务的提供者（ISP）来说，必须告诉访问者一个唯一的 IP 地址，这时就需要使用静态地址。这时，用户既可以访问 Internet 资源，也可以利用 Internet 发布信息。

为确保 IP 地址在 Internet 网上的唯一性，IP 地址统一由美国的国防数据网络信息中心 DDN NIC 分配。对于美国以外的国家和地区，DDN NIC 又授权给世界各大区的网络信息中心分配。目前全世界共有三个中心。

- 欧洲网络中心 RIPE-NIC：负责管理欧洲地区地址。
- 网络中心 INT-NIC：负责管理美洲及非亚太地区地址。
- 亚太网络中心 AP-NIC：负责管理亚太地区地址。

ChinaNET 的 IP 地址由中国原邮电部经 Sprint 公司向 AP-NIC 申请并由邮电部数据通信局分配、管理。

6.4.4 域名服务系统

在 Internet 中，采用 IP 地址可以直接访问网络中的一切主机资源，IP 地址由一组数据来表示。数字对计算机来说是十分有意义的，但对人类的记忆行为来说，则不方便记忆，于是便产生了一套易于记忆、具有一定意义的字符来表示 IP 地址，称为域名。

TCP/IP 协议提供了域名服务系统管理（Domain Name System，DNS），使 Internet 上每一台独立主机都有唯一的地址与之对应。

域名采用分层次方法命名，每一层都有一个子域名。子域名之间由点“.”分隔，从右到左，子域名分别表示不同国家或地区的名称、组织类型、组织名称、分组织名称、计算机名称等。最右边的子域名被称为顶级域名，既可以是表明不同国家或地区的地理性顶级域名，也可以是表明不同组织类型的组织性顶级域名。

- 地理性顶级域名：以两个字母的缩写形式来完全地表达某个国家或地区，例如，

cn代表中国，如表6.2(1)所示。

表6.2 域的划分和含义(1)

域	含义	域	含义	域	含义	域	含义	域	含义
au	澳大利亚	ca	加拿大	ch	瑞士	cn	中国	de	德国
es	西班牙	fr	法国	fi	芬兰	gr	希腊	hk	香港
il	以色列	in	印度	jp	日本	kr	韩国	nl	荷兰
no	挪威	se	瑞典	sg	新加坡	tw	台湾	us	美国

- 组织性顶级域名：表明对该Internet主机负有责任的组织类型，如表6.2(2)所示。

表6.2 域的划分和含义(2)

域名	意义	例
com	商业组织	www.microsoft.com
edu	教育部	www.cernet.edu.cn
gov	政府部门	www.whitehouse.gov
mil	军事部门	www.army.mil
net	网络组织	www.internic.net
org	非赢利组织	www.ims.org
int	国际组织	www.un.int

中国的顶级域名是cn，下属的二级域名分两类。

- 机构类别域名(最初为6个，1997年后增加为7个)：ac.cn用于科研机构，com.cn用于工、商、金融企业，edu.cn用于教育机构，org.cn用于非赢利组织，gov.cn用于政府部门，net.cn用于互联网。
- 行政区类别域名(34个)：适用于各省、市、直辖市，一般取地名前两个汉字的拼音缩写。例如，bj.cn表示北京，sh.cn表示上海。

例如，电子科技大学校园网内负责收发电子邮件的主机代号为mail，其域名为mail.uestc.edu.cn；其中，"cn"代表中国(国家名)，"edu"代表教育机构的网络分类名，uestc代表电子科技大学(机构名)，"mail"则为邮件服务器的主机名(计算机名)。前一个区域被后一个区域包含，是后一个区域子域。XXX@uestc.edu.cn表明用户XXX所使用的主机是中国教育科研网内电子科技大学的计算机。

6.4.5 E-Mail地址

用户拥有的电子邮件地址称为E-mail地址，该地址具有以下统一格式：

用户名@主机域名

其中，用户名是向网络管理机构注册时获得的，"@"符号后面是用户所使用计算机主机的域名。例如,cczhou@uestc. edu. cn 表明用户 cczhou 所使用的主机是中国教育科研网内电子科技大学的计算机。其中,用户名区分大小写,主机域名不区分大小写。网管中心只要保证用户名不同,就能保证每个 E-mail 地址在整个 Internet 中的唯一性。另外,E-mail 地址的使用不要求用户与注册的主机域名在同一地区。

6.4.6 URL 地址和 HTTP

Internet 上的每一个网页都具有一个唯一的名称标识,通常称之为 URL 地址,这种地址可以是本地磁盘,也可以是局域网上的某一台计算机,更多的是 Internet 上的站点。Internet 上的任何一种资源都可以用 URL 进行标识,这些“资源”是指在 Internet 上可以被访问的任何对象,包括文件目录、文件、图像、声音、电子函件地址等,以及与 Internet 相连的任何形式的数据。因此,习惯上把 URL 称为网址。

1. URL

URL 由三个部分组成:资源类型、存放资源的主机域名、资源文件名。例如,http://www. uestc. edu. cn/web3. html,其中 http 表示该资源的类型是超文本信息,www. uestc. edu. cn 是“电子科技大学”的主机域名,web3. html 是资源文件名。

2. HTTP

是超文本传输协议,HTTP 协议比其他协议简单,通信速度快,耗费时间少,而且允许传输任意类型的数据,包括多媒体文件,因而在 WWW 上可以方便地实现多媒体浏览。此外,URL 还可用 FTP、Telnet、Gopher 等标志表示其他类型的资源,表 6. 3 列出了 URL 地址表示的资源类型。Internet 上的所有资源都可以用 URL 表示。

表 6. 3　URL 的含义

URL 资源名	功　能	URL 资源名	功　能
HTTP	多媒体资源,由 Web 访问	WAIS	广域信息服务
FTP	与 Anonymous 文件服务器连接	News	新闻阅读与专题讨论
Telnet	与主机建立远程登录连接	Gopher	通过 Gopher 访问
mailto	提供 E-mail 功能		

3. 超文本和超媒体(Hypertext & Hyper Media)

用户阅读超文本文档时,从其中一个位置切换到另一个位置,或从一个文档切换到另一个文档,可以按非顺序的方式进行。即不必从头到尾逐章逐节获取信息,可以在文档里任意浏览。这是由于超文本里包含着可用作链接的一些文字、短语或图标,用户只需要单击鼠标,就能立即跳转到相应的位置。这些文字和短语一般有下划线或以不同颜色标志,当鼠标指针指向它们时,鼠标指针将变为手形。

超媒体是超文本的扩展,是超文本与多媒体的组合。在超媒体中,不仅可以链接到文本,还可以链接到其他媒体,如声音、图形图像和影视动画等。因此,超媒体把单调的文本文档变成了生动活泼、丰富有趣的多媒体文档。

4. HTML(Hyper Text Markup Language)

要使 Internet 上的用户在任何一台计算机上都能显示任何一个 WWW 服务器上的页面,必须解决页面制作的标准化问题。超文本标记语言 HTML 就是一种制作 WWW 的标准语言,该语言消除了不同计算机之间信息交流的障碍。

HTML 是一种描述性语言,定义了许多命令,即“标签(tag)”,用来标记要显示的文字、表格、图像、动画、声音、链接等。用 HTML 描述的文档是普通文本(ASCII)文件,可以用任意文本编辑器(如“记事本”)创建,但文件的扩展名应是.htm 或.html。当用户用浏览器从 WWW 服务器读取某个页面的 HTML 文档后,按照 HTML 文档中的各种标签,根据浏览器所使用的显示器的尺寸和分辨率大小,重新进行排版后将读取的页面在用户的显示器上呈现出来。

5. 网页(Web Page)

WWW 以 Web 信息页的形式提供服务。Web 信息页称为网页,是基于超文本技术的一种文档。网页既可以用超文本标记语言 HTML 书写,也可以用网页编辑软件制作。常用的网页制作软件有 FrontPage 和 Dreamweaver 等。当客户端与 WWW 服务器建立连接后,用户浏览的是从 WWW 服务器中返回的一张张网页。用户浏览某个网站时,浏览器默认显示的网页称为主页(HomePage)。

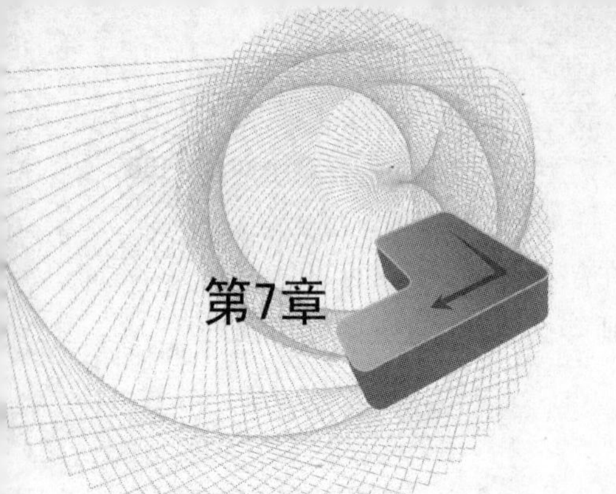

数据库技术

7.1 数据库技术概述

数据库技术已成为一项理论成熟、应用极广的数据管理技术。各种应用不仅借助数据库技术开发了信息系统，在其中存储并积累了大量的业务数据，为管理和决策提供了丰富的数据基础。

数据管理技术是对数据进行分类、组织、编码、输入、存储、检索、维护和输出的技术。

7.1.1 数据库与文件的区别

随着计算机技术与工业的迅速发展，计算机日益广泛地应用于实物管理，这对计算机数据管理提出了更高地要求。首先，要求数据作为公共资源而集中管理控制，为许可的各种用户所普遍共享，从而大量地消除数据冗余，节省存储空间。其次，当数据变更时，能节省对多个数据副本多次变更操作，从而大大缩短计算机的时间，且更为重要的是不会因遗漏某些副本的变更而使系统给出一些不一致的数据。再次，还要求数据具有更高的独立性，不但具有物理独立性，而且具有逻辑独立性，即当数据逻辑结构改变时，不影响那些不要求这种改变的用户的应用程序，从而节省应用程序开发和维护的代价。所有这些，用文件系统的数据管理方法都不能满足，因此导致了数据库技术的发展。

数据库技术代表了不同的数据处理观点，它将数据视为一种与人、财、物同等重要，甚至更重要的组织资源，所以像其他资源一样来统一管理、控制、共享和使用。数据库概念起源于“共享”数据资源，并将数据管理作为公共职能权利，通过合作与协调统一控制与维护数据资源。

数据库与文件一个最基本的差别在于它们的使用形式不同。文件一般限制于一个或少数几个用户，且只有一种为应用程序(通常是少数)共享的文件逻辑视图；而数据库将各种数据集合在一起，使各种用户能以不同的数据库逻辑视图共享数据库。因为数据库是面向数据而不是面向程序的，它处于中心地位，各处理功能处于外围，它们都是通过数据库管理软件从数据库中获取所需数据和存储处理结果。

7.1.2　数据库的主要优点

数据库主要有以下优点。

1. 数据集成

数据的集成是数据库管理系统的主要目的。通过数据集成来统一计划与协调遍及各相关应用领域的信息，这样可使数据得到最大限度的共享，且冗余最少。例如，在一个企业中，职工工资文件、人事文件、业务文件、劳资文件等都将被人事部门、管理部门等多个部门所共享，因此在这个蜘蛛网式的错综复杂的系统中，数据冗余量是很大的，而且修改或扩充系统的任何一部分都极其困难，花费的代价极高，其原因在于：存储数据的高度重叠或冗余以及一个应用到另一个应用存在复杂的转换。

因此，可通过建立共享的数据库来解决共享数据的集成性。在数据库中通过相连数据间定义的逻辑联系，数据被组织成统一的逻辑结构(这些工作由数据库管理软件实现)，与数据的物理组织与定位分离，而应用的修改与增加只与数据的逻辑结构发生关系。

2. 数据共享

数据共享，是指在数据库中一个数据可以为多个不同的用户共同使用，即各个用户可以为了不同的目的来存取相同的数据。这种共享实际上是数据库集成的产物。例如，在一个企业的人事工资管理系统中，关于职工记录中的数据“姓名”、“性别”、“部门”、“工资”等可以为人事部门、劳资部门、工资发放部门以及业务档案管理部门的各个用户共享。由数据库集成而产生的另一结果是任何给定的用户只与整个数据库的某一子集相关，而且不同用户的相关子集在许多方面可以重叠。换句话说，不同的用户可以从各种不同的角度来看待数据库，即一个数据库有多种不同的用户视图。这些用户视图简化了数据的共享，因为它们可给每一用户提供执行其业务职能所要求的数据的准确视图，使用户无需知道数据库的全部复杂组成。

共享不只是指同一数据可以为多个不同用户存取，还包含了并发共享，存在多个不同用户同时存取同一数据的可能性。此外，不仅为现有的应用(用户)共享，还可开发新的应用来针对数据库中同样的数据进行操作。换句话说，现有数据库中的数据可能满足将来新应用的需要而无需重新建立任何新的数据文件。当前大多数数据库系统允许多个用户并发地共享一个数据库，尽管可能会有某些限制。

3. 数据冗余少

在非数据库系统中，每个应用拥有各自的数据文件，这常常带来大量的数据冗余。

例如,我们上述提到的关于企业人事工资管理系统中,工资发放应用、人事应用、劳资应用和业务档案应用,每一个都可能拥有一个包含职工信息(如职工号、姓名、性别、职称、工资等)的文件。对于数据方法,如前所述,这些分立而有冗余的数据文件都被集成为单一的逻辑结构,而且每一数据值可以仅存储一次。

并不是所有的冗余都可以或应该消除,有时,由于应用业务或技术上的原因,如数据合法性检验、数据存取效率等方面的需要,同一数据可能在数据库中保存多个副本。但是在数据库系统中,冗余是受控的,在系统保留必要的冗余也是系统预定的。

4. 数据的一致性

通过消除或控制数据冗余,可以在一定范围内避免数据的不一致性。例如,在工资管理系统中,某一员工王强的工资额"2500 元",这个数据存储在数据库的两个不同记录中,那么当王强的工资变动而要更新他的工资额时,若无控制,且只更新一个记录,则会引起同一数据的两个副本的不一致性。

显然,引起不一致性的根源是数据冗余。若一个数据在数据库中只存储一次,则一般不会发生不一致性。然而,冗余在数据库中是难免的,但它是受控的,所以当发生更新时,数据库系统本身可以通过更新所有其他副本自动保证数据的一致性。

5. 实施统一标准

数据库对数据实行集中管理控制,但数据库必须由人实现和进行维护管理,所以一个数据库系统必须包括一个称为数据库管理的组织机构(DBA)。其在管理上负责制定并实施进行数据管理的统一标准和控制过程。统一标准的数据有利于共享与彼此交换,有利于数据定义的重叠或冲突问题的解决以及今后的变更。

6. 统一安全、保密和完整性控制

DBA 机构对数据库有完全的管辖权且负责建立对数据的加入、检索、修改、删除权限及有效性的检验过程,可以对数据库中各种数据的每一类型的操作建立不同的检验过程。这种集中控制和标准过程较之分散数据文件的系统加强了对数据库的保护,使数据的定义或结构与数据之间的使用发生冲突的可能性最小。在检验控制方面,数据库比传统的文件危险性更大,因为它牵涉的用户更多。

7. 数据独立

数据说明与使用数据的程序分离称为数据独立。换句话说,就是数据或应用程序的修改不彼此引起对方的修改(在适当的范围内)。数据库系统提供了两层数据独立。其一是不同的应用程序(用户)对同样的数据可以使用不同的视图,这意味着应用程序在一定范围内修改时,可以只修改数据库视图而不修改数据本身的说明;反之,数据说明的修改,在一定范围内不引起应用程序的修改。这种独立称为数据的逻辑独立。其二是可改

变数据的存储结构或存取方法以适应变化的需求,而无需修改现有的应用程序,这种独立称为数据的物理独立。这些在传统的文件系统中都是不可能的。因为数据的说明和存取,这些数据的逻辑都建立在每个应用程序内,对数据文件的任何变动都要求修改或重写那些应用程序。

8. 减少应用程序开发与维护的代价

数据库方法表现在应用方面的一个主要优点是:在数据库上开发新的事务所花费的代价和时间大大减少。由于数据库中的数据具有共享性、独立性及统一标准等,使程序设计员不再承担主文件(基本数据文件)的设计、建造与维护的繁重负担,所以开发新应用软件的代价和为用户提供服务所需要的时间期限等,都可大大减少。

由于应用环境、用户需求发生变化等种种原因,数据必须频繁地变动。例如,改变输出报表的内容或格式,增加新的数据类型,增加或改变数据类型之间的联系,改变数据的结构与格式,采用新存储设备或存取方法等。在数据文件环境下,这些变化必然导致相关应用程序修改或重写。但在数据库环境下,由于数据的独立性,在一定范围内,数据或相关应用程序任何一方的改变都可以彼此不必引起对方的改变。因此程序维护量可以大量减少。这里所谓的"维护"是指修改或重写原来的程序使之适应新的数据结构、存取方法等。

9. 终端用户受益

所谓终端用户(End User),是指使用数据库系统来完成自己业务工作的各级人员。通过提供多种处理方式和对每种数据采用多种存取路径,数据库系统给终端用户以很大的数据存储与检索的灵活性。除了通过设计好的例行程序进行常规的数据处理外,数据库系统还允许终端用户对数据库执行某些功能而不需要编写任何程序。

7.1.3 数据库系统的组成

数据库系统是指引进数据库技术后的计算机系统。数据库系统一般由数据库、软件、硬件以及人员构成。下面我们分别进行介绍。

1. 数据库

人们收集并抽取出一个应用所需要的大量数据之后,将其保存起来以供进一步加工处理,进一步抽取有用信息。在科学技术飞速发展的今天,人们的视野越来越广,数据量也急剧增加。过去人们把数据存放在文件柜里,现在人们借助计算机和数据库技术,科学地保存和管理大量而复杂的数据,以便更方便而充分地利用这些宝贵的信息资源。

数据库(Database,DB),即存放数据的仓库,是长期储存在计算机内、有组织的、可共享的数据集合。数据库中的数据按一定的数据模型组织、描述和储存,具有较小的冗余度、较高的数据独立性和易扩展性,并可为各种用户共享。

2. **数据库系统的软件**

数据库系统的软件主要包括:数据库管理系统(DBMS)、支持 DBMS 运行的 OS (Operating System,操作系统)、具有与数据库接口的高级语言及其编译系统,便于开发应用程序的并以 DBMS 为核心的应用开发工具、为特定应用环境开发的数据库应用系统。

下面我们着重介绍一下数据库管理系统。

DBMS 是数据库系统中对数据库进行管理的软件系统,其主要目标是使数据成为一种可管理的资源来处理。对数据库的一切操作,包括数据定义、查询、更新以及各种控制,都是通过 DBMS 来进行的。DBMS 的工作方式如图 7.1 所示,图 7.2 是用户访问数据库的一个示意图,反映了 DBMS 在数据库系统中的核心地位。

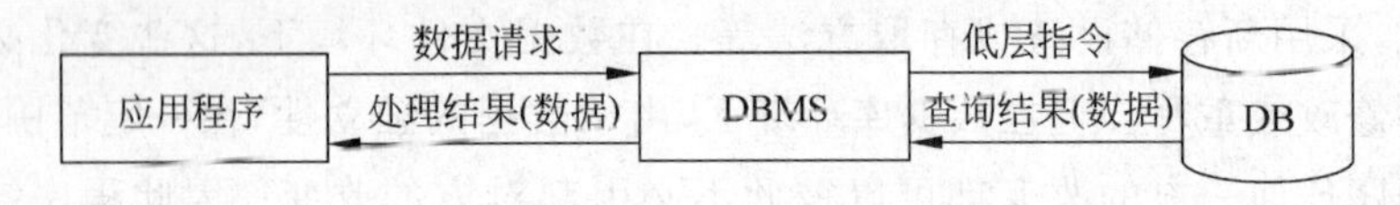

图 7.1 DBMS 的工作方式

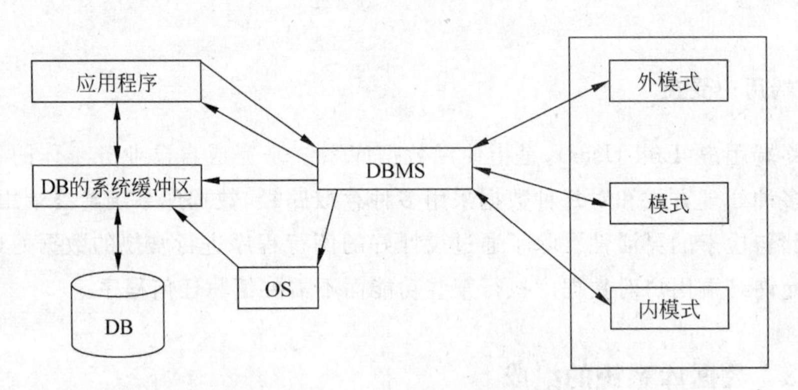

图 7.2 用户访问数据库的过程

DBMS 的主要功能包括以下几方面。

- 数据定义功能。DBMS 提供数据定义语句 DDL 定义数据库的三级结构、两级映象,定义数据的完整约束、保密限制等约束,故在 DBMS 中应包括 DDL 的编译程序。例如,结构化查询语言 SQL 提供 Create、Drop、Alter 语句分别用来建立、删除和修改数据库文件。
- 数据的操作功能。DBMS 提供数据操纵语言 DML 来实现对数据的操作,主要有检索(查询)和更新(包括插入、删除、更新)两类,因此在 DBMS 中也应包括 DML 的编译程序或解释程序。
- 数据库的保护功能。数据库的保护功能涉及数据库的机密性、完整性和可用性等内容。

- 数据库的维护功能。其中包括数据库数据的载入、转换存储、数据库的改组以及性能监控等功能。这些分别由各个实用程序(Utilities)来完成。
- 数据字典。数据库系统中存放三级结构定义的数据库称为数据字典(Data Dictionary,DD)。只有通过DD才能实现对数据库的操作。DD中还存放数据库运行时的统计信息,例如记录个数、访问次数等。管理DD的子系统,称为DD系统。

3. 数据库系统的硬件

数据库系统对硬件也有一些特殊要求,如要求较大的内存。因为操作系统、数据库管理系统的各功能部件及应用程序都要存储在内存,还有数据库的各种表格、目录、系统缓冲区、各用户工作区及系统通信单元都要占用内存。

数据库本身要求大容量直接存取存储设备和较高的通道能力。一般的数据库系统都要求处理机有较强的数据处理能力,如变字长运算,字符处理等。

至于其他的硬件特性则与一般的计算机系统没有太大的差异。

4. 人员

开发、管理和使用数据库系统的人员主要有数据库管理员、系统分析员和数据库设计人员、应用程序员和终端用户。不同的人员涉及不同的数据抽象级别,具有不同的数据视图,如图7.3所示。

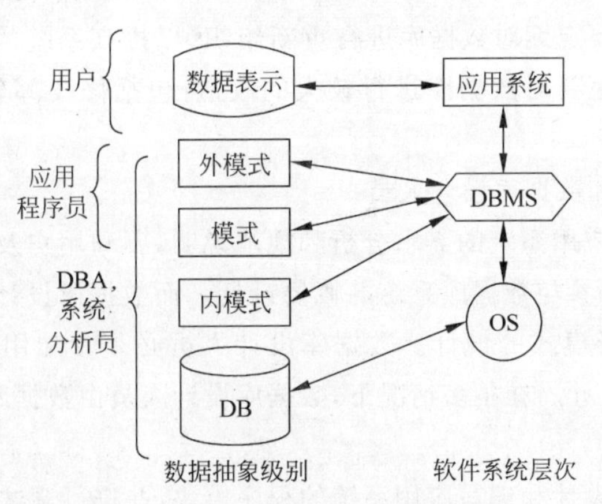

图7.3　数据库系统中的人员数据视图

(1) 数据库管理员(DBA)

在数据库系统环境下,有两类共享资源。一类是数据库,另一类是数据库管理系统软件。因此需要有专门的管理机构来监督和管理数据库系统。DBA则是这个机构的一个(组)人员,负责全面管理和控制数据库系统。具体职责包括以下几点。

① 决定数据库中的信息内容和结构

数据库中要存放哪些信息,DBA要参与决策。因此DBA必须参加数据库设计的全过程，并与用户、应用程序员、系统分析员密切合作共同协商，做好数据库设计。

② 决定数据库的存储结构和存取策略

DBA要综合各用户的应用要求，和数据库设计人员共同决定数据的存储结构和存取策略以获得较高的存取效率和存储空间利用率。

③ 定义数据的安全性要求和完整性约束条件

DBA的重要职责是保证数据库的安全性和完整性。因此DBA负责确定各个用户对数据库的存取权限、数据的保密级别和完整性约束条件。

④ 监控数据库的使用和运行

DBA还有一个重要职责就是监视数据库系统的运行情况，及时处理运行过程中出现的问题。比如系统发生各种故障时，数据库会因此遭到不同程度的破坏，DBA必须在最短时间内将数据库恢复到正确状态，并尽可能不影响或少影响计算机系统其他部分的正常运行。为此，DBA要定义和实施适当的后备和恢复策略。如周期性的转储数据、维护日志文件等。

⑤ 数据库的改进和重组重构

DBA还负责在系统运行期间监视系统的空间利用率、处理效率等性能指标，对运行情况进行记录、统计分析，依靠工作实践并根据实际应用环境，不断地改进数据库设计。不少数据库产品都提供了对数据库运行状况进行监视和分析的实用程序，DBA可以使用这些实用程序完成这项工作。

另外，在数据运行过程中，大量数据不断插入、删除、修改，如此日积月累会影响系统的性能。因此，DBA要定期对数据库进行重新组织，以提高系统的性能。当用户的需求增加和改变时，DBA还要对数据库进行较大的改造，包括修改部分设计，即数据库的重构造。

(2) 系统分析员和数据库设计人员

系统分析员负责应用系统的需求分析和规范说明，要和用户及DBA相结合，确定系统的硬件软件配置，并参与数据库系统的概要设计。而数据库设计人员负责数据库中数据的确定、数据库各级模式的设计。数据库设计人员必须参加用户需求调查和系统分析，然后进行数据库设计。在很多情况下，数据库设计人员由数据库管理员担任。

(3) 应用程序员

应用程序员负责设计和编写应用系统的程序模块，并进行调试和安装。

(4) 用户

这里用户是指终端用户(End User)，终端用户通过应用系统的用户接口使用数据库。常用的接口方式有浏览器、菜单驱动、表格操作、图形显示、报表书写等，给用户提供简明直观的数据表示。

终端用户通常可分为以下三类。

① 偶然用户

这类用户不经常访问数据库，但每次访问数据库时往往需要不同的数据库信息，这类用户一般是企业或组织机构的高中级管理人员。

② 简单用户

数据库的大多数最终用户都是简单用户。其主要工作是查询和修改数据库，一般通过应用程序员精心设计并具有友好界面的应用程序存取数据库。银行的职员、航空公司的机票预定工作人员、旅馆总台服务员等都属于这类用户。

③ 复杂用户

复杂用户包括工程师、科学家、经济学家、科学技术工作者等具有较高科学技术背景的人员。这类用户一般比较熟悉数据库管理系统的各种功能，能够直接使用数据库语言访问数据库，甚至能够基于数据库管理系统的 API 编制自己的应用程序。

7.1.4 三种数据模型

数据模型是对数据库系统的一个抽象模拟，它应能表明数据库系统中信息如何表示以及如何操作。一个数据模型通常由三部分组成，即对象类型的集合、操作集合和完整性规则集合。

对象类型是数据模型最基本的部分，它将确定任何符合模型的数据库的逻辑结构，即信息如何组织。

操作提供对数据库操纵的手段，利用这些操作(或它们的组合)得到数据库中部分内容，这些数据可借助语言的处理功能进一步处理。

完整性规则为对数据库的有效状态的约束。

现在世界上运行的数据库系统有数百种，但根据它们的数据模型来看，可划分为三类：层次模型、网状模型和关系模型。

1. 层次数据模型

用树型结构或森林来表示实体与实体间联系的模型叫层次数据模型。实体用树型结构中的结点表示，实体间的联系用树型结构中的连线表示。基于层次模型的数据库管理系统 IMS(Information Management System)是 IBM 公司于 1968 年推出的世界上第一个(DBMS，数据库管理系统)。

图 7.4 给出了层次模型的示例，其中大学实体为树根，各层父子结点之间均为一对多的关系。从此例可以看出，层次模型很容易模拟现实世界中诸如学校机构、行政结构等这样一些具有天然层次结构的系统。

2. 网状数据模型

网状数据模型是一种较早出现的数据模型，其典型代表是 DBTG 数据模型。与层次模型相比，网状模型具有较强的数据建模能力；与关系模型相比，缺乏形式化基础和操作的代数性质。在某些应用领域，如 CAD/CAM 图形数据库系统中，由于网状数据模型提

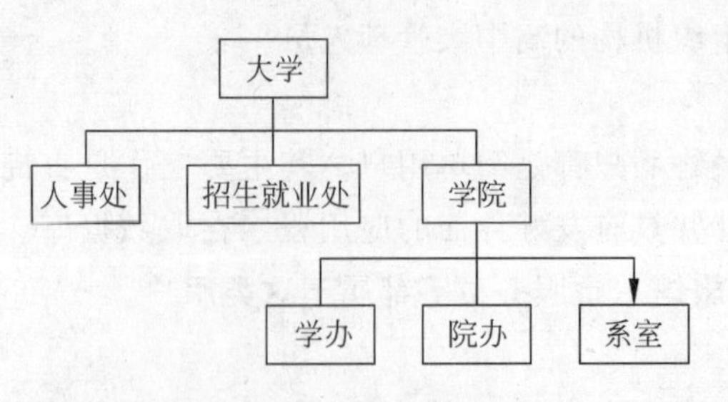

图 7.4　层次数据模型示意图

供了描述三维图形信息的更为自然的结构形式，因此得到了广泛的应用。

人们把用记录类型为结点的网状结构来表示实体与实体间联系的模型叫网状数据模型。在网状数据模型中，用结点表示实体集(记录类型)，用带箭头连线表示实体与实体之间一对一、一对多、多对多的联系关系。图 7.5 给出了一个简单的网状模型示意图。

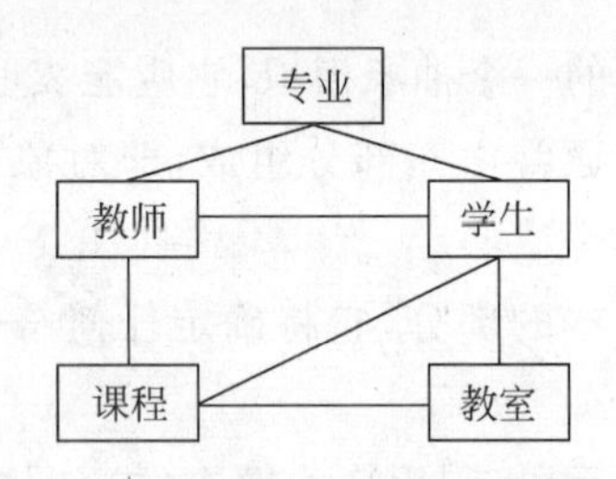

图 7.5　网状数据模型示意图

3. 关系数据模型

关系数据模型是三大经典模型中最晚发展的一种，相对来说也是建模能力最强的一种。可以简单地说，用二维表格数据(即集合论中的关系)来表示实体和实体间联系的模型叫关系数据模型。关系数据模型的最大特点是描述的一致性，不仅用表格表示实体，而且也用表格形式来表示和实现实体间的联系。关系数据模型有严格的数据基础，可直接表达与处理实体集间的多对多联系。这些主要优点使得关系型 DBMS 成为当今的主流系统。著名的关系数据库管理系统有 dBASE、Informix、FoxPro、Visual FoxPro、SQL Server、Oracle 等。另外，关系数据库结构化查询语言(Structured Query Language，SQL)现已成为关系数据库语言的标准。

7.2　数据库系统的开发

将计算机用于管理活动，支持管理控制和决策。计算机管理系统的发展过程经历了几十年的时间，在此期间人们从中既获得了较大的社会收益和经济收益，又走过了不少曲折的弯路。由此便引发人们对数据库管理系统建设的深刻反思，采用什么方法、工具、手段来建设系统的一系列问题。

7.2.1 数据库系统开发的指导思想和工作原则

1. 基本指导思想

数据库系统的开发除了要严格区分工作阶段外，还要运用系统的方法，在正确的思想指导下，自顶向下地完成开发工作，其开发的基本指导思想有以下几个方面。

(1) 数据位于现代数据处理的中心

借助各种数据系统软件，对数据进行采集建立和维护更新。这些数据是数据处理的核心。可以对这些数据进行加工处理，生成各类单据；可以对这些数据进行汇总、分析形成图表和报告；可以对这些数据进行再组织和分析，提供辅助决策信息；可以通过数据系统软件，实现对这些数据的信息查询；审计员可以对这些数据进行审计，以确保这个核心的正确性。

(2) 数据模型是稳定的，处理是多变的

在一个企业或组织中，其总目标一旦确定，围绕着实现这个总目标的数据类也就基本确定。即数据实体的类型是不变的，除了偶尔少量地增加几个新的实体外，变化的只有这些实体的属性值。例如，工厂的系统目标是生产适销对路的产品，围绕这个目标的数据类可以有产品、材料、零部件、职工、财务等；学校的目标是培养人才，相应的数据类可以有学生、课程、教师、教室、财务等；交通运输企业的目标是提高货物装卸效率、减少货物的周转周期，提高企业效率，与此相对应的数据类有货物、货主、车、船、职工等。只要企业或组织的目标声明不变，这些数据实体的类型是很少发生变化的。这样可以用一种方法来表达这些数据实体的逻辑结构，即建立稳定的数据模型。这种模型是企业或组织固有的，问题是如何把它们提取出来，设计出来。它是数据库系统开发坚实的基础。虽然数据模型是相对稳定的，但是这些数据实体的属性值和对这些属性值的处理却是经常发生变化的。随着业务活动的开展，实体属性值每时每刻都在发生变化，对数据处理的需求也是在不断地变化。这就要求所开发出的数据库系统能够允许开发人员和广大的用户经常改变处理过程。只有建立了稳定的数据模型，才能使行政管理或业务处理上的变化能被数据库系统所适应。这正是面向数据的方法所具有的灵活性。

(3) 用户必须真正参与开发工作

企业或组织中的高层领导和各级管理人员都是数据库系统的用户，他们最终都将通过计算机来存取、处理、利用系统中的数据，他们是系统的最终用户。正是他们最了解业务和管理上的信息需求，所以从系统开发的最开始总体规划到系统实施、系统运行的每一个阶段，都应该有用户的参与。以往数据处理部门独立承担了系统开发工作，用户只是提出基本的信息需求，而用户在从事业务和管理活动的同时对开发进程毫不关心。开发人员则关起门来搞开发，这样导致了用户与开发人员完全脱节。系统开发的成功与否要等到开发工作结束，进入系统试运行阶段才能得以验证。但如果证明系统是失败的，则失败的结果无法挽回。现在要改变这种开发方式，让用户自始至终地参与系统开发工作。作为系统开发的承担单位——数据处理部门要培训、组织、联合用户开发，这就是信息中心的重要职能。当然，为了让用户参与开发工作，修改、维护系统，必须采用与用户充分友好的第四代语言和一系列开发工具，从而提高系统开发的自动化程度。像目前流行的 VB、VC++、Visual FoxPro、PowerBuilder 等面向对象的程序设计语言和开发工具就能很好地适应这种开发需求。

2. 基本工作原则

从上述的基本指导思想出发，在数据库系统开发过程中还必须强调以下几个基本工作原则。

(1) 面向用户的观点

数据库系统最终是为广大用户服务的，系统使用者是高层领导和各层管理人员，因此，数据库系统成功的标志是看它能否满足用户所提出的各类信息需求，看用户对其是否满意，而不是数据库系统开发人员对其是否满意。由于数据库系统开发人员和用户所处的角度不同，他们对系统的侧重面也有所不同。数据库系统的研制人员往往注重的是计算机的使用效率而不是用户的使用效率，这两种效率虽然有着密切的联系，但还是有区别的。例如，一份月统计报表的打印输出处理方式是边统计边打印，假设需要半个小时，从计算机处理的角度来看，效率较低，但从用户的角度来看，如果原来做同样的统计报表需要一至两天的话，那么半个小时的报表统计打印对用户来说效率就不算低了。所以用户的时间尺度与计算机的时间尺度相差甚远。反过来，假如在这份统计报表的输出过程中充分考虑了计算机的效率，但输出数据的数据量很大，并且输出格式也与用户的需求不相适应，那么从用户的角度来看，他需要从这些大量数据中寻找所需要的那一部分，并且又要重新安排报表格式，用户就会认为这份报表的输出效率不高，将来也不愿意使用这个功能。因此，数据库系统的开发应该按照用户的要求，恰到好处地为用户提供信息服务。

另外，从经济上考虑。某些时间要求很高地系统(如航空订票系统)，为了提高一分钟地响应时间，用户愿意多投资来提高系统效率。而对于一些时间要求不高地系统，一小时打印出报表和两小时打印出报表对用户来说并没有什么区别，用户是不会愿意用投资来提前这一个小时的。

因此，用户的需求或管理工作的要求是研制工作的出发点和归宿。数据库系统开发人员必须在研制的整个过程中，始终与用户保持接触，不断让用户了解系统开发的进展情况，及时校准研制工作的方向。如果在接收任务后，就不再与用户或管理人员进行沟通，最终开发出的系统十有八九不符合实际要求，注定是一个失败的系统。

(2) 在每个阶段规定明确的任务和应取得的成果

人们在实际开发工作中得到的教训里有很重要的一条，就是混淆了工作阶段。系统

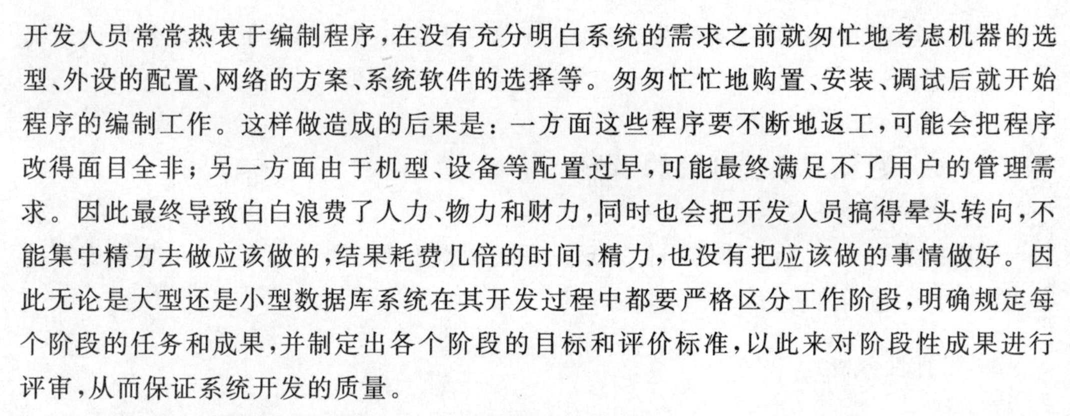

开发人员常常热衷于编制程序，在没有充分明白系统的需求之前就匆忙地考虑机器的选型、外设的配置、网络的方案、系统软件的选择等。匆匆忙忙地购置、安装、调试后就开始程序的编制工作。这样做造成的后果是：一方面这些程序要不断地返工，可能会把程序改得面目全非；另一方面由于机型、设备等配置过早，可能最终满足不了用户的管理需求。因此最终导致白白浪费了人力、物力和财力，同时也会把开发人员搞得晕头转向，不能集中精力去做应该做的，结果耗费几倍的时间、精力，也没有把应该做的事情做好。因此无论是大型还是小型数据库系统在其开发过程中都要严格区分工作阶段，明确规定每个阶段的任务和成果，并制定出各个阶段的目标和评价标准，以此来对阶段性成果进行评审，从而保证系统开发的质量。

(3) 按照系统的观点自顶向下地完成研制工作

对于系统开发人员来说，开发是一个系统，首先要认识这个系统，然后再设计这个系统。无论是认识还是设计，按照系统的观点，都要先考虑系统的全局。从全局出发、从高层入手，先了解宏观问题，弄清系统的边界、主要功能需求、主要组成部分及各个部分之间的连接关系，在保证全局的正确性、合理性的前提下，考虑各个组成部分内部的细节问题，即先全局后局部。这个认识和设计过程与由粗到细、由表及里的一般认识规律相吻合，因此是一条正确的开发原则。

(4) 充分考虑变化的情况

在现实世界中任何一个系统都会不断受到外界环境影响，如新的政策、法规、制度以及瞬息万变的市场需求的影响，数据库系统也不例外。为了能够使自身立足于不断变化的社会环境之中，并求得生存和发展，系统内部的管理模式、管理内容等需要不断变化。这种变化必将导致对信息需求的变化，因而要求数据库系统能够快速适应这些变化。

在计算机技术、通信技术等先进的科学技术飞速发展的今天，硬件价格不断下降，其功能和效率越来越好，各类系统软件、应用软件层出不穷且功能强大、人机界面越来越好，使得人们不断追求系统的更新换代和升级。这也必然引起数据库系统的变化，进而要求数据库系统具有应付各种变化的适应能力。

数据库系统适应各种变化的能力强弱是用系统可修改性来衡量的。可修改性越高，系统的适应性越强。这是衡量数据库系统优劣的标准之一。

(5) 工作的成果要成文及文献资料的格式要规范化、标准化

数据库系统开发的各个阶段性成果是由一系列文档资料组成的。这些文档资料记录了开发人员的思维过程，记录了开发的轨迹。它们是系统开发人员与用户交流的媒介，是各个阶段之间的粘合剂，是开发人员工作交接的纽带，是开发过程的唯一可见物。因此必须充分重视文档资料的建立、修订和保管工作。由于各个阶段的文档资料是在所有开发人员共同努力下完成的，为了能够充分发挥文档的作用，这些开发人员必须在一个统一的规范和标准的制约下完成文档的建立任务，同时也必须在严格的制度保证下做好文档的修订和保管工作。这样才能为提高系统的适应性提供可靠的保证。

根据这些原理和观点，人们提出了各种工具用来表达和交流思想、记录工作成果，从

而形成了一整套的数据库系统开发方法，并在这一正确的方法指导下，从事数据库系统的开发工作。

7.2.2 数据库系统开发的步骤

从系统观点出发，将三维结构体系理论用于数据库系统开发过程中，可将系统开发分为如下几个阶段来进行。

1. 可行性分析

可行性分析也称可行性研究。在现代化管理中，经济效益的评价是决策的重要依据。当采取一项重大的改革和投资行动之前，首先关心的是它能取得多大的效益。目前，可行性研究已被广泛应用于新产品开发、基建、工业企业、交通运输、商业设施等项目投资的各种领域。新的系统的开发是--项耗资多、耗时长、风险大的工程项目。因此，在进行大规模系统开发之前，要从有益性、可能性和必要性三个方面对未来系统的经济效益、社会效益进行初步分析。可行性研究的目的是为了避免盲目投资，减少不必要的损失。这一阶段的总结性成果是可行性报告。报告中所阐述的可行性分析内容要经过充分论证正确之后可进行下一阶段的工作。

2. 系统规划阶段

只有在被共享的前提下信息才能发挥其资源作用。在企业或组织中，来源于企业或组织内外的信息源很多，如何从大量的信息源中收集、整理、加工、使用这些信息，发挥信息的整体效益，以满足各类管理不同层次的需要，显然不是分散、局部考虑所能解决的问题，必须经来自高层的、统一的、全局的规划。系统规划阶段的任务就是要站在全局的角度，对所开发系统中的信息进行统一的、总体的考虑。另外系统的开发需要经过开发人员长时间的努力，需要相应的开发资金，因而在开发之前要确定开发顺序，合理安排人力、物力和财力，这些问题也必须通过系统规划来解决。具体地说，系统规划是在可行性分析论证之后，从总体的角度来规划系统应该由哪些部分组成，在这些组成部分中有哪些数据库(这里所规划出的数据库是被系统各个模块所共用的主题数据库)，它们之间的信息交换关系是如何通过数据库来实现的，并根据信息与功能需求提出计算机系统硬件网络配置方案。同时根据管理需求确定这些模块的开发优先顺序，制定出开发计划，根据开发计划合理调配人员、物资和资金。这一阶段的总结性成果是系统规划报告，这个报告要在管理人员特别是高层管理人员、系统开发人员的共同参与下进行论证。

3. 系统分析阶段

系统分析阶段的任务是按照总体规划的要求，逐一对系统规划中所确定的各组成部分进行详细的分析。其分析包含两个方面的内容，一是分析每部分内部的信息需求，除了要分析内部对主题数据库的需求外，还要分析为了完成用户（即管理人员）对该部分所要求的功能而必须建立的一些专用数据库。分析之后要定义出数据库的结构，建立数据字典。二是进行功能分析，即详细分析各部分如何对各类信息进行加工处理，以实现用户所提出的各类功能需求。在对系统的各个组成部分进行详尽的分析之后要利用适当的工具将分析结果表达出来，与用户进行充分地交流和验证，检验正确后方可进入下一阶段的工作。

4. 系统设计阶段

系统设计阶段的任务是根据系统分析的结果，结合计算机的具体实现，设计各个组成部分在计算机系统上的结构。即采用一定的标准和准则，考虑模块应该由哪些程序块组成，它们之间如何联系。同时要进行系统的编码设计、输入/输出设计等。

5. 系统开发实施阶段

系统开发实施阶段的任务有两个方面：一方面是系统硬件设备的购置与安装；另一方面是应用软件的程序设计。程序设计是根据系统设计阶段的成果，遵循一定的设计原则来进行的。其最终的阶段性成果是大量的程序清单及系统使用说明书。

6. 系统测试阶段

程序设计工作的完成并不标志系统开发的结束。一般在程序调试过程中往往使用的是一些试验数据。因此，在程序设计结束后必须选择一些实际管理信息加载到系统中进行测试。系统测试是从总体出发，测试系统应用软件的总体效益及系统各个组成部分的功能完成情况，测试系统的运行效率、系统的可靠性等。

7. 系统安装调试阶段

系统测试工作的结束表明系统的开发已初具规模，这时必须投入大量的人力从事系统安装、数据加载等系统运行前的一些新旧系统的转换工作。一旦转换结束便可对计算机硬件和软件系统进行系统的联合调试。

8. 系统试运行阶段

系统调试结束便可进入到系统运行阶段。一般来说在系统正式运行之前要进行一段时间的试运行。因为如果不经过一段时间的实际检验就将系统投入运行状态，一旦出现问题就可能会使企业蒙受严重的经济损失。所以最好的方法是将新开发出的系统与原来旧系统并行运转一段时间来进一步对系统进行各个方面的测试。这种做法尽管可以降低系统的风险性，但是由于两套系统的同时运作使得投资加大，因此可以根据实际运行情况适当缩短试运行的时间。

9. 系统运行维护阶段

当系统开发工作完成准备进入试运行阶段之前，除了要做好管理人员的培训工作外，还要制定一系列管理规则和制度。在这些规则和制度的约束下进行新系统的各项运行操作，如系统的备份、数据库的恢复、运行日志的建立、系统功能的修改与增加、数据库操作权限的更改等。在这一阶段着重要做好人员的各项管理和系统的维护工作，以保证系统处于合理状态。同时要定期对系统进行评审，经过评审后一旦认为这个信息系统已经不能满足现代管理的需求，则应该考虑进入下一个阶段。

10. 系统更新阶段

该阶段的主要任务就是要在上一阶段提出更新需求后，对系统进行充分地论证，提出系统的建设目标和功能需求，准备进入系统的一个崭新的开发周期。

在整个系统开发过程中，为了使得开发出的数据库系统是一个成功的系统，避免出现前面所述的各类问题，除了每个阶段的工作要在正确的方法指导下进行之外，还要利用一系列的计算机辅助系统工程工具(Computer Aided Systems Engineering，CASE)来从事系统开发工作。

数据库系统的开发是一项长期而艰巨的系统工程，整个开发过程必须严格区分工作阶段，每个阶段都要有阶段性的成果。主要的阶段性成果有：可行性报告、总体规划方案报告、系统分析报告、系统设计报告、系统使用说明书、系统测试报告、系统安装验收报告、系统试运行总结报告、系统运行审计报告。伴随着这些阶段性的总结报告要有一系列与之配套的文档资料。每个报告的完成标志着系统开发阶段工作的基本完成，对每个阶段工作的质量和阶段性成果的检验可以通过评审来进行，检验合格后方能进入下一阶段的工作，否则要考虑对该阶段工作的修正。这就相当于产品生产的每道工序的质量检查一样，只有保证即将进入下一道工序的半成品是合格的，最终才能生产出合格的产品。

值得注意的是，数据库系统开发的阶段性成果与产品生产过程中的半成品有着很大的不同。半成品一经检验合格允许进入下一工序后，无需再返工、修正，并且有的半成品也不可能返工。而数据库系统开发的阶段性成果经过评审合格后，进入下一阶段，为完成新阶段的任务、实现新阶段的目标，不可避免地要对前一阶段的部分文档资料进行修订。由此产生的另外一个问题是，系统开发人员一定要注意维护各个阶段文档的一致性和可追踪性。维护文档的一致性，就是指如果对文档的某一处进行了修改，与之相关的其他所有文档都要作相应的修改。例如，一个数据元素的定义发生了变化，与这个数据元素相关的所有数据库、表都要作相应的修改。维护文档的可追踪性，就是指各个阶段的文档资料可以分不同时期、不同版本来保留，从而保留系统开发的轨迹。只有这样，才能为成功地开发一个数据库系统奠定良好的基础。

数据库系统开发过程中文档的建立和修改工作是一件非常繁琐且劳动强度大的工作，又由于其效益往往都是在事后体现出来的，因而不被开发人员在开发过程中所重视。

为了减轻开发人员的劳动强度，可以使用与开发方法相配的 CASE 工具。例如，在总体规划中可以是用支持总体规划的工具，在系统分析、设计阶段可以使用与之相适应的图形工具和其他一些工具等。在配套工具的支持下可以大大缩短开发周期，提高开发质量。

7.2.3 数据库系统开发中的常见问题

1. 系统开发人员对需求的理解出现偏差

系统开发的基本过程：首先各层管理人员即最终用户提出对信息的处理需求，系统分析员在充分理解这些需求的基础上进行系统的规划和分析，产生系统的逻辑结构，系统设计人员在这个逻辑结构的基础上进行系统设计，最后由程序设计人员按照系统设计结果进行程序设计，产生一个新的系统。系统分析员是在理解用户需求的基础上开展工作的，是否能真正理解用户的需求在很大程度上取决于分析员的基本技能和工作经验；系统设计的工作也是在理解系统分析结果的基础上进行的；程序设计工作仍然是在充分理解分析、设计结果的基础上开展工作。由此可见理解需求、理解前阶段的工作成果是开发人员的工作基础。但这种理解往往受开发人员对各种知识的掌握程度、开发经验、头脑的反应程度等条件限制而出现偏差，进而产生问题，致使最后所开发的系统与用户的需求相差甚远，最终导致系统开发的失败。

2. “堆栈”现象

系统的开发过程是分阶段进行的，每一个阶段都可能是由于理解等诸多原因而引入错误，经验表明在系统开发的不同阶段所引入错误的“潜伏期”是不同的，越早潜入的错误越晚发现，类似堆栈规律。

3. 重编程、轻规划、轻分析

系统的建设有其自身的发展规律，最初计算机作为信息处理工具往往被应用在小型的、单项系统中，这些小型系统需求简单、功能单一，并且在开发过程中可以较少地考虑与外界的信息交换问题，因此系统开发人员很快就能进入程序设计阶段，生成这类系统，同时也积累了小型系统的开发经验，形成了一定的工作方法，这些经验和方法使得一些系统开发人员习惯于在一接受任务后就“急功近利”地开始编制程序，并为自己的工作“沾沾自喜”，但是随着系统开发的不断深入，当需要将所开发出的单项系统连接起来发挥整体效益的时候，他们很快又会陷入深深的绝望之中，不知道如何协调各个单项系统之间的关系。

4. 当系统开发进度减缓时不应采用增加人员的方式来加快进度

系统的开发过程有别于其他类型的工程，具有循序渐进的过程，大部分的工作是开发人员头脑思维的结果，对于一项拖延了时间的开发工作，增加人员不但不能加快开发步伐，反而更加拖延时间，同时也为协调这些人员之间的工作增加难度。

5. 过低估计系统的投资而使开发工作夭折

系统的投资有些是可见的，例如系统的硬件投资、系统的软件投资、应用系统的开发投资等；有些是不可见的，例如在系统开发过程中管理需求发生变化所带来的修改费用，系统运行过程中为了满足不断变化的需求所必需的系统维护费用，以及管理方式的变化所必需的投资等。有人用"冰山"来比喻这一问题。露出水面的冰山显而易见，犹如可以预见的投资，而在水面下还有相当一大块的冰客观存在，这些不可预见的投资，有时甚至要比可预见的投资更大。如果过低估计系统投资就有可能使得系统在其开发过程中夭折，所造成的损失则是巨大的。

由此人们围绕着系统开发的方法、质量、进度控制、成本以及系统的适应性等一系列问题进行了深入的思考。一方面，人们深入考虑信息处理的规律。大量的现象表明，虽然人们已经从事了几十年的信息处理工作，但对数据库系统的基本问题还没有彻底搞清楚。作为一种应用软件系统的研制更应重视对"客观世界对象——数据库系统"本身的研究，应该重视数据库系统与相应软件之间关系的研究。把注意力从软件结构的单纯研究转移到以客观世界对象结构及它同软件关系的认识为指导来促进对软件结构的研究上来。另一方面，人们从"方法"本身进行了考虑，发现之所以系统开发的质量很大程度上取决于人的素质和个人的经验，是因为系统开发方法本身还缺乏一套严格的理论基础，以及缺乏一套简单有力的开发工具。因而应在重视系统开发基础科学理论研究(方法论)同时，还应注重对简单有效的开发工具及语言的研究和开发。因为系统开发方法学和开发技术只有在有效的工具和合适的语言支持下才能得到很好的、充分有效的贯彻实施。

总之，在数据库系统开发过程中，要注重采用正确的开发方法和有力的开发工具，选用适当的语言来支持系统的开发。

7.3 数据库管理系统的开发工具

7.3.1 SQL 语言

数据库结构化查询语言 SQL(Structured Query Language)是关系数据库的标准语言。其前身为 SEQUEL(Structured English Query Language)语言，是由 Boyce 和 Chamberlin 于 1974 年提出的。1974—1977 年美国 IBM 公司的加利福尼亚 San Jase 实验室研制出第一个实现了 SEQUEL 2(即现在的 SQL)的关系数据库管理系统 System R。随后，1979 年美国 ORACLE 公司的 Oracle 关系数据库管理系统，1982 年 IBM 公司的关系数据库管理系统 SQL/DS 与 DB2,1984 年 Sybase 公司的高性能关系数据库管理系统 SYBASE 等都相继采用了 SQL 作为它们的数据库语言。SQL 语言在众多计算机公司与软件公司的应用中不断得到修改与完善,1986 年 10 月 16 日美国国家标准协会(ANSI)将其批准为美国国家标准：ANSIX3. 135—1986 数据库语言 SQL。随后国际标准化组织 ISO 也将其接纳为 ISO 标准草案 DIS9075。SQL 标准的产生与制定是有其重大意义的,因为不仅是研制关系型 DBMS 均应遵循 SQL 标准,而且原先已推出的一些广为流行的 DBMS 为了适应形势的需要也都在自身的上面增补了 SQL 界面,如 dBASE Ⅳ, INFORMIX-SQL(ESQL-C,4GL)以及 Ingres,Rdb 等。

SQL 是一种数据库语言,但也同时包含了关系数据库的定义、查询、维护、控制等描述功能。它是一个标准,是实现关系型数据库管理系统的一个大纲与框架,与具体机器无关,与各种牌号具体的关系型 DBMS 通过什么技术途径来实现的细节无关。它为数据库定义与应用程序的移植提供了一种媒介,只要它们都是在符合 SQL 标准的 DBMS 之上所开发的,相互之间移植是比较容易的。学习 SQL 标准,就能够很快地理解和掌握具体关系型 DBMS 的语言文本,而不论它是 SQL 标准的子集,还是其超集。

7.3.2 Oracle 系统

Oracle 关系数据库系统是美国 ORACLE(甲骨文)公司的产品。ORACLE 公司成立于 1977 年,是一家专门从事研究、生产关系数据库管理系统(RDBMS)的厂家。

ORACLE 公司于 1979 年推出了 Oracle 的第二个版本,它采用 SQL 语言作为其数据库语言,并运行于 VAX 小型机上。1984 年又推出了适用于计算机的版本；其后不断完善于 1986 年推出了分布式数据库产品 SQL * STAR(Oracle RDBMS V5.1)；1988 年推出了具有联机事务处理功能的 Oracle RDBMS 的第六个版本。目前,广泛使用的是具有智能化的数据库系统 Oracle RDBMS 第八版。

Oracle 系统之所以广为流行,主要因为它具有以下明显的特点。

1. 兼容性

Oracle 采用了数据库语言 SQL,与 IBM 的 SQL/DS 与 DB2 完全兼容,可以直接使用在 SQL/DS 与 DB2 上编写的应用程序。

2. 可移植性

Oracle 可在几十种机型(包括大、小、微型机)、众多的操作系统(如 MVS,UNIX, VMS,DOS 等)支持下工作。Oracle 系统是用 C 语言编写的,与机器有关的代码只占 4%,因此,对不同的操作系统来说移植是相当方便的。另外,由于 Oracle 在 RDBMS 的外层提供了许多软件开发工具,而且对于不同的机器这些软件工具都是相同的,因此用户在一种机器上基于 Oracle 开发的应用程序就能极方便地移植到另一种装有 Oracle 系

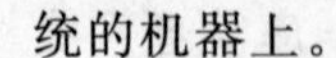

统的机器上。

3. 可联结性

由于 Oracle 可在大、小、微型机上使用相同的软件，因而易于连网，易实现数据传输共享数据的分布式处理功能。Oracle 第五版 SQL *STAR 中的分布式 RDBMS 提供了多点查询与分布式目录服务，SQL *Net 能与多种通信网络接口，支持多种通信协议，SQL *Connect 使得非 Oracle 的其他数据库管理系统能加入到 SQL *STAR 分布式网中运行。因此，它使得不同的计算机、不同的网络、不同的 DBMS 构成了一个统一的软件环境，允许用户共享异地甚至非 Oracle DBMS 管理的数据，具有很好的可联结性。

4. 高效性

Oracle 除了提供预编译接口 Pro 及子程序调用接口 Pro *SQL 外，还为应用开发人员提供了一批第四代语言工具，如 SQL *FORMS，SQL *Report，SQL *Menu，SQL *Design Dictionary，SQL *CALC，SQL *Graphic，Easy *SQL 等，这些都大大有助于加快应用开发的进程。

Oracle 是一个比较典型的完整系统，它包括了核心的 Oracle RDBMS 以及与核心一起使用的一批产品，用户可根据实际需要选配其中的一部分。要注意的是，不同版本和不同机器操作系统下能配置的软件产品(主要是开发工具)是不尽相同的。

7.3.3 Visual FoxPro

基于 DOS 环境下的 dBASE、FoxBASE 是 20 世纪 80 年代末、90 年代初中国计算机用户所熟悉和喜欢的关系数据库管理软件。1990 年，微软公司推出了与它们兼容的关系数据库管理软件 FoxPro(包括 DOS 版和 Windows 版)。之后，随着面向对象编程技术的发展和成熟，微软公司又及时推出了可视化数据库开发工具 Visual FoxPro。其主要特点有以下几点。

- 是一种可视化、事件驱动型的 Windows 应用程序开发工具，适于单台计算机和计算机网络上的数据库管理系统的开发。
- Visual FoxPro 以友好的用户界面、交互式的人机对话方式、向导问答式的开发模式，给应用开发带来很大方便。它使得用户能够轻轻松松地生成专业级的 GUI 用户界面、组织数据、创建数据库和表、定义数据库规则并生成 VFP 应用程序。
- 在开发环境中集成了功能强大的面向对象编程工具、Active X 控件支持、OLE 拖曳、强大的客户机/服务器支持能力、完善的向导和生成器。
- 通过 ODBC 驱动程序可以访问的其他数据源有：FoxPro 版本 2.x 数据库、Microsoft Access 数据库、Paradox 版本 3.x 和 4.x 表、dBASE Ⅲ 和 Ⅳ 文件、Btrieve 表、SQL Server 数据库、Microsoft Excel 电子表格(版本 3.0 以上)、有分隔且宽

度固定的文本文件、Oracle 7 数据库。

7.3.4 Delphi 语言

微软公司的 Visual Basic(VB)、Visual C++ 和 Inprise 公司(原 Borland 公司)的 Delphi 都是可视化的、事件驱动型的 Windows 应用程序开发工具,它们在 GUI 设计、绘图、制表、运算、通信和多媒体开发方面都具有简单易行、功能强大等优点,所以越来越受到开发人员的青睐。下面以 Delphi 为例进行介绍。

Delphi 现在已成为了与 VB、VC 并驾齐驱的编程语言,它既具有 VB 编程的方便性,同时又具备 VC 的功能和高效。Delphi 是基于对象 Pascal 语言的可视化编程语言,而且对数据库编程有很强的支持能力。因此,采用 Delphi 编写数据库应用程序,一方面编程非常灵活方便,另一方面程序运行效率非常高。那么,Delphi 是如何支持数据库应用的呢? 答案是采用中间件——Delphi 的数据库引擎 BDE,在对象 Pascal 语言和数据库访问之间架起了一座桥梁。

1. BDE 的功能原理

Delphi 数据库应用程序能访问多种类型数据库。可以这样说,只要安装了相应数据库的驱动程序,就能在 Delphi 应用程序中访问相应的数据库。根据 BDE 的功能原理图,如图 7.6 所示,可以看到:数据库引擎位于 Delphi 应用程序和 FoxPro 数据库驱动程序、dBASE 数据库驱动程序、Paradox 数据库驱动程序等驱动程序之间,BDE 实际上是安装各类数据库驱动程序的接口。

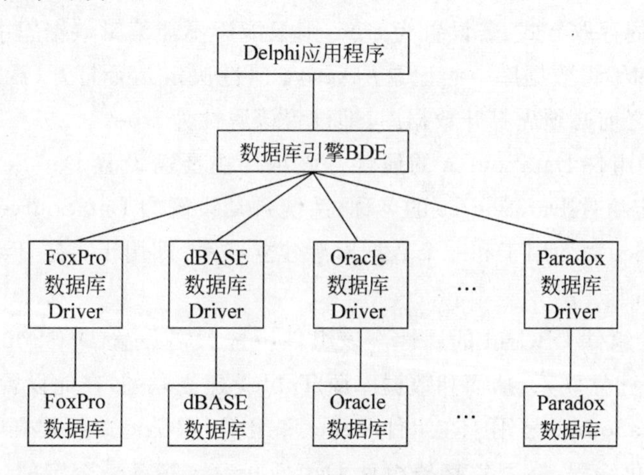

图 7.6 BDE 功能位置图

Delphi 数据库应用程序的代码主要分为两类:一类是对象 Pascal 语言代码;另一类是访问数据库的代码。第一类代码主要是与数据库访问无关的代码,直接执行。第二类代码,则交给数据库引擎 BDE 进行分类,确定欲访问的数据库类型,然后交给相应的数据库驱动程序，由相应的数据库驱动程序去直接访问相应的数据库，并对数据库完成相应的处理。

2. Delphi 数据库应用程序的编程方法

Delphi 提供了一系列数据库组件对数据库编程进行支持。数据库组件主要分为三类。

第一类是数据库源组件，主要有两个组件，Table 组件和 Query 组件，用于指明欲进行访问的数据库。

第二类是数据库访问组件，是用于对数据库进行查询、编辑、控制等操作的访问组件，是最重要而且数量最多的一类组件，如：组件 DBGrid 是可以一次显示整个数据表格的网络，它允许滚动与遍历，并可以编辑网格内容；DBNavigator 是用于在数据库中遍历与执行操作的按钮集；DBLable 显示但不能改动一个字段的内容；DBEdit 允许用户查看并改动一个大文本字段；DBImagc 显示一幅存储在 BLOB 字段中的图像。

第三类是数据通道组件。该类组件只有一个 DataSource，用于在第一类组件和第二类组件之间建立一个数据通道。

例如，为建立一个对单一数据库进行显示、修改并可添加记录项的应用程序。

第 1 步，从组件面板上选取三个组件。首先选取数据库源组件 Table，然后选取数据库访问组件 DBGrid，最后选取数据通道组件 DataSource。

第 2 步，设置组件 Table 的属性。Name 属性用于指定 Table 组件的名称，系统自动设置 Table1，我们既可以更改它，也可不更改，在此我们保留系统设置。DataBaseName 属性设置数据库的路径，最好使用别名；TableName 属性设置数据库文件名；ReadOnly 属性设置数据库的存取方式，若设置为 true，则只能读不能编辑数据库中的记录，若设置为 false，则能读和编辑数据库中的记录；Active 属性决定是否打开(激活)数据库，在对数据库进行访问之前必须先打开数据库，即设置该属性为 true。

第 3 步，设置组件 DataSource 的属性。该组件主要需设置 DataSet 和 Name 属性。Name 属性是指定组件 DataSource 的名称，系统自动设置为 DataSource1，在此我们保留系统设置。DataSet 属性用于和一个数据库源建立联系，即用于指定 Table 组件的名称，在此设置为 Table1。

第 4 步，设置组件 DBGrid 的属性。该组件一般只需设置 DataSource 属性，用于和组件 DataSource 建立联系，从而和数据库源 Table1 建立联系，在此设置为 DataSource1。很显然，组件 DataSource 是用于在组件 Table 和组件 DBGrid 之间建立联系，即建立一个数据通道为了简化编程，能否省略掉组件 DataSource。答案是否定的，因为在实际编程过程中，将可能有多个访问组件存取同一个数据库源，引入组件 DataSource 后，所有的访问组件只需和组件 DataSource 建立联系，无需直接和 Table 组件关联，从而简化编程。

通过以上 4 个步骤，我们就完成了编程工作，然后进行编译就能运行。

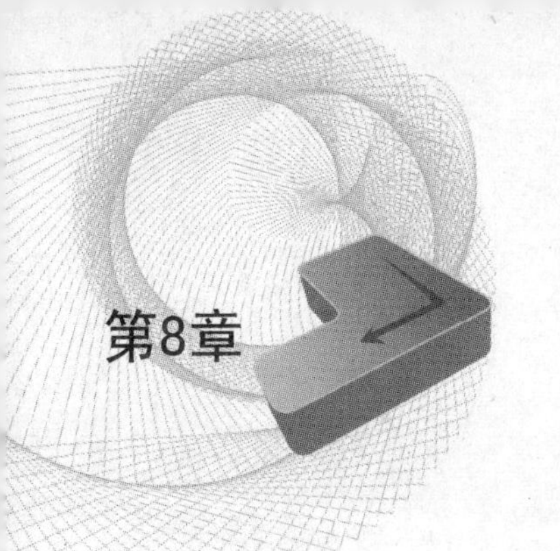

第8章 chapter 8

多媒体技术

本章首先介绍多媒体的基本概念、基本类型和多媒体技术的应用领域，然后将进一步探讨视觉媒体和听觉媒体的处理技术、压缩与解压缩技术，最后介绍一些常用的多媒体开发软件以及多媒体数据库的发展情况等。

本章学习目标：

- 掌握多媒体及其相关概念；
- 了解多媒体的关键技术及其应用领域；
- 掌握视觉媒体和听觉媒体常用的处理方法和处理过程；
- 理解多媒体数据的压缩与解压缩过程及其常用的技术标准；
- 了解一些常用的多媒体开发软件及其功能。

8.1 多媒体技术概述

多媒体的直接起源是计算机工业界、家用电器工业界和通信工业界等领域未来发展的预测。最早提出和研究多媒体系统的计算机工业界代表有 IBM、Intel、Apple、Commdore 公司，家用电器公司代表有 PHILIPS、SONY 等。IBM 和 Intel 公司联合推出的 DVI(Digital Video Interactive)使计算机能够处理影像视频信息。微软公司等一批软件开发商推出的各类多媒体软件和 CD 光盘，造就了一批计算机的多媒体用户。而可视电话、视频会议、远程服务等是通信业务在多媒体技术上的新发展。

多媒体技术出现于 20 世纪 80 年代初，随之马上成为计算机界最热门的话题之一，计算机市场上各种各样的多媒体产品尤为引人注目。进入 20 世纪 90 年代以后，由于“信息高速公路”计划的兴起，Internet 的广泛应用，刺激了多媒体信息产业的发展，计算机、通信、家电和娱乐业的大规模联合，造就了新一代的信息领域。

8.1.1 媒体的分类

什么是多媒体？至今还没有一个权威的定义。多媒体的英文是“Multimedia”。关于

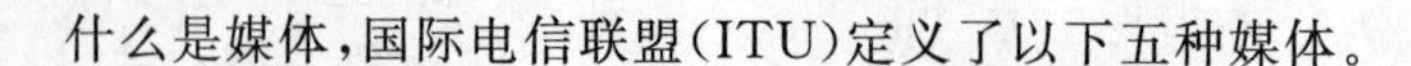

什么是媒体，国际电信联盟(ITU)定义了以下五种媒体。

1. 感觉媒体(Perception Media)

表示人对外界的感觉，如声音、图像、文字、动画等。

2. 表示媒体(Representation Media)

说明交换信息的类型，定义信息的特征，一般以编码的形式描述，如声音编码、图像编码、文字编码等。

3. 存储媒体(Storage Media)

存储数据的物理设备，如磁盘、磁带、光盘、内存等。

4. 显示媒体(Presentation Media)

获取和显示信息的设备，如显示器、打印机、音箱等输出设备，键盘、鼠标、摄像机等输入设备。

5. 传输媒体(Transmission Media)

传输数据的物理设备，如光纤、无线电波、微波等。

事实上，"多媒体"常常是指信息表示媒体，即信息的传播和存储的载体。主要的表示媒体种类有以下几种：

- 视觉类媒体：如图像(Image)、图形(Graphics)、视频(Video)、动画(Animation)、文本(Text)。
- 听觉类媒体：如波形声音(Wave)、语音(Voice)、音乐(Music)。
- 触觉类媒体：如指点、位置跟踪等。

多媒体计算机技术是指利用计算机来综合、集成处理文字、声音、图像、视频、动画等媒体，从而形成一种全新的信息传播和处理的计算机技术，其基本特征是媒体表示的数字化、媒体处理的集成性和系统的交互型性。

多媒体计算机技术集成处理多种图、文、声、视信息，提供了方便使用计算机的途径，给用户提供了更多的参与和发挥自己创造力的环境。具有多媒体功能的计算机称为多媒体计算机。具有多媒体功能的计算机应用系统称为多媒体计算机系统。

8.1.2 多媒体中的关键技术

多媒体中图、声、影像等媒体必须从传统的模拟信号转换为数字信号后，计算机才能识别和处理。转换之后，将会产生大量的数据，由此产生了要求数据存储容量大、数据传输速率高、计算机处理能力强等一系列难题。特别是在与通信网络结合时，这些问题显得尤为突出。解决这些问题成为了多媒体技术普及应用的关键。

1. 数据压缩和还原技术

数字化的声音和图像包含了大量的数据。例如，一分钟的声音信号用 11.02kHz 的采样频率，每个采样用 8bit 表示的数据量约为 660KB。一幅 640×480 的 256 色彩色图像所占的数据量约为 300KB。如果不经过数据压缩，庞大的数据量不但需要大容量的存储设备，而且实时处理数字化声音和图像信息所需要的传输率和计算速度都是目前计算机难以承担的。所以说，一个好的压缩系统对多媒体信息的存储、传输和处理都是至关重要的。好的压缩系统不仅能够降低对存储容量的要求，而且也降低了对通信带宽的要求。

2. 大容量的光盘存储技术

数字化媒体信息虽然经过压缩处理，但仍然包含了大量的数据，例如，一分钟的视频图像(30 帧/秒)经过压缩处理后仍为 8.4MB，所以必须要依靠大容量的存储设备来存储数据。大容量只读光盘存储器 CD-ROM(Compact Disk-Read Only Memory，只读压缩光盘)的出现，正好适应了这种需求。每张 5 英寸的 CD-ROM 可存储 650MB 的数据，并像软盘一样易于携带，而且价格低廉。

3. 超大规模集成电路的密度和速度的巨大提高

音频/视频专业处理芯片的处理速度大大提高，有利于产品标准化。对于需要进行大量的、快速的、实时的音频/视频数据的压缩和解压缩、图像处理(缩放、淡入/淡出等)、音频处理(滤波、去噪等)的多媒体计算机来说，音频、视频处理的专用芯片显得尤为重要。VRAM、A/D、D/A 转换芯片、数字信号处理(DSP)芯片等也是多媒体计算机技术所必不可少的。

4. 多媒体计算机软件核心

多媒体技术需要同时处理声音、文字、图像等多种信息，其中声音和视频图像还要求实时处理。如何调度多媒体硬件，发挥其功能，真正达到多种媒体的同步协调，主要取决于计算机软件核心，即视频/音频支撑系统(Audio/Video Support System，AVSS)或视频/音频核心(Audio/Video Support Kernel，AVK)以及多媒体操作系统(Multi-Media Operating System，MMOS)。

以上是与发展多媒体技术有关的主要技术问题。除此之外，还有许多重要的技术问题，例如，多媒体技术的标准化问题、多媒体应用软件的制作、多媒体信息的空间组合和时间同步等。

8.1.3 多媒体的应用领域

多媒体的应用领域十分广泛。多媒体与CD-ROM的结合，造就了新型的出版业；多媒体与网络相连，使人类跨越时空的限制；多媒体、光盘、网络的融合改变了信息的存储、传输和使用方式。多媒体已经对人类的工作方式、信息方式、生活方式产生深刻的影响。

1. 多媒体教学和远程会诊

在教育中引入多媒体，正在改变传统的教学模式，变被动学习为主动学习。以计算机教学为例，面对白纸黑字的教科书，既没有声音又没有实际操作，难免会觉得乏味；如果给这样的教材配上声音、图解、操作、交互功能等，让学生身临其境，去感受、去体验，让学生根据自己的实际情况选择学习内容，学习效果会大不一样。以往以教师为中心的教学模式转变为以学生为中心的教学模式，增加了学生的学习主动性，使学生自发地产生一种学习积极性。现在我国已有很多家庭配置了计算机，许多学生可以通过计算机学习。通过多媒体通信网络，可以建立远程学习系统来参加其他学校的听课、讨论和考试。目前我国的远程教育也已经展开。1999年中华医学会远程医疗会诊中心正式宣布成立。远程医疗会诊中心的网络系统将为解决我国偏远地区的医疗服务及教学工作中的资源分布不均等问题起到积极的作用。

2. 电子出版物

电子出版物的诞生、普及和应用，正在给图书这一古老的行业赋予全新的内容。一张光盘可以存储高达650MB的信息，相当于20万页文本或1000幅未压缩扫描图像的数据量。以CD-ROM为载体的光盘电子图书是多媒体应用的热点，可以把软件游戏、电影、杂志、报纸等以电子出版物的形式发行，用户通过多媒体PC或其他多媒体终端设备进行阅读和使用。

3. 家庭娱乐

多媒体进入家庭可以改变业余生活的娱乐方式。借助多媒体技术，人们可以在计算机上欣赏光盘节目、玩多媒体电子游戏、作曲、演唱卡拉OK等。人们还可以学习开车，浏览美丽风光，或者破解悬案。

4. 产品演示

由于激烈的市场竞争，产品种类变化很快。图、文、声、像并茂的多媒体演示更能够打动顾客的心。多媒体改变了以往产品演示的方式，多媒体演示系统成了企业推销产品的最佳手段。

5. 咨询服务

公共场所和咨询机构可以利用多媒体技术制作文、图、声、像并茂的多媒体咨询系统，人们可以通过触摸屏幕中图表的选取方式选择感兴趣的内容，从而大大提高服务质量和效果。例如，在餐饮业中，好的咨询服务会招揽更多的顾客。多媒体给经营者创造了新的商业机会。

6. 多媒体电子邮件

利用多媒体提供的功能，可以在传统的电子邮件中嵌入语音解说和增加图像说明。例如，在 Windows 的文字处理器中，可以为某一段文字嵌入语音解说。当用户用鼠标点击代表语音解说的图标时，便会听到相应的声音。同样，也可以把静止图像和视频附加到文档中。

7. 通信领域

多媒体技术与通信技术相结合是必然的趋势。多媒体通信技术使计算机的交互性和真实性融为一体。多媒体通信技术的广泛应用将极大地提高人们的工作效率，减轻社会的交通运输负担，改变人们传统的教育和娱乐方式。多媒体通信将成为 21 世纪人们通信的基本方式。与多媒体通信相关的产品有数字图像电话系统、多媒体网络数据库、可视电话、交互式电视等。

8.2 媒体处理技术

多媒体技术(Multimedia Technology)是利用计算机对文本、图形、图像、声音、动画、视频等多种信息综合处理，建立逻辑关系和人机交互作用的技术。

真正的多媒体技术所涉及的对象是计算机技术的产物，而其他如电影、电视、音响等，均不属于多媒体技术的范畴。

8.2.1 听觉媒体和视觉媒体的处理

1. 听觉媒体的处理

人类所能接收的声音是以波的形式传输的，多媒体计算机只能处理数字信号，所以多媒体计算机以数字形式进行声音处理的技术叫数字音频技术。

数字音频技术首先需要对模拟信号进行模/数转换得到数字信号，用以进行处理、传输和存储等，输出时进行数/模转换还原成模拟信号。

将模拟信号转换成数字信号的模/数转换包括采样和量化两个过程。采样，是将在时间上连续的波形模拟信号按特定的时间间隔进行取样，以得到一系列的离散点；量化，是用数字表示采样得到的离散点的信号幅值，如图 8.1 所示。根据奈奎斯特采样定律，只要采样频率高于信号中最高频率的 2 倍，就可以从采样中完全恢复出原始信号波形。因为人耳所能听到的频率范围为 20Hz～20kHz，所以在实际的采样过程中，为了达到高保真的效果，采用 44.1kHz 作为高质量声音采样频率，如果达不到那么高的频率，声音的恢复效果就要差一些，例如电话质量、调幅广播质量、高保真质量等就是不同质量等级。一般说来，声音恢复的质量与采样频率、信道带宽都有关系，我们总是希望能以最低的码率得到最好质量的声音。

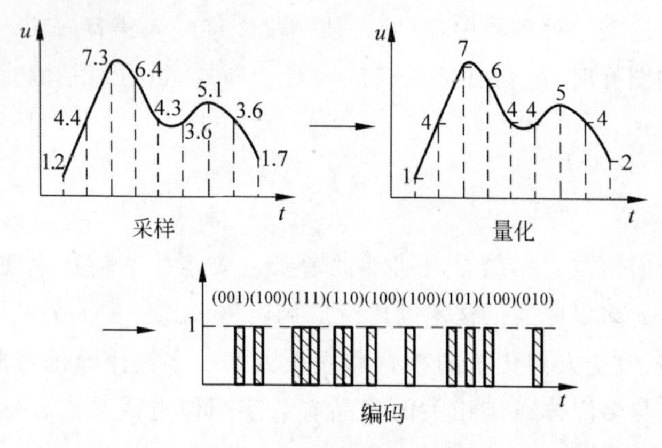

图 8.1 采样和量化示意图

频率越高，声音质量越接近原始声音，所需的存储量也越多。标准的采样频率有三个，即 44.1kHz、22.05kHz 和 11.025kHz。每个采样点的比特数量是指采样点测量的精度，采样的信息量是通过将每个波形采样垂直等分而形成的，8 位采样指的是将采样幅度划分为 256 等份，16 位采样就可以划分为 65 536 等份。显然，用来描述波形特征的垂直单位数量越多，采样越接近原始的模拟波形，但存储量也就要求越大。

通常声音系统可能有多个通道，声音通道的个数表明声音记录是只产生一个波形（单声道），还是产生两个波形（立体声双声道）或者更多。立体声听起来要比单声道的声音丰满且有一定空间感，但需要两倍的存储空间。质量越高，声音的数据量就越大。未经压缩，声音数据量可由下式推算：

数据量=（采样频率×每个采样位数×声道数）/8（字节/秒）

例如，1 分钟的声音，单声道、8 位采样位数、采样频率位 11.025kHz，数据量为每分钟 0.66MB；若采样频率为 22.05kHz，则数据量每分钟为 1.32MB。若为双声道，则每分钟数据量为 2.64MB。

这种对声音进行采样量化后得到的声音是数字化声音，最常用的数字化声音的文件格式是微软公司定义的用于 Windows 的波形声音文件格式，其扩展名是“.wav”。数字化声音所占的数据量非常大。

CD音频是以16bit、44.1kHz采样的高质量数字化声音，并以DA-DA方式存储在CD-ROM光盘上，可以通过符合CD-DA标准的CD-ROM驱动器播放。

由于音乐完全可用符号来表示，所以音乐可看做是符号化的声音媒体。有许多音乐符号化的形式，其中最著名的就是MIDI(Musical Instrument Digital Interface)。任何电子乐器，只要有处理MIDI消息的微处理器，并有合适的硬件接口，都可以成为一个MIDI设备。MIDI消息实际上就是乐谱的数字描述。在这里，乐谱完全由音符序列、定时以及被称为合成音色的乐器定义组成。很显然，MIDI给出了一种得到音乐声音的办法，关键问题是，媒体应能记录这些音乐的符号，相应的设备能够产生和解释这些符号。这实际上与我们在其他媒体中看到的情况十分类似，例如图像显示，字符显示等。

与波形声音相比，MIDI数据不是声音而是指令，所以它的数据量要比波形声音少得多。半小时的立体声16位高品质音乐，如果用波形文件录制，约需要300MB的存储空间。而同样时间的MIDI数据大约只需200KB，所占存储空间相差1500倍之多。在播放较长的音乐时，MIDI的效果就更为突出。MIDI的另一个特点是，由于数据量小，所以可以在多媒体应用中与其他波形声音配合使用，形成伴乐的效果。而两个波形声音一般是不可能同时使用的。对MIDI的编辑也很灵活，在音乐器的帮助下，用户可以自由地改变音调，音色等属性，达到自己想要的效果。波形文件就很难做到这一点，当然，MIDI的声音尚不能做到在音质上与真正的乐器完全相似，在质量上还需进一步提高，而且MIDI也无法模拟出自然界中其他非乐曲类声音。

多媒体计算机处理声音的组件是声卡，声卡是多媒体技术中最基本的组成部分，是实现声波/数字信号相互转换的硬件电路，如图8.2所示。

图8.2　声卡

声卡在多媒体系统中的主要功能可具体归纳为如下几点。

(1) 录制(采集)数字声音文件

通过声卡及相应驱动程序的控制，采集来自话筒(麦克风)、收录机等音源的信号，压缩后存放于微机系统的内存或硬盘中。

(2) 播放声音文件

将硬盘或光盘压缩的数字化声音文件还原，重建高质量的声音信号，放大后通过扬

声器输出。

(3) 音频编辑处理

对数字化的声音文件进行编辑加工，以达到某种特殊的效果。

(4) 混音和控制

控制音源的音量，对各种音源进行混合，即声卡具有混响器的功能。

(5) 压缩和解压缩

采集数据时，对数字化声音信号进行压缩，以便存储。播放时，对压缩的数字化声音文件进行解压缩。

(6) 语音合成与识别

通过声卡朗读文本信息，如读英语单词、读句子、说英语、奏音乐等进行语音合成处理，以及初步的语音识别功能。

(7) 提供 MIDI 功能

使计算机可以控制多台具有 MIDI 接口的电子乐器。同时在驱动程序的控制下，声卡将以 MIDI 格式存放的文件输出到相应的电子乐器中，发出相应的声音。

2. 视觉媒体处理

视觉类媒体主要有图像(Image)、图形(Graphics)、视频(Video)、动画(Animation)、文本(Text)等。

丰富多彩的图像使得多媒体应用程序直观生动，充满独具魅力的视觉效果。什么是图像呢？凡是能够为人类视觉系统所感知的信息形式或人们心目中的有形想象统称图像。这样的图像可以是各类图片，也可以是一副照片，还可以是艺术造型、绘画、示意图等。事实上，无论是图形，还是文字、影像视频都是以图像的形式出现的，但由于在计算机中的表示、处理、显示方法的不同。一般看做是不同的媒体形式。

在多媒体范围内，图形是一种抽象化的图像。对视频按时间进行数字化得到的图像序列就构成了数字视频序列。可以说视频是连续的图像。

位图图像是最基本的形式。位图图像是指在空间和亮度上已经离散化的图像。对要处理的一副画面，通过对每个像素进行采样，并且按颜色或者灰度进行量化，得到图像的数字化的结果，数字化结果存放在显示缓冲区，与显示器上的像素点一一对应，这就是位图映射图像，简称为位图图像。

以下介绍几个重要的技术参数。

(1) 分辨率

分辨率分别有以下三种。

- 屏幕分辨率：是指在某种显示方式下，计算机屏幕上最大的显示区域，以水平和垂直的像素表示。例如，某种显示方式具有 640×480 的屏幕分辨率，说明在这种显示方式下，屏幕在水平方向上最多可显示 640 个像素，在垂直方向上最多可显示 480 个像素。需要说明的是大部分计算机显示系统支持多种显示方式，不同的显示方式具有不同的屏幕分辨率。

- 图像分辨率：是指数字化图像的大小，以水平和垂直的像素点表示。声明一幅位图的大小时，往往采用"一幅 600×400 的位图"之类的说法。当需要确定位图在显示器上显示的物理尺寸时，就要用到屏幕分辨率。例如一幅 640×480 的位图在屏幕分辨率为 640×480 的屏幕上显示的时候，图像充满整个屏幕；若屏幕分辨率为 1020×768 时，图像只占据屏幕的一部分；若屏幕分辨率为 320×240 时，只能显示图像的一部分，需要添加滚动浏览机制才能看到图像的全貌。
- 像素分辨率：是指一个像素宽和长的比例。不同的像素分辨率将导致图像的变形。

(2) 图像深度

在位图中，表示屏幕上的每个像素都要用一个或多个位(bit)，这些位中存放着相应像素的颜色信息。位图中每个像素所占的位数称为图像深度。图像深度这一名词并不常用，但意义十分重要。通常也用颜色数等相关概念来表示同样的含义。

图像深度是对一幅位图最多能拥有多少种色彩的说明。若图像深度为 4，则位图中最多可以使用 $2^4=16$ 种颜色；若图像深度为 8，则位图中最多使用 $2^8=256$ 种颜色；依次类推，具有 24 位深度的位图，最多可以拥有 $2^{24}=16\,777\,216$ 种色彩，即平常所说的"真彩色"。

在多媒体项目中，最常用的是 256 色图像(图像深度为 8 位)，用来表示人物或自然风景。在多媒体演示中，偶尔也使用真彩色图像。具有 4 个颜色位的 16 色图像常用来控制图标、按钮和卡通形象。

图像深度越大，位图中可以使用的颜色数就越大，图像的数据量也越大。

(3) 调色板

在生成一幅位图图像时，要对图像中的不同色调进行采样，随之就产生了包含此幅图像中各种颜色的颜色表。该颜色表就被称为调色板。调色板中的每种颜色可以用红、绿、蓝(R、G、B)三种颜色的组合来定义，位图中每一个像素的颜色值就来源于调色板。调色板中的颜色数取决于图像深度，当图像中的像素颜色在调色板中不存在时，一般都会用相近的颜色来代替。所以，在两幅图像同时显示时，如果它们的调色板不同，就会出现颜色失真现象。对于这种情况，需要采用一定的方法使两幅图像具有相同的调色板才能一起显示。

(4) 位图图像的数据量

无论是存储、传输还是显示，都与位图图像的数据量有关。而位图图像的数据量与分辨率、颜色深度有关。设图像的垂直方向分辨率为 h 像素，水平方向分辨率为 w 像素，颜色深度为 c 位，则该图像所需数据空间大小 B 为：

$$B=(h\times w\times c)/8(\text{字节})$$

例如，一幅二值图像，图像分辨率为 640×480，则

$$B=(640\times 480\times 1)/8=38\,400\text{ 字节}$$

一幅同样大小的图像，可显示 256 色(颜色深度为 8 位)，则

$$B=(640\times480\times8)/8=307\ 200\ \text{字节}$$

图像的获取方法有很多种，例如通过专门的绘图软件来创建图像，通过扫描仪来扫描图像，或通过摄像机实时地采集三维空间现场图像等。但原始采集的图像一般不能直接使用，要经过图像预处理。对于图像的预处理不仅要根据实际的需要选择处理的方法，还需要考虑图像的实际效果和算法的优化，以缩短处理的时间。常用的图像处理过程有以下几种。

- 图像的编辑。将一幅图像转化成最终可供表现用的图像，图像的编辑过程不可缺少。图像的编辑包括图像的裁剪、旋转、缩放、修改、叠加等。通过图像编辑可以将图像中的不足之处去掉，也可以将几幅图像综合成一幅，还可以把图形和文字等增加到图像中。
- 图像的压缩。由于原始图像的数据量很大，因此一般都要经过压缩后才能进行存储和传输。
- 图像的优化。原始采集的图像可能效果不太好，清晰度不够。图像的优化是对图像进行增强、噪声过滤、亮度调整、色度调整等，使图像满足表现的需要。但是图像的优化只能是一种补救措施，获得一幅好的图像更取决于原始图像的效果。
- 图像格式的转换。图像格式转换存在于应用与应用、软件与软件和网络上各用户之间。

视频可以看成是配有相应声音效果的图像的快速更替。数字视频用三个基本参数来进行描述，即用于描述视频中每一帧图像的分辨率、颜色深度以及描述图像变化速度的图像更替率。根据人眼视觉滞留的特点，每秒连续动态变化 24 次以上的物体就可看成是平滑连续运动的。电视图像的更替率为 25 帧/秒或 30 帧/秒。另外，视频信号中一般包含有音频信号，所以视频信号数字化时应同时将音频信号数字化。由此可见，数字视频的数据量是很大的，往往要进行数据压缩。

8.2.2 压缩与解压缩

多媒体计算机处理的音频和视频数字化信息涉及的数据量非常大，庞大的数据量对设备的存储容量提出了很高的要求，且影响数据的传输、运行和处理。为了对多媒体数据的实时处理，必须采用数据压缩技术降低多媒体的数据量。数据压缩技术是多媒体计算机技术的重要内容。

多媒体数据中存在着大量的数据冗余，尤其是图像和语音数据，这是多媒体数据能够压缩的原因。多媒体数据一般存在五种数据冗余：统计冗余、信息冗余、结构冗余、知识冗余和视觉冗余。例如，一幅图像中相对规则有序的物体或背景的表面物理特征具有相关性或相似性，在数字图像中表现为数据的重复，这种空间冗余是统计冗余的一种。另外，动态图像序列的相邻帧之间的信息只有部分信息变化，这就是时间冗余等。

数据压缩包括两个过程。一是数据编码，即对原始数据进行编码，以减少数据量；另一个是数据解码，把压缩的数据还原成原始表示形式。解码后的数据与原始数据完全一致的解码方法叫无失真编码，解码后的数据与原始数据有一定的偏差或失真，但视觉效果基本相同的编码方法叫失真编码。数据编码的方法有多种，各种不同的数据在压缩时有自己的数据压缩标准。

随着数字通信技术和计算机技术的发展，数据压缩技术也日趋成熟。常用的音频压缩标准有：国际电话电报咨询委员会 CCITT 音频压缩标准 G.711、G.721、G.722、MPEG 音频压缩编码等。G.711 标准于 1972 年制定，是适合电话质量语音信号的压缩标准。G.721 于 1978 年制定，广泛适用于电话语音信号、调幅广播的音频信号、交换式激光唱盘的音频信号的压缩。G.728 于 1988 年制定，适合于视频会议、视听多媒体等领域。MPEG 音频标准是当前的高保真音频信号压缩标准。

常用的音频视频数据压缩标准包括动态图像专家组(Moving Picture Expert Group)制定的 MPEG 标准以及 ISO 组织和 CCITT 制定的 ISO H. 261 或 CCITT P×64 标准。H. 261 的目标是要在世界范围的数字电话通道上实现视频和音频的传输。它用于电视会议和视频电话领域。MPEG 则是用于动态图像压缩的标准算法。

压缩和解压缩的过程既可以由硬件实现。也可以由软件实现。硬件实现速度快，效率高，但成本较高。随着计算机性能的提高，现在基本上都采用软件实现的方式，以降低硬件投资。

8.3 多媒体软件

多媒体软件主要是指提供了影音播放、网络电视、视频编辑、视频处理等专业的多媒体编辑处理等相关软件。

8.3.1 多媒体软件的划分

多媒体软件可以划分成不同的层次或类别，这种划分是在发展过程中形成的，并没有绝对的标准。多媒体软件一般可分为多媒体核心软件、多媒体工具软件和多媒体应用软件。

1. 多媒体核心软件

多媒体核心软件包括多媒体驱动软件和多媒体操作系统。多媒体驱动软件是直接和硬件打交道的，完成设备的初始化以及设备的各种操作。这类软件一般由硬件生产厂商提供，如随声卡销售的声卡驱动程序。

多媒体操作系统是多媒体软件的核心，它负责提供多媒体的各种基本操作和管理，

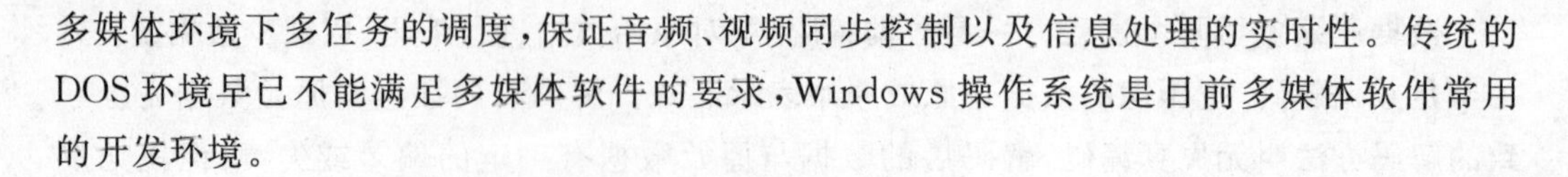

多媒体环境下多任务的调度，保证音频、视频同步控制以及信息处理的实时性。传统的DOS环境早已不能满足多媒体软件的要求，Windows操作系统是目前多媒体软件常用的开发环境。

2. 多媒体工具软件

多媒体工具软件是指多媒体开发人员用于获取、编辑、处理多媒体数据、编制多媒体软件和处理多媒体应用系统的一系列程序。它包括多媒体数据处理软件、多媒体创作工具和多媒体编辑软件等。

多媒体数据处理软件，是指用于采集多媒体数据的应用软件，如声音录制、编辑软件；图像扫描及预处理软件；全动态视频采集软件；动画生成编辑软件等。从层次角度来看，多媒体数据处理软件不能单独算作一层，它实际上是创作软件的一个工具类部分。

多媒体创作工具，是指多媒体开发人员用于开发多媒体应用软件的软件。它包括程序设计语言、多媒体硬件开发工具或函数库和多媒体编辑软件。在Windows环境下的程序设计语言有很多，比如C/C++、VB、VC++、Java等。多媒体硬件开发工具或函数库一般是由硬件厂商或多媒体操作系统厂商提供的。使用程序设计语言和硬件开发工具开发多媒体应用程序对开发人员的水平要求较高，一般是计算机工程师，而且工序复杂、开发周期长，对于普通的开发人员常常使用多媒体编辑软件。

多媒体编辑软件，又称多媒体创作工具或者多媒体著作工具。它是利用程序设计语言调用多媒体硬件开发工具或者函数库而实现的，能被普通计算机操作人员用来方便的编写程序，组合各种媒体，并生成多媒体应用程序的工具。多媒体编辑软件综合了程序设计语言和多媒体硬件开发工具或函数库的功能，并大大简化了其使用方式，能直观、简单地编写程序、调度需要的媒体、设计用户界面等。

多媒体编辑软件适用于内容丰富的应用程序，其特点是包含大量的文字、图像、声音乃至视频片段，这些工具一般以所见即所得的方式生成用户界面，可以简单有效地控制各种媒体效果的呈现，但不如程序设计语言灵活有效。

3. 多媒体应用软件

多媒体应用软件是在多媒体硬件平台上设计开发的面向应用的软件系统，由于与应用密不可分，有时也包括那些用软件工具开发出来的应用软件。目前多媒体应用软件种类十分繁多，既有可以广泛使用的公共型应用支持软件，也有不需要二次开发的应用软件。这些软件已开始广泛应用于教育、培训、电子出版、视频特技、动画制作、电视会议、咨询服务、演示系统等各个方面，也可以支持各种信息系统过程，如通信、I/O、数据管理等各种系统，而且它还将深入到社会的各个领域。

8.3.2 图片的制作与处理软件

图像处理是一个非常复杂的问题，现在已经有了许多优秀的图像处理软件如

Photoshop 等。通过方便的界面来制作各种媒体的成品。用户可以应用 Photoshop 创作高质量的数字图像，能够将空白的计算机屏幕变成一幅幅艺术佳品的展台。Photoshop 图像编辑软件可以处理来自扫描仪、幻灯片、数码照相机、摄像机等的图像。可以对这些图像进行修改、着色、校正颜色、增加清晰度等操作。经过 Photoshop 处理的图像文件可以输出到幻灯仪、打印机。Photoshop 功能强大，它集绘图编辑工具、色彩修正工具，产生特殊效果于一身。

8.3.3　动画的制作与处理软件

当看到街上的计算机屏幕广告板、各种场合播放的动画片、电视广告、节目片头、电影等时，让人感觉似乎是生活在计算机动画的世界里。计算机动画是将人类的艺术创作以科技手法呈现出效果。一般媒体所展现出的视觉效果已无法满足人们追求丰富视觉感官的要求，在多媒体计算机中，计算机动画扮演着非常重要的角色。

什么是计算机动画呢？计算机动画与视频一样，都是动态图像，是利用人的视觉滞留特性，以一定的速度播放一系列图片所产生的视觉效果。与视频的差别在于动画图片是人们利用计算机设计制作出来的，并不是直接采集的真实图像。以复杂的时空变化，甚至是意想不到的科幻，计算机动画可以让人得到视觉上的满足。因为它的无所不能，计算机动画已被广泛地应用到了各行各业，如工业设计、建筑设计、卡通及电影、辅助教学及广告设计等。

计算机图形图像技术是当代应用最广泛的技术之一，除在计算机辅助设计等应用领域外，在动画设计、娱乐教育等方面的应用也日益广泛。其中三维动画的发展尤为迅速。三维动画，最重要的两点是三维造型和动画制作。各种广告、电影和电视中都使用了三维动画技术。目前最流行的动画制作软件是 Autodesk 公司开发的 3DS MAX 系列，这个软件自面世以来，功能日益完善，受到了广大用户的好评。

3DS MAX 具有友好的用户界面和强大的制作功能，并且简单易学，容易操作，是广大动画制作人员和动画爱好者的极佳选择。3DS MAX 主要有以下特色。

1. 先进的体系结构

(1) 基于 Windows NT 架构设计

3DS MAX 是完全的面向对象和多线程。对于所有部件来讲，常见的 Windows 接口使用可扩展的动态链接库 DLL 体系结构。

(2) 完全面向对象

场景中的所有操作都是对象，并且遵守同样的操作规则，这使 3DS MAX 非常易学。选定灵敏的命令、智能的光标、统一的方法和类引用都得益于这种体系结构。

(3) 所有东西都是可以运动的

只要在总是可用的 Animate 按钮上单击，再改变 3DS MAX 中几乎任何一个参数就

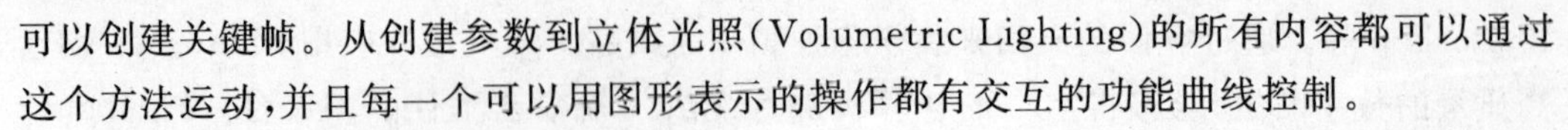

可以创建关键帧。从创建参数到立体光照(Volumetric Lighting)的所有内容都可以通过这个方法运动,并且每一个可以用图形表示的操作都有交互的功能曲线控制。

(4) 所有东西都是可以编辑的

建模中的修改过程被保存在一个可以编辑的栈中,该过程可以按需要与对象一起保存到任何时候。

(5) 所有东西都是可以扩展的

插入式(Plug-In)部件有机地支持第三方应用开发商和用户增加的新功能。Plug-In知道相互之间如何协调工作,就像核心功能模块一样。

(6) 真正的引用结构超出了简单的对象引用

允许引用和从基本对象衍生,并且在有自己建模操作的情况下还可共享引用历史。

2. 良好的交互性

统一的用户环境:快速、交互的纹理着色视窗;没有模式的概念,在操作时不需要考虑模式问题,不同命令和方法之间可以自由地交替使用;自适应的显示级别调整。

3. 强大的渲染特性

扫描线渲染器提供了渲染速度和质量的最优组合。渲染器内部使用64位的超级真彩色。可扩展的渲染系统支持第三方开发商提供的渲染算法和效果;立体光照、光的立体阴影支持运动的烟、闪光和雾状效果以及丰富的大气效果和选项。

另外,3DS MAX还具有强大的建模能力、出色的动画能力以及强大的材质编辑能力等。

8.3.4 多媒体集成软件

Authorware是美国Macromedia公司的产品,该软件采用面向对象的设计思想,不但大大提高了多媒体系统的开发质量和速度,而且使非专业程序员开发多媒体作品成为可能。Authorware是目前世界上应用最多的多媒体创作平台,广泛地用于交换式教学系统、军事指挥及模拟系统、多媒体交互式数据库、多媒体咨询系统等各个领域。美国波音777飞机的操作培训模拟系统,全部是用Authorware制作的,美国宇航局(NASA)也使用Authorware作为计算机模拟训练的标准,并用于其空间站计划和航天飞机计划。

Authorware主要有以下特点。

1. 面向对象的创作

Authorware提供了直观的图标(icon)控制界面,利用各种图标的逻辑结构布局来实现整个系统的制作,从而取代了复杂的编程语言,使编程更加简便和快捷。

2. 丰富的图形、文本管理

Authorware支持多种图像文件格式,如".BMP"、".DIB"、".PCX"、".TIFF"、".PICT"、

“.RLE”、“.EPS”、“.PICS”、“.UMF”等，并可设置图形的层次，实施多种叠加、透明处理、效果和视觉上的多种切换方式，支持16色、256色以及24位真彩色方式。文字处理方面，Authorware支持标准的Windows True Type字体，具有加粗、斜体、下划线等多种文字处理效果，并可以通过设置滚动条窗口来显示较长的文本，还具有超文本(Hypertext)功能，为知识的无缝链接提供了可靠的保证。

3. 丰富而便捷的动画管理和数字影像集成功能

Authorware可移动图标来设置物体的运动轨迹，共有多种不同的运动方式，可结合不同的对象制作出多种运动效果。Authorware的数字影像图标是专门用来播放已生成的动画文件和电影文件的，支持“.F1C”、“.MOV”、“.AVI”、“.MOE”、“.DIR”等格式的动画文件，并可控制播放的时间和速度，而且可以利用函数和变量直接控制和播放动画。

4. 灵活多样的交互方式

Authorware提供了10余种交互方式供开发者选择，这对交换式教学多媒体系统的制作尤为重要。除此之外，Authorware丰富的函数和变量也提供了对数据进行采集、存储和分析的手段。

5. 提供逻辑结构管理、模块及数据库功能

Authorware虽没有完整的编程语言，但同其他语言一样，它提供了控制程序运行的逻辑结构(条件、分支、循环等)。实现应用程序流程，主要使用基于图标控制的流程式方式，并辅以函数和变量，完成所需的控制。Authorware提供了200余种变量和函数，这些变量和函数使整个应用程序的开发具有更大的灵活性。同时Authorware还提供了标准的程序接口，在Windows下支持UCD和DLL格式的外部动态链接库，使具有Windows编程背景的程序员自定义函数功能，从而使自身的功能得以扩充。

模块功能的引入使Authorware应用软件的开发和运行得以优化，通过模块功能，可以最大限度地重复利用已有的Authorware代码，避免了不必要地重复开发。Authorware的后期版本还提供了在窗口环境下的ODC(Open Database Connectivity，开放数据库互连)使用户可以在Authorware环境中直接连接到目前使用的数据库软件中，如Access、SQL Server、Oracle等。可以使用SQL下达指令给数据库软件，接收由数据库软件传回的信息。

6. 支持多种声源和声卡

Authorware支持多种声卡，如Sound Blaster pro等。支持声音的3∶1和6∶1压缩，支持“.PCM”、“.WAV”、“.MIDI”及CD等多种声源。

7. 模拟视频管理

Authorware的视频图标用来在应用程序中播放影碟机中的视频，它直接支持多种

视频卡,并支持 Pioneer LDV4200、6000、8000 和 SONY Lop 系列等多种影碟机,可通过 DLL 动态链接库支持其他类型的设备。

8. **支持高级开发**

Authorware 支持用户自定义代码和动态链接,具有 OLE 功能,提供媒体控制接口(Media Control Interface,MCI)和动态数据交换 DDE,并支持网络操作。

8.4 多媒体数据库

当今社会已迈入了 IT 社会,随着信息媒体种类和信息量的不断增加,对信息的管理也变得越来越困难。信息的洪水继续泛滥,我们所要做的是将成灾的信息洪水变为灌溉田野的源泉,使得广大的用户能够使用更加方便的工具获得更多的信息,探索日益增长的信息空间。在这里,多媒体数据库和基于内容的检索技术将扮演一个非常重要的角色。从计算机技术的角度来看,数据管理的方法已经经历了多个不同阶段。起初,数据是用文件直接存储的,并且持续了很长一段时间,这与当时计算机应用水平有关。早期的计算机主要应用于数学计算,虽然计算的工作量大、过程复杂,但其结果往往比较单一。这种情况下,文件系统基本上是够用的。但随着计算机技术的发展,计算机越来越多地应用于信息处理,如办公自动化、工业自动控制、财务管理等。这些系统所使用的数据量大、内容复杂,还要提供数据共享和数据保密等方面的功能,于是数据库系统(DBS)诞生了。DBS 的一个重要概念是数据独立性,用户对数据的任何操作(如查询、修改等)不再是通过应用程序直接进行,而必须通过向数据库管理系统(DBMS)发送请求来实现。DBMS 统一实施对数据的管理,包括存储、查询、处理和故障恢复等,同时保证在不同用户之间进行数据共享。如果是分布式数据库,这些内容还将扩大到整个网络范围上。

近年来,随着多媒体数据的引入,对数据库的管理方法又开始酝酿新的变革。传统数据库模型主要针对的是整数、实数、定长字符等规范数据。数据库的设计者必须把真实世界抽象为规范数据,这要求设计者具有一定的技巧,而且在有些情况下,这项工作会特别的困难。有时,即使抽象工作完成了,但抽象得到的结果往往会损失部分原始信息,甚至会出现错误。当图像、声音、动态视频等多媒体信息引入计算机之后,可以表达的信息范围大大扩展,但又带来了许多新的问题。因为多媒体数据不规则,没有一致的取值范围,没有相同的数据量级,也没有相似的属性集。在这种情况下,如何用数据库系统来描述这些数据呢?表格还适用吗?另一方面,传统数据库可以在用户给出查询条件后迅速地检索到正确的信息,但只针对使用字符数值型数据。现在面临这样的问题:如果基本数据不再是字符型数据,而是图像、声音,甚至是视频数据,将如何进行检索?如何表达多媒体信息的内容?如何组织这些数据呢?如何进行查询呢?这些都是不得不考虑的问题。

随着技术的发展，产生了许多可以对多媒体数据进行管理和使用的技术，例如面向对象数据库、基于内容检索技术、超媒体技术等。并且出现了声音数据库系统、图形数据库系统、图像数据库系统等专用数据库系统。在这些基础上，1983 年出现了处理包括文字、数值、声音、图像等多种媒体信息的多媒体数据库管理系统(MDBMS)的概念，多媒体数据库系统的关键技术有多媒体数据模型、用户接口方式、多媒体数据结构化查询语言、多媒体数据库系统的结构及分布式技术等。

多媒体数据库的数据模型很复杂，不同的媒体有不同的要求，不同的结构有不同的建模方法。多媒体数据模型有在传统的关系模型的基础上通过扩展来提高关系数据库处理多媒体数据的能力。如 Visual FoxPro 中的 General 字段，Informix 中的 BLOB 等。这样可以在数据库中增加人员的照片、声音等。这种方法的局限性很大，主要是建模能力不够强。随着面向对象技术的兴起，面向对象的数据模型满足了多媒体数据库在建模方面的要求。另外在多媒体数据库中使用超媒体数据模型能较好的建立多媒体数据之间的联系，因此它成为一种很普通的多媒体数据模型。

用户接口方式是多媒体数据库系统最关键的部分之一。多媒体数据库的用户接口包括两个方面的内容，如何将用户的请求转换为系统所能识别的形式并转换成为系统的动作；如何将系统查询的结构按要求进行表现。前者是输入，后者是输出。多媒体数据库系统是否能够提供友好的用户接口，其中最主要的是数据结构化查询语言的设计。

目前多媒体数据库系统的体系结构还局限在专门的应用上，多媒体数据库的一般结构形式有联邦型结构、集中统一型结构、客户机-服务型结构以及超媒体结构等。

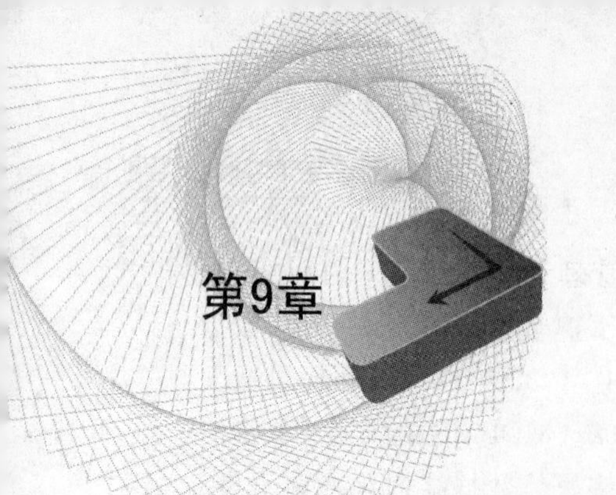

chapter 9

计算机系统的安全

随着计算机技术和信息技术的发展,计算机系统广泛而深入地应用在社会的各个角落,所以毫不夸张地说,人们在工作中离开了计算机(诸如银行等金融系统)就无法开展工作。政府机关、企事业单位将大量的重要信息高度地集中存储在计算机系统中。如何确保在计算机系统中存储和处理的信息的保密、完整和可靠,便成为信息系统必须而亟待解决的重要问题,也是人们非常关心的大事。保障计算机系统安全的重要一环就是保证操作系统自身的安全。

由于计算机网络(互联网 Internet 和企业内部网 Intranet)的广泛应用,虽然为人们提供了信息交流的范围和资源共享的程度,但也给人们带来了因安全问题而引起的烦恼和损失。近年来,国内外都对计算机系统的安全,尤其是对计算机网络的安全投入了大量的人力物力,为此开发了许多保障 Internet 和 Intranet 安全的协议、软件。

9.1 系统安全概念

从理论上讲,系统安全性可以包括狭义安全和广义安全这两个方面的概念。狭义安全主要是指对外部攻击的防范,而广义安全则是如何保障计算机系统中所处理和保存的信息的保密性、完整性和可用性。当前人们主要是使用广义安全概念。

9.1.1 系统安全的内容和性质

1. 系统安全性的内容

系统安全性内容包括物理安全、逻辑安全和安全管理三个方面的内容。

- 物理安全:指对系统设备及相关设施所进行的保护,使其免遭破坏或损失。
- 安全管理:指为确保系统安全而制定的各种规章制度和机制。
- 逻辑安全:是指系统中信息资源的安全。对于信息的安全,应该做到信息的保密,仅允许授权用户访问计算机系统中的信息,而不被非法篡改或删除。同时应该满足合法用户能正确使用所需信息。要做到系统中信息的保密性、完整性和可

用性，系统自身也能对用户和所处理的信息进行真实性、实用性和占有性鉴别。

2. 系统安全的性质

系统安全问题涉及面非常宽，既有硬、软件方面的安全问题，又有系统结构方面的问题。主要表现为以下几点。

- 多面性：在较大系统中，通常存在多个风险点，这些风险点处都包括物理安全、逻辑安全和安全管理三个方面的内容。
- 动态性：由于信息技术的不断发展，而攻击者所使用的手段也是层出不穷，这就使得系统安全问题呈现出动态性。也就是说系统的风险点会随着时间、环境和内容的不同发生变化。
- 层次性：在不同的层面上，系统安全是不一样的，要利用工程的概念来分层次解决这个问题。
- 适度性：在解决系统的安全问题时，要遵循适度安全性的准则，根据实际需要而不是“大而全”。

9.1.2 对系统安全的威胁类型

为了防范攻击者的攻击，保障系统的安全，我们必须要了解攻击者攻击系统所使用的方式。通常，有如下的威胁类型。

- 冒充合法用户进入系统，窃取机密信息。
- 修改有用信息，向合法用户发布虚假信息。
- 利用计算机病毒攻击正常的计算机系统。

9.1.3 对各类资源的威胁

在实际工作中，人为因素或者自然因素会对计算机系统造成如下的威胁。

- 对硬件的威胁：例如，设备的掉电、设备故障等。
- 对软件的威胁：例如，删除、修改用户的软件。使用户的文件被篡改、删除而无法正常使用。
- 对传输信息的威胁：修改路由信息，使信息不能被合法用户所接收；发布虚假信息欺骗用户。

9.1.4 信息技术安全评价公共准则

如何衡量和评价一个系统是否安全，这是一个非常棘手的问题，也是一个十分复杂的事。因为它对公正性和一致性要求特别高。因此,就需要一个能被广泛认可和接受的评估标准。在信息安全的标准化中,众多标准化组织在安全需求服务分析指导、安全技术机制开发、安全评估标准等方面制定了许多标准及草案。目前,国外主要的安全评价公共准则(Common Criteria,CC)有以下几种。

美国 tcsec(桔皮书):该标准是美国国防部于 1985 年制定的,为计算机安全产品的评测提供了测试和方法,指导信息安全产品的制造和应用。它将安全分为 4 个方面(安全政策、可说明性、安全保障和文档)和 7 个安全级别(从低到高依次为 d、c1、c2、b1、b2、b3 和 a1 级)。

欧洲 itsec:1991 年,西欧四国(英、法、德、荷)提出了信息技术安全评价准则(itsec),itsec 首次提出了信息安全的保密性、完整性、可用性概念,把可信计算机的概念提高到可信信息技术的高度上来认识。它定义了从 e0 级(不满足品质)到 e6 级(形式化验证)的 7 个安全等级和 10 种安全功能。

美国联邦准则 fc:同样在 1993 年,美国发表了"信息技术安全性评价联邦准则"(fc)。该标准的目的是提供 tcsec 的升级版本,同时保护已有投资,但 fc 有很多缺陷,是一个过渡标准,之后结合 itsec 发展为联合公共准则。

1. CC 的产生

1993 年 6 月,美国、加拿大及欧洲四国经协商同意,起草单一的通用准则并将其推进到国际标准。CC 的目的是建立一个各国都能接受的通用的信息安全产品和系统的安全性评价准则,国家与国家之间可以通过签订互认协议,决定相互接受的认可级别,这样能使大部分的基础性安全机制,在任何一个地方通过了 CC 评价并得到许可进入国际市场时,就不需要再进行评价,使用国只需测试与国家主权和安全相关的安全功能,从而大幅度节省评价支出并迅速推向市场。CC 结合了 fc 及 itsec 的主要特征,它强调将安全的功能与保障分离,并将功能需求分为 9 类 63 簇,将保障分为 7 类 29 簇。

系统安全工程能力成熟模型(sse-cmm):美国国家安全局于 1993 年 4 月提出的一个专门应用于系统安全工程的能力成熟模型(cmm)的构思。该模型定义了一个安全工程过程应有的特征,这些特征是完善的安全工程的根本保证。

ISO 安全体系结构标准:国际标准化组织 ISO 公布了许多安全评价标准。在安全体系结构方面,1989 年 ISO 制定了国际标准 ISO 7498—2《信息处理系统 开放系统互连 基本参考模型 第 2 部分 安全体系结构》。该标准提供了安全服务与有关机制的一般描述,确定在参考模型内部可以提供这些服务与机制的位置。

2. CC 的安全程度划分

该标准将计算机系统的安全程度划分为 8 个等级,有 D1、C1、C2、B1、B2、B3、A1、A2。

D1 级安全度最低,称为安全保护欠缺级(无密码的个人计算机系统)。

C1 级称为自由安全保护级(有密码的多用户工作站)。

C2 级称为受控存取控制级,当前主要广泛使用的软件,有 UNIX 操作系统、Oracle 数据库系统。

从 B 级开始,要求具有强制存取控制和形式化模型技术的应用。

B3、A1 级进一步要求对系统中的内核进行形式化的最高级描述和验证。

一个网络所能达到的最高安全等级,不超过网络上其安全性能最低的设备(系统)的安全等级。

3. CC 的组成

CC 可分为以下两部分。

(1) 信息技术产品的安全功能需求定义。这是面向用户的,用户可按照安全需求来定义“产品的保护框架”(PP),CC 要求对 PP 进行评价以检查它是否能满足对安全的要求。

(2) 安全保证需求定义。这是面向厂商的,厂商应根据 PP 文件制定产品的“安全目标文件”(ST),CC 同样要求对 ST 进行评价,然后厂商根据产品规格和 ST 去开发产品。

4. 有关国内系统安全的安全等级

国内主要是等同采用国际标准。公安部主持制定、国家质量技术监督局发布的中华人民共和国国家标准 GB 17895—1999《计算机信息系统安全保护等级划分准则》已正式颁布并实施。该准则将信息系统安全分为 5 个等级:自主保护级、系统审计保护级、安全标记保护级、结构化保护级和访问验证保护级。

主要的安全考核指标有身份认证、自主访问控制、数据完整性、审计等,这些指标涵盖了不同级别的安全要求。上海广电应确信有限公司作为国内的网络安全设备厂商,在参照相应国际和国外标准的同时,尤其注意满足我国信息安全的需要,提供一系列符合国内标准和要求的安全设备。

保障计算机系统的安全性,涉及许多方面,有工程问题、经济问题、技术问题、管理问题,有时甚至涉及国家的立法问题。这里所讲的仅包括保障计算机系统安全的基本技术(认证技术、访问控制技术、密码技术、数字签名技术、防火墙技术等)。

9.2 信息的加密技术

为了保障网络或通信线路中所传信息的保密而安全、可靠,通常都对所传信息进行加密,接收方接收信息后再对信息进行解密处理。数据加密技术主要集中在以下两点。

- 以密码学为基础来研究各种加密措施(保密密钥算法、公开密钥算法)。

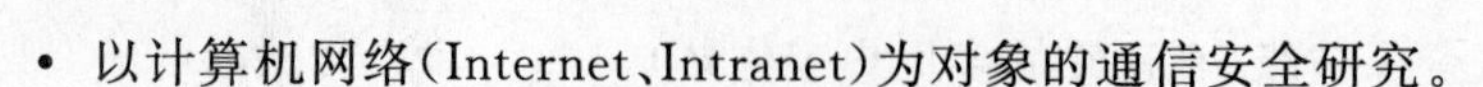

• 以计算机网络(Internet、Intranet)为对象的通信安全研究。

数据加密技术是对系统中所有的存储和传输的数据进行加密,数据加密技术包括数据加密、数据解密、数字签名、签名识别和数字证明。

1. 数据加密技术的发展

密码学是一门既古老又年轻的学科,几千年前人类就有通信保密的思想,先后出现了易位法和置换法等加密方法。

到了1949年,信息论的创始人香农论证了由传统的加密方法所获得的密文,几乎都可以破译的。人们就开始了不断的探索,到了20世纪60年代,由于电子技术和计算机技术的发展,以及结构代数和可计算性理论学科研究成果的出现,使密码学得到了新的发展,美国的数据加密标准DES和公开密钥密码体制的推出,又为密码学的广泛应用奠定了坚实的基础。

DES是一种对二元数据进行加密的算法。数据分组长度为64位,密文分组长度也是64位。使用的密钥为64位,有效密钥长度为56位(有8位用于奇偶校验)。解密时的过程和加密时相似但密钥的顺序正好相反。DES的整个体制是公开的,系统的安全性完全靠密钥的保密。

进入20世纪90年代后,计算机网络的发展和Internet的广泛深入应用,尤其是在金融中的应用,推动了数据加密技术的迅速发展,出现了如广泛应用于Internet/Intranet服务器和客户机中的安全电子交易规程SET和安全套接层SSL规程,近几年数据加密技术更成为人们研究的热门。

2. 数字签名

在计算机网络传输报文时,可将公开密钥法用于电子(数字)签名来代替传统的签名。要实现此工作,需满足以下三个条件。

• 接收者能核实发送者对报文的签名。
• 发送者事后不能抵赖其对报文的签名。
• 接收者无法伪造对报文的签名。

3. 认证(又称为验证或鉴别)

认证技术通常有基于口令的身份证技术、基于物理标志的认证技术、磁卡、IC卡和指纹识别技术。

4. 基于公开密钥的认证技术

基于公开密钥的认证技术有申请数据证书、SSL握手协议(通信前,必须先运行SSL握手协议,以完成身份认证、协商密码算法和加密密钥)等。

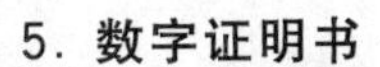

5. 数字证明书

由一个大家都信得过的认证机构CA(Certification Authority)为公开密钥发放一份公开密钥证明书(该公开密钥证明书被称为数字证明书),用于证明通信请求者的身份(例如,我国公安部门给公民发放的居民身份证)。

6. 访问控制技术

访问控制技术是当前应用最为广泛的一种安全保护技术。当一个用户通过身份验证而进入系统后要访问系统中的资源时,还必须先经过相应的"访问控制检查机构"验证其对资源使用的合法性,以保证对系统资源进行访问的用户是被授权用户。

7. 防火墙技术

防火墙(Firewall)是伴随着Internet和Intranet的发展而产生的。它是专门用于保护Internet安全的软件。用于防火墙功能的技术可分为以下几种。

- 包过滤技术。
- 代理服务技术。

包过滤防火墙的基本原理是将一个包过滤防火墙软件置于Intranet的适当位置,通常是放在路由器或服务器中。这样对进出Intranet的所有数据包按照指定的过滤规则进行检查,仅符合指定规则的数据包才准予通行,否则将其抛弃。

包过滤防火墙的优缺点如下:

- 优点:有效灵活,简单易行。
- 缺点:不能防止假冒,只在网络层和传输层实现,缺乏可审核性,不能防止来自内部人员造成的威胁。

8. 代理服务器技术

代理服务器技术是针对防火墙的缺陷(特点)而引入的。

(1) 基本原理

为了防止Internet上的其他用户直接获得Intranet中的信息,在Intranet中设置了一个代理服务器,并将外网(Internet)与内部网之间的连接分为两段。一段是从Internet上的主机引到代理服务器;另一段是由代理服务器连到内部网中的某一个主机(服务器)。每当有Internet的主机请求访问Intranet的某个应用服务器时,该请求总是被送到代理服务器,并在此通过安全检查后,再由代理服务器与内部网中的应用服务器建立链接。以后,所有的Internet上的主机对内部网中应用服务器的访问,都被送到代理服务器,由后者去代替在Internet上的相应主机,对Intranet的应用服务器的访问。这样,把Internet主机对Intranet应用服务器的访问置于代理服务器的安全控制之下,从而使访

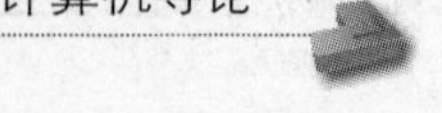

问者无法了解到 Intranet 的结构和运行情况。

(2) 代理服务技术的优缺点

- 优点：屏蔽被保护网，对数据流的监控。
- 缺点：实现复杂，需要特定的硬件支持，增加了服务延迟。

9. 规则检查防火墙

综合了防火墙和代理服务器的优点，可过滤掉非法的数据包，又能防止非法的用户对网络的访问。可以实现认证、内容安全检查、数据加密、负载均衡。

9.3 使用计算机系统的职业道德

主要是指计算机专业人员的道德标准、企业道德标准、用户道德标准、安全与隐私、信息产业的法律法规、计算机软件产权保护、软件价值评估、专业岗位和择业等。通过本节的学习，应该了解"绿色"信息产业并能注意健康保护；较深刻地理解信息产业企业的道德准则和从业人员道德准则；了解与计算机科学技术有关的法律法规；了解与计算机科学技术有关的职业、职位及择业的基本原则。

计算机职业道德所涉及的内容非常广泛，应注意的道德规范主要有以下几个方面。

1. 有关知识产权

1990 年 9 月我国颁布了《中华人民共和国著作权法》，把计算机软件列为享有著作权保护的作品；1991 年 6 月，颁布了《计算机软件保护条例》，规定计算机软件是个人或者团体的智力产品，同专利、著作一样受法律的保护，任何未经授权的使用、复制都是非法的，按规定要受到法律的制裁。

人们在使用计算机软件或数据时，应遵照国家有关法律规定，尊重其作品的版权，这是使用计算机的基本道德规范。建议人们养成良好的道德规范，具体如下：

- 应该使用正版软件，坚决抵制盗版，尊重软件作者的知识产权。
- 不对软件进行非法复制。
- 不要为了保护自己的软件资源而制造病毒保护程序。
- 不要擅自篡改他人计算机内的系统信息资源。

2. 有关计算机安全

计算机安全是指计算机信息系统的安全。计算机信息系统是由计算机及其相关的和配套的设备、设施(包括网络)构成的，为维护计算机系统的安全，防止病毒的入侵，使

用计算机系统的人员应该注意：

- 不要蓄意破坏和损伤他人的计算机系统设备及资源。
- 不要制造病毒程序，不要使用带病毒的软件，更不要有意传播病毒给其他计算机系统（传播带有病毒的软件）。
- 要采取预防措施，在计算机内安装防病毒软件；要定期检查计算机系统内文件是否有病毒，如发现病毒，应及时用杀毒软件清除。
- 维护计算机的正常运行，保护计算机系统数据的安全。
- 被授权者对自己享用的资源负有保护责任，口令密码不得泄露给外人。

3. 有关网络行为规范

计算机网络正在改变着人们的行为方式、思维方式乃至社会结构，它对于信息资源的共享起到了无与伦比的巨大作用，并且蕴藏着无尽的潜能。但是网络的作用不是单一的，在它广泛的积极作用背后，也有使人堕落的陷阱，这些陷阱产生着巨大的反作用。其主要表现在网络文化的误导、传播暴力、色情内容；网络诱发着不道德和犯罪行为；网络的神秘性"培养"了计算机"黑客"等。

各个国家都制定了相应的法律法规，以约束人们使用计算机以及在计算机网络上的行为。例如，我国公安部公布的《计算机信息网络国际互联网安全保护管理办法》中规定任何单位和个人不得利用国际互联网制作、复制、查阅和传播下列信息：

- 煽动抗拒、破坏宪法和法律、行政法规实施的。
- 煽动颠覆国家政权，推翻社会主义制度的。
- 煽动分裂国家、破坏国家统一的。
- 煽动民族仇恨、破坏国家统一的。
- 捏造或者歪曲事实，散布谣言，扰乱社会秩序的。
- 传播封建迷信、淫秽、色情、赌博、暴力、凶杀、恐怖，教唆犯罪的。
- 公然侮辱他人或者捏造事实诽谤他人的。
- 损害国家机关信誉的。
- 其他违反宪法和法律、行政法规的。

但是，仅仅靠制定一项法律来制约人们的所有行为是不可能的，也是不实用的。相反，社会依靠道德来规定人们普遍认可的行为规范。在使用计算机时应该抱着诚实的态度、无恶意的行为，并要求自身在智力和道德意识方面取得进步。

- 不能利用电子邮件作广播型的宣传，这种强加于人的做法会造成别人的信箱充斥无用的信息而影响正常工作。
- 不应该使用他人的计算机资源，除非得到了准许或者作出了补偿。
- 不应该利用计算机去伤害别人。
- 不能私自阅读他人的通信文件（如电子邮件），不得私自复制不属于自己的软件资源。

- 不应该到他人的计算机里去窥探，不得蓄意破译别人口令。
- 不要破坏网站任何数据。
- 不要修改网站任何页面。
- 不要把网站存在漏洞情况告诉除网站管理员以外的任何人，没有人能保证不会有恶意破坏或盗窃机密数据的情况发生。

综上所述，作为使用计算机系统的人员应该有崇高的职业素质和良好的技术道德，遵章守纪。

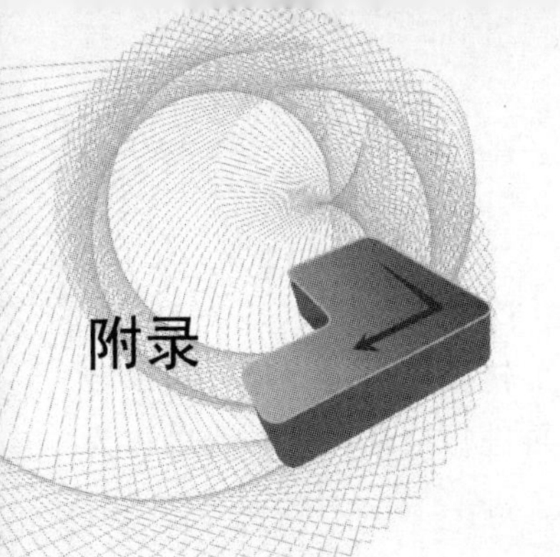

附录 appendix

计算机术语的解释

1. 操作系统具有层次结构

层次结构的最大特点是把整体问题局部化来优化系统，提高系统的正确性、高效性使系统可维护、可移植。

主要优点是有利于系统设计和调试；主要困难在于层次的划分和安排。

2. 多道程序设计系统

"多道程序设计系统"简称"多道系统"，即多个作业可同时调入主存储器进行运行的系统。在多道系统中，系统必须能进行程序浮动。所谓程序浮动是指程序可以随机地从主存的一个区域移动到另一个区域，程序被移动后仍不影响它的执行。多道系统的好处在于提高了处理器的利用率；充分利用外围设备资源；发挥了处理器与外围设备以及外围设备之间的并行工作能力。可以有效地提高系统中资源的利用率，增加单位时间内的算题量，从而提高了计算机系统的吞吐率。

3. 程序浮动

若作业执行时，被改变的有效区域依然能正确执行，则称程序是可浮动的。

4. 进程

进程是一个程序在一个数据集上的一次执行。进程实际上是一个进程实体，它是由程序、数据集和进程控制块(PCB，其中存放了有关该进程的所有信息)组成。

进程通过一个控制块来被系统调度，进程控制块是进程存在的唯一标志。进程是要执行的，这样把进程的状态分为等待(阻塞)、就绪和运行(执行)三种状态。

进程的基本队列也就是就绪队列和阻塞队列，因为进程运行了，也就用不上排队了，所以没有运行队列。

5. 重定位

重定位即把逻辑地址转换成绝对(物理)地址。

重定位的方式有"静态重定位"和"动态重定位"两种。

(1) 静态重定位

在调入一个作业时,把作业中的指令地址和数据地址全部转换成绝对地址。这种转换工作是在作业开始前集中完成的,在作业执行过程中无须再进行地址转换。所以称为静态重定位。

(2) 动态重定位

在调入一个作业时,不进行地址转换,而是直接把作业装到分配的主存区域中。在作业执行过程中,每当执行一条指令时由硬件的地址转换机构转换成绝对地址。这种方式的地址转换是在作业执行时动态完成的,所以称为动态重定位。

动态重定位由软件(操作系统)和硬件(地址转换机构)相互配合来实现。动态重定位的系统支持"程序浮动",而静态重定位则不能。

6. 单分区管理

除操作系统占用的一部分存储空间外,其余的用户区域作为一个连续的分区分配给用户使用。

(1) 固定分区的管理

分区数目、大小固定,设置上、下限寄存器,逻辑地址＋下限地址→绝对地址。

(2) 可变分区的管理

可变分区管理方式不是把作业调入到已经划分好的分区中,而是在作业要求调入主存储器时,根据作业需要的主存量和当时的主存情况决定是否可以调入该作业。

分区数目大小不定,设置基址、限长寄存器,逻辑地址＋基址寄存器的值→绝对地址。基址值≤绝对地址≤基址值＋限长值。

(3) 页式存储管理

主存储器分为大小相等的"块"。程序中的逻辑地址进行分"页",页的大小与块的大小一致。目前所使用的操作系统中,UNIX 系统就是以"块"为单位计算文件大小的。

用页表登记块、页分配情况:

逻辑地址的页号部分→页表中对应页号的起始地址→与逻辑地址的页内地址部分拼成绝对地址。由页表中的标志位验证存取是否合法,根据页表长度判断是否越界。

(4) 段式存储管理程序分段

每一段分配一个连续的主存区域,作业的各段可被装到不相连的几个区域中(即离散分配)。PC 中把内存分为代码段(CS)、数据段(DS)、栈段(SS)和附加段(ES)四个段。

设置段表记录分配情况如下:

逻辑地址中的段号→查段表得到本段起始地址＋段内地址→绝对地址。由段表中的标志位验证存取是否合法,根据段表长度判断是否越界。

(5) 页式虚拟存储管理

类似页式管理将作业信息保存在磁盘上部分调入主存。逻辑地址的页号部分→页表中对应页号的起始地址→与逻辑地址的页内地址部分拼成绝对地址。

若该页对应标志为0,则硬件形成“缺页中断”先将该页调入主存类似页式管理。

(6) 段式虚拟存储管理

类似段式管理将作业信息保存在磁盘上部分调入主存。

7. 存储介质

是指可用来记录信息的磁带、硬磁盘组、软磁盘片、卡片等。存储介质的物理单位定义为“卷”。目前,主要存储介质以硬盘为主。

存储设备与主存储器之间进行信息交换的物理单位是块。块定义为存储介质上存放的连续信息所组成的一块区域。

逻辑上具有完整意义的信息集合称为“文件”。

用户对文件内的信息按逻辑上独立的含义划分的信息单位是记录,每个单位为一个逻辑记录。文件是由若干记录组成,这种文件称为记录文件。还有一种文件是流式文件(也称为无结构文件),即一个字符就是一个记录,UNIX操作系统把所有的文件作为流式文件进行管理。

8. 文件的分类

文件可以按各种方法进行以下分类。

按用途可分为系统文件、库文件、用户文件。

按访问权限可分为可执行文件、只读文件、读写文件。

按信息流向可分为输入文件、输出文件、输入输出文件。

按存放时限可分为临时文件、永久文件、档案文件。

按设备类型可分为磁盘文件、磁带文件、卡片文件、打印文件。

按文件组织结构可分为逻辑文件(有结构文件、无结构文件)、物理文件(顺序文件、链接文件、索引文件)。

9. 文件结构

文件结构分为逻辑结构和物理结构。

(1) 逻辑结构

用户构造的文件称为文件的逻辑结构。如用户的一篇文档、一个数据库记录文件等。逻辑文件有流式文件和记录式文件两种形式。

流式文件是指用户对文件内信息不再划分的可独立的单位,如Word文件、图片文件等。整个文件是以顺序的一串信息组成。

记录式文件是指用户对文件内信息按逻辑上独立的含义再划分信息单位,每个单位为一个逻辑记录。记录式文件可以存取的最小单位是记录项。每个记录可以独立存取。

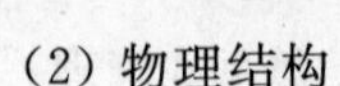

(2) 物理结构

由文件系统在存储介质上的文件构造方式称为文件的物理结构。

① 顺序结构

在磁盘上就是一块接着一块地放文件。逻辑记录的顺序和磁盘顺序文件块的顺序一致。顺序文件的最大优点是存取速度快(可以连续访问)。

② 链接结构

把磁盘分块,把文件任意存入其中,再用指针把各个块按顺序链接起来。这样所有空闲块都可以被利用,在顺序读取时效率较高但需要随机存取时效率低下(因为要从第一个记录开始读取查找)。

③ 索引结构

文件的逻辑记录任意存放在磁盘中,通过一张“索引表”指示每个逻辑记录存放位置。这样,访问时根据索引表中的项来查找磁盘中的记录,既适合顺序存取记录,也可以随机存取记录,并且容易实现记录的增删和插入,所以索引结构被广泛应用。

10. 作业和作业步

(1) 作业

用户要求计算机系统处理的一个问题称为一个“作业”。

(2) 作业步

完成作业的每一个步骤称为“作业步”。

11. 作业控制方式

(1) 作业控制方式包括批处理方式和交互方式

批处理控制方式也称脱机控制方式或自动控制方式。是一次性交待任务,执行过程中不再干涉。

采用批处理控制方式的作业称为“批处理作业”。

批处理作业进入系统时必须提交源程序、运行时的数据、用作业控制语言书写的作业控制说明书。

交互控制方式也称联机控制方式。就是一步一步地交代任务。做好了一步,再做下一步。有的书把这种控制方式称为人机对话或人机响应。

(2) 批处理作业的控制

- 按用户提交的作业控制说明书控制作业的执行。
- 一个作业步的工作往往由多个进程的合作完成。
- 一个作业步的工作完成后,继续下一个作业步的作业,直至作业执行结束。

(3) 交互式作业的管理

- 交互式作业的特点:交互式作业的特点主要表现在交互性上,它采用人机对话的方式工作。

• 交互式作业的控制：一种是操作使用接口，另一种是命令解释执行。

操作使用接口包括操作控制命令、菜单技术、窗口技术。

命令的解释执行：一类是操作系统中的相应处理模块直接解释执行；另一类必须创建用户进程去解释执行。

12. 死锁

若系统中存在一组进程(两个或多个进程)，它们中的每一个进程都占用了某种资源而又都在等待其中另一个进程所占用的资源，这种等待永远不能结束，则称系统出现了"死锁"。或称这组进程处于"死锁"状态。

13. 相关临界区

并发进程中与共享变量有关的程序段称为"临界区"。并发进程中涉及相同变量的那些程序段是相关临界区。

对相关临界区管理的基本原则是，如果有进程在相关临界区执行，则不让另一个进程进入相关的临界区执行。

14. 进程同步

进程的同步是指并发进程之间存在一种制约关系，一个进程的执行依赖另一个进程的消息，当一个进程没有得到另一个进程的消息时应等待，直到消息到达才被唤醒。

15. 中断

一个进程占有处理器运行时，由于自身或自界的原因使运行被打断，让操作系统处理所出现的事件到适当的时候再让被打断的进程继续运行，这个过程称为"中断"。

引起中断发生的事件称为中断源。中断源向 CPU 发出的请求中断处理的信号称为中断请求。CPU 收到中断请求后转向相应事件处理程序的过程称为中断响应。

16. 中断机制

执行程序的时候，如果有另外的事件发生(例如用户又打开了一个程序)，那么这时候就需要由计算机系统的中断机制来处理了。

中断机制包括硬件的中断装置和操作系统的中断处理服务程序。

17. 中断响应(硬件即中断装置操作)

处理器每执行一条指令后，硬件的中断位置立即检查有无中断事件发生，若有中断事件发生，则暂停现行进程的执行，而让操作系统的中断处理程序占用处理器，这一过程称为"中断响应"。计算机系统中，一般是根据 PSW 的状态(即"0"或"1")来决定是否响

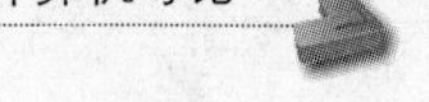

应中断。中断响应过程中,中断装置要做以下三项工作:

- 是否有中断事件发生。
- 若有中断发生,保护断点信息。
- 启动操作系统的中断处理程序工作。

中断装置通过"交换 PSW"过程完成此项任务。

18. 中断处理(软件即操作系统操作)

操作系统的中断处理程序对中断事件进行处理时,大致要做以下三个方面的工作:

- 保护被中断进程的现场信息。
- 分析中断原因。根据旧 PSW 的中断码可知发生该中断的具体原因。
- 处理发生的中断事件。请求系统创建相应的处理进程进入就绪队列。

19. 中断屏蔽

中断屏蔽技术是在一个中断处理没有结束之前不响应其他中断事件,或者只响应比当前级别高的中断事件。

20. 文件的保护与保密

文件的保护是防止文件被破坏。文件的保密是防止文件被窃取。

文件的保护措施:可以采用树型目录结构、存取控制表和规定文件使用权限的方法。

文件的常用保密措施:隐藏文件目录、设置口令和使用密码(加密)等。

21. UNIX 系统结构

(1) UNIX 的层次结构

UNIX 可以分为内核层和外壳层两部分。内核(Kernel)层是 UNIX 的核心。外壳层由 shell 解释程序(即为用户提供的各种命令)、支持程序设计的各种语言(如 C、PASCAL、Java 和数据库系统语言等)、编译程序和解释程序、实用程序和系统库等组成。

(2) UNIX 系统的主要特点

简洁有效、易移植、可扩充、开放性。

22. 线程的概念

线程是进程中可独立执行的子任务,一个进程中可以有一个或多个线程,每个线程都有一个唯一的标识符。

进程与线程有许多相似之处,所以线程又称为轻型进程。

支持线程管理的操作系统有 Mach,OS/2,WindowsNT,UNIX 等。

23. 通道命令

通道命令规定设备的操作，每一种通道命令规定了设备的一种操作，通道命令一般由命令码、数据、主存地址、传送字节个数及标志码等部分组成。

通道程序就是一组通道命令规定通道执行一次输入输出操作应做的工作，这一组命令就组成了一个通道程序。

24. 管道机制

把第一条命令的输出作为第二条命令的输入。在 UNIX 操作系统中，管道操作符为“|”。管道分为有名管道和无名管道，所形成的文件就称为“管道文件”（即 P 文件）。

25. 操作系统的移动技术

移动技术是把某个作业移到另一处主存空间去（在磁盘整理中我们应用的也是类似的移动技术）。最大好处是可以合并一些空闲区。

对换技术就是把一个分区的存储管理技术用于系统时，可采用对换技术把不同时工作的段轮流调入主存储区执行。

26. UNIX 系统的存储管理

(1) 对换(Swapping)技术

这就是虚拟存储器在 UNIX 中的应用。在磁盘上开辟一个足够大的区域，为对换区。当内存中的进程要扩大内存空间，而当前的内存空间又不能满足时，则可把内存中的某些进程暂时换出到对换区中，在适当的时候又可以把它们换进内存。因而，对换区可作为内存的逻辑扩充，用对换技术解决进程之间的内存竞争（即请求调页和页面置换来实现虚拟存储器管理）。

UNIX 对内存空间和对换区空间的管理都采用最先适应分配算法。

(2) 虚拟页式存储管理技术

UNIX 把进程的地址空间划分成三个功能区段：系统区段、进程控制区段、进程程序区段。系统区段占用系统空间，系统空间中的程序和数据常驻内存。其余两个区段占用进程空间，是进程中非常驻内存部分。

通过页表和硬件的地址转换机构完成虚拟地址和物理地址之间的转换。

27. UNIX 系统的 I/O 系统

缓冲技术就是虚拟设备（SPOOL 技术）在 UNIX 系统中的实际应用。UNIX 采用缓冲技术实现设备的读写操作。

28. 在页式存储管理中设置页表和快表

在页式存储管理中，主存被分成大小相等的若干块，同时程序逻辑地址也分成与块大小一致的若干页，这样就可以按页面为单位把作业的信息放入主存的若干块中，并且可以不连续存放。为了表示逻辑地址中的页号与主存中块号的对应关系，就需要为每个作业建立一张页表。

页表一般存放在主存中，当要按给定的逻辑地址访问主存时，要先访问页表，计算出绝对地址，这样两次访问主存延长了指令执行周期，降低了执行速度，而设置一个高速缓冲寄存器将页表中的一部分存放进去，这部分页表就是快表，访问主存时二者同时进行，由于快表存放的是经常使用的页表内容，访问速度很快，这样可以大大加快查找速度和指令执行速度。

29. 虚拟存储器

虚拟存储器是为"扩大"主存容量而采用的一种设计技巧，就是它只装入部分作业信息来执行，好处在于借助于大容量的辅助存储器实现小主存空间容纳大逻辑地址空间的作业。

虚拟存储器的容量由计算机的地址总线位数决定。如 32 位的，则最大的虚存容量为 $2^{32}=4\ 294\ 967\ 296\text{B}=4\text{GB}$。

页式虚拟存储器是在页式存储的基础上实现虚拟存储器的，其工作原理如下：

首先把作业信息作为副本存放在磁盘上，作业执行时，把作业信息的部分页面调入主存，并在页表中对相应的页面是否调入主存作出标志。

作业执行时若所访问的页面已经在主存中，则按页式存储管理方式进行地址转换，得到绝对地址，否则产生"缺页中断"由操作系统把当前所需的页面调入主存。

若在调入页面时主存中无空闲块，则由操作系统根据某种"页面调度"算法选择适当的页面调出主存换入所需的页面(这就是请求调页/页面置换技术)。

30. 死锁的防止

(1) 系统出现死锁必然出现的情况

- 互斥使用资源。
- 占有并等待资源。
- 不可抢夺资源。
- 循环等待资源。

(2) 死锁的防止策略

破坏产生死锁的条件中的一个就可以了。常用的方法有静态分配、按序分配、抢夺式分配三种。

(3) 死锁的避免

死锁的避免是让系统处于安全状态，来避免发生死锁。

(4) 安全状态

如果操作系统能保证所有的进程在有限的时间内得到需要的全部资源,则称系统处于“安全状态”。

31. 银行算法如何避免死锁

计算机银行家算法是通过动态地检测系统中资源分配情况和进程对资源的需求情况,在保证至少有一个进程能得到所需要的全部资源,从而能确保系统处于安全状态(即系统中存在一个为进程分配资源的安全状态),才把资源分配给申请者,从而避免了进程共享资源时系统发生死锁。

采用银行家算法时为进程分配资源的方式。

- 对每一个首次申请资源的进程都要测试该进程对资源的最大的需求量。如果系统现存资源可以满足他的最大需求量,就按当前申请量为分配资源。否则推迟分配。
- 进程执行中继续申请资源时,先测试该进程已占用资源数和本次申请资源总数有没有超过最大需求量。超过就不分配。

若没有超过,再测试系统现存资源是否满足进程尚需的最大资源量,满足则按当前申请量分配,否则也推迟分配。

总之,银行家算法要保证分配资源时,系统现存资源一定能满足至少一个进程所需的全部资源。

32. 硬件的中断装置的作用

中断是计算机系统结构一个重要的组成部分。中断机制中的硬件部分(中断装置)的作用就是在 CPU 每执行完一条指令后,判别是否有事件发生,如果没有事件发生,CPU 继续执行;若有事件发生,中断装置中断原先占用 CPU 的程序(进程)的执行,把被中断程序的断点保存起来,让操作系统的处理服务程序占用 CPU 对事件进行处理,处理后再让被中断的程序继续占用 CPU 执行下去。所以中断装置的作用总的来说就是使操作系统可以控制各个程序的执行。

33. 操作系统如何让多个程序同时执行(从宏观的角度看)

在单 CPU 的前提下,中央处理器在任何时刻最多只能被一个程序占用。通过中断装置,系统中若干程序可以交替地占用处理器,形成多个程序同时执行的状态。利用 CPU 与外围设备的并行工作能力,以及各外围设备之间的并行工作能力,操作系统能让多个程序同时执行。

参考文献

[1] 杜煜,姚鸿.计算机网络基础(第二版).北京：人民邮电出版社,2007.

[2] 诸海生.计算机网络和 Internet 教程.北京：电子工业出版社,2006.

[3] 百度文库.http://wenku.baidu.com/view/5e7e21d4b14e852458fb57a9.html.

[4] 肖华,刘美琪.精通 Office 2007.北京：清华大学出版社,2007.

[5] 柳青.计算机导论.北京：中国水利水电出版社,2008.

[6] 杨克昌,王岳斌.计算机导论(第 3 版).北京：中国水利水电出版社,2008.

[7] 百度百科.http://baike.baidu.com/view/848.htm?fr=ala0_1_1.

[8] 朱勇,孔维广.计算机导论.北京：中国铁道出版社,2008.

[9] 冯裕忠.建网技术及其在金融系统中的应用.北京：电子工业出版社,1996.

[10] 汤子瀛,哲凤屏.计算机操作系统.北京：西安电子科技大学出版社,2005.

21世纪高等学校数字媒体专业规划教材

ISBN	书　名	定价(元)
9787302224877	数字动画编导制作	29.50
9787302222651	数字图像处理技术	35.00
9787302218562	动态网页设计与制作	35.00
9787302222644	J2ME手机游戏开发技术与实践	36.00
9787302217343	Flash多媒体课件制作教程	29.50
9787302208037	Photoshop CS4中文版上机必做练习	99.00
9787302210399	数字音视频资源的设计与制作	25.00
9787302201076	Flash动画设计与制作	29.50
9787302174530	网页设计与制作	29.50
9787302185406	网页设计与制作实践教程	35.00
9787302180319	非线性编辑原理与技术	25.00
9787302168119	数字媒体技术导论	32.00
9787302155188	多媒体技术与应用	25.00

以上教材样书可以免费赠送给授课教师,如果需要,请发电子邮件与我们联系。

教学资源支持

敬爱的教师:

感谢您一直以来对清华版计算机教材的支持和爱护。为了配合本课程的教学需要,本教材配有配套的电子教案(素材),有需求的教师可以与我们联系,我们将向使用本教材进行教学的教师免费赠送电子教案(素材),希望有助于教学活动的开展。

相关信息请拨打电话010-62776969或发送电子邮件至weijj@tup.tsinghua.edu.cn咨询,也可以到清华大学出版社主页(http://www.tup.com.cn或http://www.tup.tsinghua.edu.cn)上查询和下载。

如果您在使用本教材的过程中遇到了什么问题,或者有相关教材出版计划,也请您发邮件或来信告诉我们,以便我们更好地为您服务。

地址:北京市海淀区双清路学研大厦A座708　计算机与信息分社魏江江　收
邮编:100084　电子邮件:weijj@tup.tsinghua.edu.cn
电话:010-62770175-4604　邮购电话:010-62786544

《网页设计与制作》目录

ISBN 978-7-302-17453-0　　蔡立燕　梁　芳　主编

图书简介：

Dreamweaver 8、Fireworks 8 和 Flash 8 是 Macromedia 公司为网页制作人员研制的新一代网页设计软件，被称为网页制作"三剑客"。它们在专业网页制作、网页图形处理、矢量动画以及 Web 编程等领域中占有十分重要的地位。

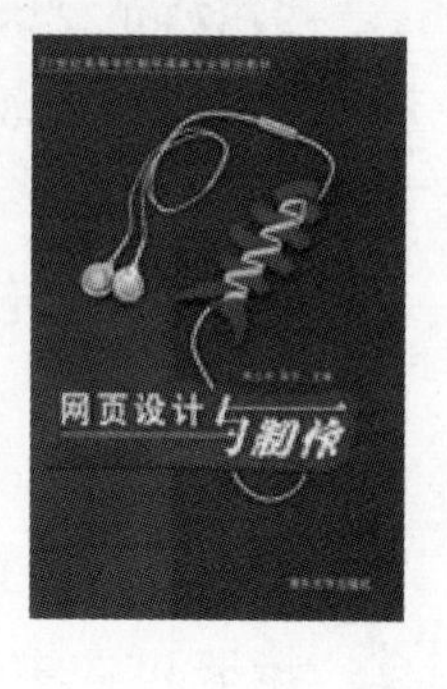

本书共 11 章，从基础网络知识出发，从网站规划开始，重点介绍了使用"网页三剑客"制作网页的方法。内容包括了网页设计基础、HTML 语言基础、使用 Dreamweaver 8 管理站点和制作网页、使用 Fireworks 8 处理网页图像、使用 Flash 8 制作动画、动态交互式网页的制作，以及网站制作的综合应用。

本书遵循循序渐进的原则，通过实例结合基础知识讲解的方法介绍了网页设计与制作的基础知识和基本操作技能，在每章的后面都提供了配套的习题。

为了方便教学和读者上机操作练习，作者还编写了《网页设计与制作实践教程》一书，作为与本书配套的实验教材。另外，还有与本书配套的电子课件，供教师教学参考。

本书适合应用型本科院校、高职高专院校作为教材使用，也可作为自学网页制作技术的教材使用。

目　　录：

第1章　网页设计基础
- 1.1　Internet 的基础知识
- 1.2　IP 地址和 Internet 域名
- 1.3　网页浏览原理
- 1.4　网站规划与网页设计
- 习题

第2章　网页设计语言基础
- 2.1　HTML 语言简介
- 2.2　基本页面布局
- 2.3　文本修饰
- 2.4　超链接
- 2.5　图像处理
- 2.6　表格
- 2.7　多窗口页面
- 习题

第3章　初识 Dreamweaver
- 3.1　Dreamweaver 窗口的基本结构
- 3.2　建立站点
- 3.3　编辑一个简单的主页
- 习题

第4章　文档创建与设置
- 4.1　插入文本和媒体对象
- 4.2　在网页中使用超链接
- 4.3　制作一个简单的网页
- 习题

第5章　表格与框架
- 5.1　表格的基本知识
- 5.2　框架的使用
- 习题

第6章　用 CCS 美化网页
- 6.1　CSS 基础
- 6.2　创建 CSS
- 6.3　CSS 基本应用
- 6.4　链接外部 CSS 样式文件
- 习题

第7章　网页布局设计
- 7.1　用表格布局页面
- 7.2　用层布局页面
- 7.3　框架布局页面
- 7.4　表格与层的相互转换
- 7.5　DIV 和 CSS 布局
- 习题

第8章　Flash 动画制作
- 8.1　Flash 8 概述
- 8.2　绘图基础
- 8.3　元件和实例
- 8.4　常见 Flash 动画
- 8.5　动作脚本入门
- 8.6　动画发布
- 习题

第9章　Fireworks 8 图像处理
- 9.1　Fireworks 8 工作界面
- 9.2　编辑区
- 9.3　绘图工具
- 9.4　文本工具
- 9.5　蒙版的应用
- 9.6　滤镜的应用
- 9.7　网页元素的应用
- 9.8　GIF 动画
- 习题

第10章　表单及 ASP 动态网页的制作
- 10.1　ASP 编程语言
- 10.2　安装和配置 Web 服务器
- 10.3　制作表单
- 10.4　网站数据库
- 10.5　Dreamweaver＋ASP 制作动态网页
- 习题

第11章　三剑客综合实例
- 11.1　在 Fireworks 中制作网页图形
- 11.2　切割网页图形
- 11.3　在 Dreamweaver 中编辑网页
- 11.4　在 Flash 中制作动画
- 11.5　在 Dreamweaver 中完善网页